全无功随器自动补偿技术

秦 岭 郝建国 郭剑黎 彭 磊 著

中国电力出版社
CHINA ELECTRIC POWER PRESS

内 容 提 要

本书以全面和全新的视角阐述了无功（随器）补偿、分层补偿与无功控制界面的相关理论及应用。

本书阐述了 L-C 谐振电路与无功补偿，以及谐振品质因数与无功补偿节电效果的关系，揭示了容性无功功率和感性无功功率在电网中存在的规律（变化的电场与磁场）；用谐振和补偿节点的概念，详细分析了各种补偿情况，澄清了一些补偿方面的模糊认识。

本书重点介绍了随器补偿的理论及应用，对随器补偿在县域 AVC 系统建设中的作用做了介绍，并给出了用随器补偿降低 10kV 线路损耗，用随器补偿解决 110 线路容性功率因数的实例。本书对于电容投切涌流也给出了独特的解决办法；对配网无功与电压的静特性也进行了介绍，并给出了治理低电压的实例。

本书概念清晰，内容全面，通俗易懂，既有新颖的补偿理论，也有来自实践的具体案例，适用于广大供电公司线损、无功电压专责，电力系统运行管理人员，工厂电气工程师、电力设计人员和高等院校师生参考阅读。

图书在版编目（CIP）数据

全无功随器自动补偿技术 / 秦岭，郝建国，郭剑黎著. —北京：中国电力出版社，2023.11（2024.1重印）

ISBN 978-7-5198-8039-2

Ⅰ.①全… Ⅱ.①秦… ②郝… ③郭… Ⅲ.①同步补偿机 - 自动补偿 Ⅳ.①TM342

中国国家版本馆 CIP 数据核字（2023）第 143227 号

出版发行：中国电力出版社
地　　址：北京市东城区北京站西街 19 号（邮政编码 100005）
网　　址：http://www.cepp.sgcc.com.cn
责任编辑：马淑范（010-63412397）
责任校对：黄　蓓　马　宁
装帧设计：赵姗姗
责任印制：杨晓东

印　　刷：北京雁林吉兆印刷有限公司
版　　次：2023 年 11 月第一版
印　　次：2024 年 1 月北京第二次印刷
开　　本：880 毫米 ×1230 毫米　32 开本
印　　张：10.125
字　　数：270 千字
定　　价：60.00 元

前　言

　　节能与开源是我国的能源发展的长期战略政策之一，节电是节能工作的组成部分。无功补偿技术是一种通用节电技术，具有极强的实践性和理论性。随器补偿技术是无功补偿技术的补充和发展，是更加细化、精准的无功补偿。作者根据多年的补偿技术实践经验，编写了本书，本意是为了更好地推广无功随器补偿技术，让电网更经济、更安全。希望该书能借此抛砖引玉，让补偿技术在更多的地方得到充分的认识，引起更多人对无功补偿节电技术的关注。

　　本书语言通俗，所写内容均来自于作者长期工作实践的积累。尤其是补偿与谐振、补偿节点、补偿分层、补偿控制界面等概念，是作者几十年来独立思考的结果。随器补偿的理论和方法不仅可以带来节电收益，亦是指导解决实际当中各类无功补偿问题的有效方法。

　　本书共十章。主要内容由两部分组成。

　　第一部分为无功补偿的基础理论：分别有无功补偿基础、无功补偿与谐振品质因数、功率因数、配电网无功负荷—电压静特性以及随器自动补偿的相关计算、全无功随器补偿的理论与补偿节点。

　　第二部分主要是介绍随器补偿技术的应用：无功（随器）补偿装置简介、随器补偿装置的抗涌流设计、随器补偿在 10kV 线路降损中的应用；以及随器补偿在地铁、通信 110kV 供电系统的应用和随器补偿在县域 AVC 系统上的应用。

　　在第一部分中，把无功补偿（电磁振荡）与谐振联系起来，并且用谐振理论阐述了无功的存在形式和谐振条件，也探讨了谐振的品质因数与补偿原则的一致性，探讨了交流电中的磁场与电场的振荡交换规律。定义了无功补偿节点的概念，给出了补偿节点前后的若干规律，并在节点概念的指导下，对无功补偿的各种可能情况进行了分析，尤其对过补偿的情况做了详细的论述。作者还提出了无功补偿层面与无功控制界面的概念，对于分析和解决较为复杂的无功问题具有一定的实际意义。此外，还讨论了低电压恶性循环形成的机制，探讨了配网无功负荷与电压的静特性，并附有低电压治理的实例。

在第二部分中，介绍了随器补偿在不同行业的应用案例。介绍了在随器补偿的思路下，利用无功分层和控制界面理论解决实际问题的方法。

在第五章中，重点介绍了无功随器补偿中涉及的变压器各类参数的概念及计算方法，介绍了变压器一次侧功率因数的计算公式，还介绍了及变压器的等值电阻和等值电抗的有关公式和计算。

本书给出了10kV线路降损的一般原则，即首先补偿变压器自身无功，再补偿用户无功的解决思路，并给出了解决该问题的简化方法和降损节电方法。

本书提出了要重视隐蔽性涌流的设计，并提出了不同抗涌流的设计方法和解决补偿频繁振荡的多种解决方案。最后一章还对随器补偿参与农村配网 AVC 建设进行了理论和实践探索。

在编写本书过程中得到了中国电科院教授级高工王金丽、郑州大学电气工程学院教授章健的大力支持；还得到了国网河南省电力公司及县市供电公司庄清臣、潘辉、赵仲民、张弘廷、霍海伟、苏银、李勇旺、周继伟、王现法、孙福林、刘浩、赵学军、李抚民、刘富荣的大力支持。

本书还得到了索凌电气有限公司董事长焦大宏、副总经理孙淑静和新能源事业部秦仲健，郑州航空港兴港电力有限公司董事长谢新鸽、副总经理王毅和动力部主任于少勋高工，河南柏科沃电子科技有限公司董事长马静波，西安华超电力集团有限公司董事长戴永然，河南易元泰电子科技公司董事长张崇，上海西西格电气设备有限公司总经理万松涛、河南普惠电力科技有限公司董事长贾建东、上海豪博电子测控工程有限公司乔崇清董事长、郑州卡诺电气有限公司王小奇董事长、上海能电设施有限公司郑州分公司张爱婷电气工程师、河南省铁塔公司技术支撑中心高级工程师张少功，上海希形科技有限公司博士后王华东的大力支持。也曾得到国网湖南电力公司唐寅生老师的帮助，在此一并表示感谢。

本书中的插图由郑州市天一节能技术有限公司冯英、周郅琪绘制。

限于作者水平有限，书中不完善、不准确的地方在所难免，恳请读者批评指正。

秦岭执笔于郑州

2023-04-12

目　录

第一章

无功补偿基础

交流电中的三种功率，它们分别是有功功率、无功功率、视在功率；它们各自独立，又通过功率因数相互联系。三种功率分别反映了电力系统有功电能的真实消耗、电磁无功交换程度、总供给（额定）的特性。

无功补偿就是提高功率因数，一般是围绕提高线性感性功率因数而展开的。对非线性负载，广义的无功补偿（谐波治理）是围绕非线性负载产生的谐波展开的。

第一节 交流电中的电流与功率

一、交流电中的电流

1. 电流矢量分解定义的无功电流、有功电流、视在电流

如图 1-1 所示，电流矢量 $\vec{I}$ 可分解为与电压 $\vec{U}$ 平行的电流分量 $\vec{I}_P$，$\vec{I}_P$ 的数值称为有功电流；电流矢量 $\vec{I}$ 分解出与电压垂直的电流分量 $\vec{I}_Q$，$\vec{I}_Q$ 的数值称为无功电流。

当电流矢量 $\vec{I}$ 模的为 I 时，有功电流和无功电流可表示为，即：

有功电流的数值为：

$$I_P = I\cos\phi \tag{1-1}$$

无功电流的数值为：

$$I_Q = I\sin\phi \tag{1-2}$$

电流 I 则称为视在电流。其大小数值为电流的有效值（峰值）I。

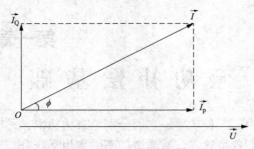

图 1-1　电流电压相量分解示意图

2. 交流电三角函数定义的无功电流、有功电流

交流电电压 $u(t) = U\cos\omega t$ 与交流电流 $i(t)$ 之间存在夹角 ϕ，则 电 流 为 $i(t) = I\cos(\omega t + \phi)$，其 中 U、I 为 有 效 值，电 流 $i(t) = I\cos(\omega t + \phi)$ 可 由 三 角 函 数 分 解 为：$i(t) = I\cos(\omega t + \phi) = I\cos\phi \cos\omega t - I\sin\phi\sin\omega t$

即电流 $i(t) = I\cos(\omega t + \phi)$ 可以分为两部分，它们的分别等于：

$$i_P = I\cos\phi\cos\omega t \qquad (1\text{-}3)$$

$$i_Q = -I\sin\phi\sin\omega t = I\sin\phi\cos\left(\omega t + \frac{\pi}{2}\right) \qquad (1\text{-}4)$$

可以看出，电流 $i(t) = I\cos(\omega t + \phi)$ 可分解成幅值为 $I\cos\phi$、$I\sin\phi$ 的两个简谐电流；一个分解电流垂直于电压，一个分解电流平行于电压，且相位差为 $\pi/2$。

垂直于电压的电流叫无功电流，无功电流 I_Q 数值为 $I\sin\phi$。

平行于电压的电流叫有功电流，有功电流 I_P 数值为 $I\cos\phi$。

二、交流电中的功率

物理学中力学功率的定义是物体在单位时间，所做功的多少。功率是描述做功快慢的物理量，功的数量一定，时间越短，功率值越大。功率即

$$p = \frac{\Delta w}{\Delta t}$$

式中　Δw——消耗的有功能量，kJ；

Δt——消耗有功能量所用的时间，s。

功率 p 是单位时间实际消耗的能量，交流电中的功率有单位时间所做的功的基本含义之外，不同的功率还有其独特的电磁学意义。

1. 交流电的瞬时功率

交流电瞬时功率为某一时刻的电流与电压的乘积，常用 p 表示，单位为 W 或 kW。

瞬时功率的公式为

$$p = u(t)i(t)$$

式中　$u(t)$——某一时刻的瞬时电压，V；

　　　$i(t)$——某一时刻的瞬时电流，A。

瞬时功率为某个时刻的功率，常用于交流电采样测试和功率的计算。例如，实际测试功率时，每个周波要测试出 80～100 次以上的瞬时电流和电压，然后再计算一个周波内各种平均功率。

2. 交流电的有功功率

在交流电路中，有功功率 P 是指在一个周期 T 时间内瞬时功率的积分的平均值。即有功功率为

$$P = \frac{1}{T}\int_0^T p\mathrm{d}t = \frac{1}{T}\int_0^T u(t)i(t)\mathrm{d}t \qquad (1\text{-}5)$$

设 $u(t)$、$i(t)$ 之间的相位角差为 ϕ，则有

$$u(t) = U_\mathrm{m}\cos(\omega t)$$

$$i(t) = I_\mathrm{m}\cos(\omega t + \phi)$$

由此得出瞬时功率

$$p = u(t)i(t) = \frac{1}{2}I_\mathrm{m}U_\mathrm{m}\cos\phi + \frac{1}{2}I_\mathrm{m}U_\mathrm{m}\cos(2\omega t + \phi) \qquad (1\text{-}6)$$

式中　U_m——电压的有效值，V；

　　　I_m——电流的有效值，A。

可见，瞬时功率 p 包含两部分：与时间无关的常数项 $\frac{1}{2}I_\mathrm{m}U_\mathrm{m}\cos\phi$；及以二倍角频率作周期性变化的项 $\frac{1}{2}I_\mathrm{m}U_\mathrm{m}\cos(2\omega t + \phi)$。

对瞬时功率 p 积分后，$\int_0^T \cos(2\omega t + \phi)\mathrm{d}t = 0$，则有功功率为

$$P = UI\cos\phi \qquad (1\text{-}7)$$

有功功率等于电流、电压与它们夹角的余弦的乘积。

根据式（1-1）也可得出有功功率的表达式；即

$$P = IU\cos\phi = UI_\mathrm{P}$$

有功功率是有功电流与电压的乘积，只有平行于电压的电流分量，对有功功率有贡献。

对于负荷对称的三相交流电有功功率则有：

$$P = \sqrt{3}U_\mathrm{L}I\cos\phi \qquad (1\text{-}8)$$

交流电中的有功功率是用电设备实际消耗的功率。

3. 交流电的无功功率

无功功率等于无功电流与电压乘积。无功功率为

$$Q = I_\mathrm{Q}U \qquad (1\text{-}9)$$

式中　　U——电路中的电压有效值，kV；

　　　　Q——电路中的无功功率，kvar；

　　　　I_Q——垂直于电压的无功电流，A。

根据公式（1-2）还可以得出：

$$Q = IU\sin\phi \qquad (1\text{-}10)$$

式中　　I——电路中的电流有效值，A。

电流的垂直分量对无功功率有贡献。

无功功率存在于周期性变化的交流电中，在一个周期内的功率为 0，不能被消耗，只是在磁场与电场能量之间相互转变。无功功率只是在交换。

4. 交流电的视在功率

（1）视在功率。视在功率定义为，电流与电压的乘积为视在功率。常用 S 表示，单位为 kVA。

$$S = UI \qquad (1\text{-}11)$$

对于三相对称交流电则有：

$$S = \sqrt{3}UI \qquad (1\text{-}12)$$

（2）视在功率与无功功率、有功功率的关系。由无功功率 $Q = IU\sin\phi$ 和有功功率 $P = IU\cos\phi$、$S = UI$ 推导出公式：

$$S^2 = P^2 + Q^2$$
$$S = \sqrt{P^2 + Q^2} \qquad\qquad （1\text{-}13）$$

式中 S、P、Q 之间的关系用图 1-2 表示，这个三角形叫作功率直角三角形。

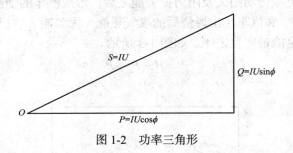

图 1-2　功率三角形

视在功率、有功功率与无功功率不满足能量守恒定律。但在数值上满足直角三角形矢量关系，功率不是矢量或相量，而是标量。

有功电流、无功电流、视在电流满足直角矢量三角形。功率三角形也可看作电流三角形的三边乘以电压。如图 1-2 所示。

电网提供给用电设备的视在功率有两部分：一部分为有功功率；另一部分为无功功率。

电力系统希望用户用电设备的视在功率，能够完全转换为有功功率，这样可以减少电网的损耗，对电网最为有利。但由于负载原因，用户用电设备的视在功率并不能完全转为有功功率。

视在功率也与额定供电容量有关，是供电和用电设备用电能力的基本参数。如：在进行某些配电设计时，根据供电和输电设备的额定容量，可以知道用户用电设备的出力情况，即轻负荷或是重负荷。

视在电流，就是仪表上显示的数据，是电流的有效值。

三、力学中的能量损失与交流电无功的区别

力学中没有无功功率的概念，只有有效功率和功率损失的概念。力学中有效能（功率）与损失能量（功率）都是能量转换中真实的能量消耗。

1. 汽车能量平衡

例如，汽车在行驶过程中，燃烧化学能转换成机械能，机械能克服机械传动损失及阻力损失能之后，形成汽车的动能和势能（有效能）和汽车排出燃烧后的废气热能（无效能），汽车的能量转换满足能量守恒定律。如图 1-3 所示。

$$P = P_1 + P_2 + P_3 \tag{1-14}$$

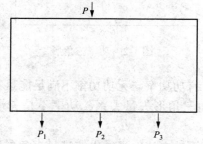

图 1-3　汽车的能量平衡图

P—汽车输入燃料化学能；P_1—汽车动能和势能；

P_2—各类机械损失能；P_3—汽车气体排出热能损失

燃料作为汽车的输入能量，经过发动机后，转换为汽车的有效能即动能和势能 P_1，汽车的机械能损失 P_2 和热能损失 P_3。

汽车的损失能量，是汽车输入能量的一部分。汽车的能量损失是能源转换过程中必然损失的能量。

2. 电机的功率平衡

图 1-4，电机的能量平衡图，因为 $W = P \times 1(\text{h}) = P$，即功率与电机一个小时消耗的能量在数值上相等，电机的功率平衡可以看作是能量平衡，采用功率平衡，只是叙述方便。应区分功率与

能量的不同。

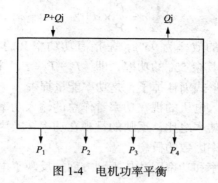

图 1-4 电机功率平衡

电机的输入功率等于视在功率，即

$$视在功率 = P + Q\mathrm{j};$$

电机的输出功率分为以下两部分：

（1）电机的机械功率 P_1（转动力矩），称为机械功率（有效功率）；

（2）电机转换过程中损失的功率。

损失功率又分为：

1）铁损功率 P_2（磁滞和涡流损耗）；

2）铜损功率 P_3（电机负载绕组负载损耗）；

3）电机摩擦杂散损耗 P_4。

其功率平衡方程为：

$$P = P_1 + P_2 + P_3 + P_4 \tag{1-15}$$

从图 1-4 中看到，交流电中的无功功率进入电机，在帮助电机完成了电能向机械能（有效能）的转换之后，无功功率又回到了电力系统，不参与电机的有功功率能量平衡。

只有有功功率参与电机的功率转换，并形成了有效功率和能量（功率）损失（炽和熵）。电机中的损失功率，是输入有功功率的一部分。

有效功率与输入有功功率之比是电机的转换效率。任何能量

之间的转换都存在着转换效率。即

$$\eta = \frac{P_1}{P} \times 100\% \qquad (1\text{-}16)$$

假若电机的效率为95%，是指有功功率 P 的 95% 被转换为有效功率 P_1，其余 5% 的功率，即（$P_2 + P_3 + P_4$）被电机以发热、噪声、振动的形式消耗掉了，是功率能量损失。

如果把输入电机的视在功率看作总的输入功率，那么输入有功功率与视在功率之比，反映的是视在功率转换为有功功率的情况，这就是功率因数的概念。

电机的效率和功率因数从不同方面，反映了电机的电能利用情况。

交流电中的有功功率，实际是电机的输入功率，力学中的有效能则是被有效利用的能量。

交流电中，无功功率、视在功率和有功功率，有着自己独特的概念、理论及计算方法；并与其他电力参数、电磁参数一起形成了电磁学、电工学的基础。

交流电中无功功率在电力发电、输配电、供用电的安全性和经济性运行中起重要的作用，无功功率至今仍然是电力科研的前沿课题之一。

交流电的无功功率实际上可以称为电磁交换功率。

第二节 功 率 因 数

功率因数是电工学中的重要技术参数，也是无功补偿的控制目标。功率因数既是电气设备和用电系统电能利用情况的基本参数，更是用户无功与电网交换程度的重要指标。

功率因数一般认为由电流、电压相位差产生的，其本质与电阻和阻抗有关。图 1-5 中的电流和电压曲线，并不同步，好像曲线平面位移造成的，因此相位差引起的功率因数，又被称为位移功率因数。位移功率因数是基本的功率因数，有着准确的物理学意义。除了位移之外，常用的功率因数还有供电公司与用户结算的力调功率因数，以及自然功率因数。

一、功率因数

1. 相位差定义的功率因数

（1）相位差。交流电中，频率相同的电流和电压相位角的差值，称为相位差，不同相位角的电流、电压如图 1-5 所示。如电流 $i(t) = I_m \cos(\omega t + \phi_i)$ ，电压 $u(t) = U_m \cos(\omega t + \phi_u)$ ，则电压的相位角 $\omega t + \phi_u$ 与电流的相位角 $\omega t + \phi_i$ 的差值为

$$(\omega t + \phi_u) - (\omega t + \phi_i) = \phi_u - \phi_i = \phi \qquad (1\text{-}17)$$

式中　ϕ——电流与电压的相位角差，简称相位差。

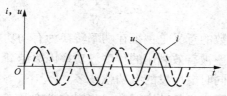

图 1-5　不同相位的电流电压不同相位

电压超前于电流，其原因与负载有关。

（2）相位差定义的功率因数。交流电的电压相位角与交流电的电流相位角差值 ϕ 的余弦，称为功率因数。即

$$\cos(\varphi_u - \varphi_i) = \cos\phi$$

式中　$\cos\phi$——功率因数。

当 $\phi_u = \phi_i$ 时，电流与电压同相位。当 $\phi_u \neq \phi_i$ 时，电流与电压不同相位。此相位角产生的功率因数，也称为位移功率因数，或相位功率因数。

2. 由阻抗定义的功率因数

由复阻抗　　　　　　　$\tilde{Z} = r + jx$

则阻抗值（模）　　　　$Z = \sqrt{r^2 + x^2}$

有　　　　　　　　　　$\tilde{Z} = Z\cos\phi + jZ\sin\phi$

可以得出

$$\cos\phi = \frac{r}{Z} \qquad (1\text{-}18)$$

式（1-18）为功率因数的阻抗表达式，即功率因数等于有功电阻的数值与阻抗数值（模）的比。它反映了功率因数与负载的阻抗有关，即负载的性质（电阻和阻抗）决定了负载的功率因数。

3. 由视在功率和有功功率定义的功率因数

用户消耗的有功功率 P 与供给设备的视在功率 S 的比，称为功率因数。即

$$\cos\phi = \frac{P}{S} \qquad (1\text{-}19)$$

此功率因数的意义是：视在功率转换为有功功率的程度，或者说是视在功率被有效利用的程度。功率因数越高，有功电能利用程度越高，同时电厂发的有功就越多。

阻抗和电阻定义的功率因数，与视在功率和有功功率定义的功率因数本质是一致的。

4. 分相功率因数

每相电压、与电流的相位角差的余弦，称为分相功率因数。我们用 $\cos\phi_A$、$\cos\phi_B$、$\cos\phi_C$ 来分别表示 A 相、B 相、C 相的功率因数。

5. 三相平衡的功率因数

三相平衡时，用 A、C 两相之间的电压与 B 相电流之间相位差的余弦，作为三相的功率因数。此时的三相功率因数与每一相的功率因数相等。

6. 三相不平衡时的功率因数

（1）三相累加定义的功率因数。三相不平衡时的视在功率，不能用三相电流和电压来获得，因此，三相不平衡时的功率因数存在争议。只有分相功率因数。三相不平衡时的功率因数一般采用下列定义

$$\cos\phi = \frac{\sum P}{S} \qquad (1\text{-}20)$$

其中，三相有功功率 $P=\sum P$，即三相的总有功功率等于三相有功功率之和；

三相无功功率 $Q=\sum Q$，即三相的总无功功率等于三相无功功率之和；

三相视在功率

$$S = \sqrt{(\sum P)^2 + (\sum Q)^2}$$

三相平衡时，各相视在功率、有功功率、无功功率、分相功率因数相同，分相功率因数等于三相功率因数。三相不对称时，各分相的视在功率不相等，其和 $\sum S$ 也不一定等于定义的视在功率 $S = \sqrt{(\sum P)^2 + (\sum Q)^2}$，此时不平衡时的三相功率因数没有物理学意义。

（2）采用不平衡度计算的功率因数。三相电流、电压的不平衡度

$$\delta_{u} = \frac{U_{fx}}{U_{zx}} \times 100\% \qquad (1\text{-}21)$$

$$\delta_{i} = \frac{I_{fx}}{I_{zx}} \times 100\% \qquad (1\text{-}22)$$

式中 δ_{u}——电压的不对称度，%；

δ_{i}——电流的不对称度，%；

U_{fx}——电压的负序分量的有效值，V；

U_{zx}——电压的正序分量的有效值，V；

I_{fx}——电流的负序分量的有效值，A；

I_{zx}——电流的正序分量的有效值，A。

电流非对称情况下的功率因数

$$\cos\phi_2 = \frac{\cos\phi_1}{\sqrt{1 + \delta_{i}^2}} \qquad (1\text{-}23)$$

式中 $\cos\phi_1$——三相对称时的功率因数，%；

$\cos\phi_2$——三相不对称时的功率因数，%。

三相不对称时的三相功率因数，取决于对称下的功率因数，还取决于不对称度。系统会因为不对称引起功率因数下降。

同理电压非对称情况下的功率因数为

$$\cos\phi_2 = \frac{\cos\phi_1}{\sqrt{1+\delta_u^2}}$$

7. 谐波情况下的功率因数

（1）存在电流谐波情况下的功率因数 $\cos\phi_{xi}$

$$\cos\phi_{xi} = \frac{I_1}{I}\cos\phi \qquad (1\text{-}24)$$

式中　$\cos\phi$——基波位移功率因数，%；

$\cos\phi_{xi}$——谐波电流功率因数，%；

I_1——基波电流有效值，A；

I——含有畸变电流的有效值，A。

（2）存在电压谐波情况下的功率因数 $\cos\phi_{xu}$

$$\cos\phi_{xu} = \frac{U_1}{U}\cos\phi \qquad (1\text{-}25)$$

式中　U——含有的谐波电压有效值，V；

U_1——基波电压有效值，A。

谐波功率因数小于基波功率因数，电压和电流谐波都加剧了功率因数的恶化，谐波使功率因数变小。

二、力调功率因数

1. 力调功率因数

力调功率因数是供电公司根据企业被计量的有功电量和无功电量数据，计算出的功率因数，供电公司据此计算力调电费，与企业进行电费结算。

利用用户电费清单中的月度有功电量、无功电量的数据，依据式（1-26）计算出的功率因数，就是月度力调功率因数。其计算公式是

$$\cos\phi = W_p / \left(\sqrt{W_p{}^2 + W_q{}^2} \right) \qquad (1\text{-}26)$$

式中　$\cos\phi$——力调功率因数，%；

　　　W_p——月用电量，kWh；

　　　W_q——月用无功电量，包括过补偿无功、谐波无功，kvarh。

2. 电费权重力调功率因数

国网湖南省电力有限公司唐寅生建议把目前考核的功率因数，改为权重功率因数。权重功率因数是更加细致的力调功率因数，但并不完全是总的月度平均功率因数。即

$$力调电费 = P_1\lambda_1 + P_2\lambda_2 + P_3\lambda_3 + \cdots + P_n\lambda_n \qquad (1\text{-}27)$$

式中　P_1——功率因数为 $\cos\phi_1$ 时的电量，kWh；

　　　λ_1——功率因数为 $\cos\phi_1$ 时的单位力调电费，元/kWh；

　　　P_2——功率因数为 $\cos\phi_2$ 时的电量，kWh；

　　　λ_2——功率因数为 $\cos\phi_2$ 时单位力调电费，元/kWh；

　　　　⋮

　　　λ_n——功率因数为 $\cos\phi_n$ 时单位力调电费，元/kWh。

三、自然功率因数

1. 系统的自然功率因数（见表 1-1）

自然功率因数是指没有补偿时，用电系统或设备自然呈现的功率因数。自然功率因数分为设备的自然功率因数和某个整体系统（厂矿、学校、医院）的自然功率因数两种。

表 1-1　　　　工厂企事业单位自然功率因数

单位	功率因数	单位	功率因数
汽车部件厂	0.70～0.82	煤矿机械厂	0.75～0.82
酿酒厂	0.75～0.85	纺织厂	0.70～0.80
水泥厂	0.75～0.85	丝织厂	0.70～0.80
化工厂	0.75～0.85	金属加工厂	0.65～0.80

续表

单位	功率因数	单位	功率因数
被服厂	0.75～0.85	水泥搅拌站	0.60～0.80
电镀厂	0.75～0.90	塑料厂	0.75～0.80
铸造厂	0.70～0.80	炼钢厂	0.75～0.80
锻造厂	0.70～0.80	纺织机械厂	0.75～0.80
拖拉机制造	0.70～0.85	砂轮厂	0.75～0.80
采油机制造	0.75～0.85	商场	0.80～0.90
啤酒	0.75～0.85	办公楼	0.80～0.90
肉联加工厂	0.70～0.85	剧场	0.75～0.89
地铁	0.20～1.00	电子厂	0.75～0.85
设计院	0.85～0.90	高铁	0.75～0.90
高校	0.80～0.90	自来水	0.75～0.85

一个用电单位自然呈现的功率因数，是所有设备负荷功率因数的加权平均值。不同行业有不同的功率因数，机械加工工业的功率因数为最低，而政府机关的事业单位的功率因数较高。

2. 设备的自然功率因数

单个用电设备本身未经补偿的而呈现的功率因数，叫设备的自然功率因数。

如电机、电灯、电弧炉、中频炉等设备都有功率因数，这些设备的功率因数都不是固定的，有一个波动区间见表1-2。

表1-2　　　　常见的典型用电设备的自然功率因数

生产设备	功率因数	生产设备	功率因数
电动机（Y）	0.30～0.88	电焊机	0.75～0.85
水泵	0.70～0.85	车床	0.75～0.85

生产设备	功率因数	生产设备	功率因数
电弧炉	0.75～0.85	除尘器	0.80～0.85
风机	0.75～0.85	修理机械设备	0.50～0.75
小型加工机床	0.45～0.65	电焊机	0.35～0.60
大型加工机床	0.50～0.75	移动电动工具	0.50～0.70
热加工机床	0.50～0.60	打包机	0.60～0.70
大型热加工机床	0.55～0.65	洗衣房动力	0.70～0.90
锻锤、压床	0.55～0.60	载波机	0.80～0.85
木工机械	0.50～0.60	收信机	0.80～0.85
液压机	0.50～0.60	发信机	0.80～0.90
生产用通风机	0.80～0.85	电弧炉的辅助设备	0.50～0.70
干燥箱、电热器等	1.00	电话交换台	0.80～0.85
卫生用通风机	0.70～0.80	各种水泵	0.80～0.88
空调设备送风机	0.80～0.90	客房电气控制箱	0.70～0.90
冷冻机组	0.80～0.88	照明客房	0.80～0.90
球磨机、搅拌机等	0.60～0.85	其他场所	0.60～0.90
电解用硅整流装置	0.80～0.90	通风机	0.80～0.88
工频感应电炉（还原）	0.80～0.90	分散式电热器	1.00
工频感应电炉（氧化）	0.35～0.60	电梯	0.50～0.60
高频感应电炉	0.60～0.80	天窗开闭机	0.50～0.80
焊接高频加热设备	0.70～0.80	洗衣机	0.70～0.90
熔炼高频加热设备	0.80～0.85	厨房设备	0.75～1.00
电动发电机	0.70～0.80	空调机（家用）	0.95～1.00
真空管振荡器	0.80～0.85	白炽灯	1.00
中频电炉（还原）	0.75～0.90	电感镇流器	0.50～0.70
氢气炉带变压器	0.85～0.90	电子镇流器	0.92～0.95
真空炉带变压器	0.85～0.90	冷水机、泵	0.80～0.88

续表

生产设备	功率因数	生产设备	功率因数
电动机（JO）空载	0.15～0.20	实验设备（电热设备）	0.80～1.00
电机负载情况	0.60～0.86	实验设备（以感性为主）	0.70～0.88
制氧机	0.75～0.87	粉碎探伤机	0.40～0.70
制冰机	0.75～0.86	铁屑加工机械	0.70～0.80
搅拌站	0.60～0.80	排气台	0.80～0.90
空分机	0.70～0.80	老炼台	0.70～0.80
电弧炼钢炉变压器（低压侧）	0.50～0.85	陶瓷隧道窑（含辅机）	0.85～0.95
点焊机、缝焊机	0.50～0.60	拉单晶炉（初期）	0.50～0.70
对焊机	0.45～0.70	藏能腐蚀设备	0.80～0.93
自动弧焊变压器	0.45～0.75	真空浸渍设备	0.90～0.95
单头手动弧焊变压器	0.35～0.75	各种风机、空调器（氨制冷）	0.70～0.90
多头手动弧焊变压器	0.35～0.70	恒温空调箱	0.95～1.00
单头直流弧焊机	0.55～0.65	集中式电热器	1.00
多头直流弧焊机	0.65～0.75	剪床锻工机械	0.45～0.60
钢炉房用起重机	0.50～0.80	小型电热设备	0.95～1.00
铸造车间起重机	0.50～0.80	交流电梯	0.50～0.60
连续运输机械	0.70～0.85	传送带	0.70～0.80
非连锁的连续运输机械	0.70～0.85	起重机械	0.50～0.70
一般工业用硅整流装置	0.60～0.75	锅炉房用电	0.80～0.85
电镀用硅整流装置	0.75～0.90	冷冻机	0.80～0.90
红外线干燥设备	1.00	食品和加工机械	0.80～0.90
电火花加工装置	0.60～0.80	电饭锅、电烤箱	1.00
超声波装置	0.60～0.70	电炒锅	1.00
X 光设备	0.55～0.90	电冰箱	0.70～0.90
电子计算机主机	0.85～0.95	热水器（淋浴用）	1.00
电子计算机外部设备	0.60～0.80	高压汞灯	0.40～0.55

生产设备	功率因数	生产设备	功率因数
高压钠灯	0.40~0.50	氙灯	0.85~0.90
卤化物灯	0.40~0.55	霓虹灯	0.40~0.50

3. 用电单位的自然功率因数与设备功率因数的关系

用电单位的自然功率因数，是由每个具体设备功率因数的加权平均得来，用电单位的无功补偿是集中补偿，供电公司考核的功率因数是用电单位系统整体的功率因数。因此所有用电单位都会加装集中无功补偿装置，以满足供电公司力调电费的要求。

系统集中补偿前，首先要对无功较大、功率因数较低的设备进行就地无功补偿，以提高设备的功率因数，然后在就地补偿的基础上，再对穿越上来的无功进行集中补偿，防止无功穿越计量点，产生力调电费。

对设备的无功尽可能进行就地补偿，就地补偿节电效果最佳。

4. 影响自然功率因数的主要因素

（1）与负载率有关。负载率越高，对电机类来说功率因数越高，反之负载率越低，功率因数就越低，这就是所谓的大马拉小车现象。无功补偿是治理大马拉小车现象最有效的方法。

（2）与系统电压有关。系统电压越高，设备的无功需求就越高，功率因数就越低。

（3）与具体工艺过程有关。如电弧炉、中频炉中的铁块在融化初期，由于氧化过程剧烈，电流和功率因数变化巨大，引起电压波动，造成电压和功率因数都不合格，功率因数从 0.20~0.80 变化剧烈；当电弧炉、中频炉中的铁块完全融化后，炉子的电流、电压、功率因数比较平稳。对此类大型设备补偿时，往往带有对电压波动和功率因数的双重要求，补偿后电压波动达到国家标准，功率因数也要达到国家标准。

（4）与季节有关。如医院、机关单位夏天用的都是小型空调，自然功率因数会很高。

（5）与生产有关。通过调度，合理安排不同设备的使用，也会对系统自然功率因数产生影响。

系统的功率因数由设备的功率因数组成，影响系统自然功率因数的原因与影响设备功率因数的原因基本是一致的。

第三节　交流电中的负载

电网中的用电、配电负载（设备），一般可分为线性负载和非线性负载两大类。线性负载由电阻性（元件）负载，电感性（元件）负载、电容性（元件）负载组成。

国家标准 GB/T 7260.3—2003《不间断电源设备（UPS）第3部分：确定性能的方法和试验要求》中对线性负载的明确定义为：当施加可变正弦电压时，其负载阻抗参数（Z）恒定为常数的负载。绝对的线性负载是不存在的，只有相对线性负载。如电容、电抗、电阻随温度变化忽略不计的情况下的负载就是线性负载。

纯粹的电阻、电抗、电容在电网中是不存在的。电阻负载在做功时会有电感、电容存在。在全频率范围内，纯电阻电路、纯电容电路、纯电感电路是不存在的。

由于功率因数是由负载所决定的，提高负载的功率因数，就必须对交流电时负载的性质加以了解后，才能做出有针对性的补偿。

非线性负载是由功率器件或二极管器件组成的设备构成。

一、线性负载

线性负载的阻抗在加上正弦电压的情况下，阻抗不变，负载的电流为正弦，即为线性负载。线性负载一般分为阻性负载、感性负载、和容性负载。

1. 电阻性负载

电阻性负载是典型的线性负载。

当电流流过电阻时，电流与电压同相位，电流、电压同时达到最大或最小值。此时，设备的功率因数

$$\cos\phi = 1$$

对于三相的电阻性设备

$$P = \sqrt{3}IU_{\text{L}}$$

式中 I——流过电阻的电流，A；

U_{L}——三相之间的线电压，kV；

P——电阻性负荷的功率，kW。

电阻类设备的主要特征是，电能转换为热量，每千瓦时产生的热量是 860kcal，约为 3600kJ。电阻设备以电阻丝为代表的有电阻炉、电热水器具、烤箱以及靠电阻丝发光的阻性灯具，如白炽灯。

2. 感性负载

电感就是绕组，具有通直流，阻交流、通低频，阻高频电流的作用。在直流情况下，基本无阻力。电感电压与电流的关系如图 1-6 所示。

（1）电感的感抗、电感电流与电压的相位。当交变电流 i 通过电感 L 时，在线圈内部产生自感电动势 e_1，即

$$e_1 = -L\text{d}i/\text{d}t$$

在忽略电感元件内阻的情况下，有 $u(t) = -e_1$，即

$$u(t) = L\text{d}i/\text{d}t \tag{1-28}$$

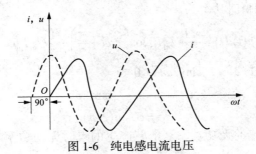

图 1-6 纯电感电流电压

设 $i(t)$、$u(t)$ 都随时间余弦变化，并选 $i(t)$ 的初相位 $\phi_i = 0$，则

$$i(t) = I_{\mathrm{m}}\cos(\omega t + 0) \tag{1-29}$$

$$u(t) = U_{\mathrm{m}}\cos(\omega t + \phi_{\mathrm{u}}) \tag{1-30}$$

将式（1-29）代入式（1-28）得

$$u(t) = \frac{L\mathrm{d}i}{\mathrm{d}t} = -\omega L I_{\mathrm{m}}\sin\omega t = \omega L I_{\mathrm{m}}\cos\left(\omega t + \frac{\pi}{2}\right)$$

1）电感的感抗为

$$Z_{\mathrm{L}} = U_{\mathrm{m}} / I_{\mathrm{m}} = \omega L I_{\mathrm{m}} / I_{\mathrm{m}} = \omega L \tag{1-31}$$

2）电流的相位角为 $\omega t + 0$ 时，电压的相位角为 $\omega t + \pi/2$

$$\varphi_{\mathrm{u}} - \varphi_{\mathrm{i}} = \frac{\pi}{2} \tag{1-32}$$

电感的电流滞后于电压 $\pi/2$，如图 1-7 所示。

电流滞后于电压的物理学解释为电感线圈先建立磁场存在，并形成反向电动势后，才有感性无功电流流出。

（2）交流电路电感的功率。

1）电感的瞬时功率。

设电感电流为 $i(t) = I_{\mathrm{m}}\sin(\omega t)$

电感电压为 $u(t) = U_{\mathrm{m}}\sin(\omega t + \pi / 2)$

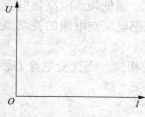

图 1-7　纯电感电流
电压矢量

电感的瞬时功率为

$$Q_{\mathrm{L}} = u(t)i(t) = -\frac{1}{2}U_{\mathrm{m}}I_{\mathrm{m}}\cos\left(2\omega t + \frac{\pi}{2}\right) + \frac{1}{2}U_{\mathrm{m}}I_{\mathrm{m}}\cos\left(\frac{\pi}{2}\right)$$

$$= 1 / 2U_{\mathrm{m}}I_{\mathrm{m}}\sin(2\omega t) + 0$$

$$Q_{\mathrm{L}} = 1 / 2U_{\mathrm{m}}I_{\mathrm{m}}\sin(2\omega t)$$

或

$$Q_{\mathrm{L}} = UI\sin(2\omega t)$$

2）电感的无功功率。电感产生的瞬时无功功率的幅值称为感抗无功功率。

$$Q_{\mathrm{L}} = UI = I^2 Z_{\mathrm{L}} = I^2\omega L = \frac{U^2}{\omega L} \tag{1-33}$$

由交流电无功功率的定义也可得出：$Q_L = UI_Q$，$I_Q = I \sin \frac{\pi}{2} = I$

$$Q_L = UI_Q = UI = \frac{U^2}{\omega L}$$

3）电感的有功功率。

由式（1-7）得出

$$P = IU \cos \frac{\pi}{2} = 0$$

电感与外界电路交换的是无功功率。而且每 $\frac{1}{4}$ 个周波内，电感储能和放能的功率是相等的。如图 1-8 所示为纯电感能量交换图，虚线为功率，从图中清晰地看到一个周期的交换情况，以及电流、电压之间的相位关系。

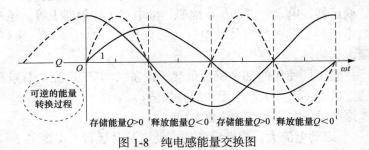

图 1-8　纯电感能量交换图

纯电感不消耗有功，而且在一个周波内电感储能和放能的无功功率是相等的。规定电感产生的无功是正值。

（3）电感的能量，计算公式为

$$W_1 = \frac{1}{2} Li^2(t) \tag{1-34}$$

式中　W_1——电感在时刻 t 储存的能量，MJ；

　　　L——电感的感抗，Ω；

　　　$i(t)$——电感在时刻 t 时的电流，kA。

当电流等于峰值电流，即 $i(t) = I_m$ 时，电感储存能量为最大值 W_{lm}。即

$$W_{\text{lm}} = \frac{1}{2}LI_{\text{m}}^2 \ \text{或} \ W_{\text{lm}} = LI^2$$

式中　I——电感电流有效值，kA。

当 $i(t) = 0$ 时，$W = 0$。

当 $W_1 > 0$ 时，储存能量为磁场能，每个周波两次。

当 $W_1 < 0$ 时，释放能量，每个周波两次。

（4）电感性负载的特点。在实际的用电过程中，有些负载并非完全为纯感性负载，在有电阻存在时，$0 < \cos\phi < 1$，其负载成为感性特征的负载，简称感性负载。

电感性设备是以绕组为特征的。感性负荷占到配电网总负荷的 80% 以上，是低压有功负荷和有功负荷的主要形式。此类设备的主要特征就是把电能转换为机械能，其代表性的设备有电动机、变压器、电扇、空调、压缩机、继电器（接触器）等。还有以放电为特征的各类气体放电灯，如日光灯、高压钠灯、汞灯、金属卤化物灯。

一般工厂使用的都是感性负载（设备），其工厂无功总量都是感性负载（设备）产生无功的叠加值。

这类设备主要特点和注意事项：

1）启动电流大。感性设备的启动电流是运行时电流的 3～8倍。为降低启动电流、防止电压降低、烧毁电动机，一般采用星 - 三角启动方式，或者降压启动。现在多用软启动。

变压器的选型与感性设备启动电流有密切的关系，变压器在确定容量时要充分考虑电机的启动电流；要考虑大型电机的启动电流对变压器容量的影响，直接启动电机的情况下，应适当放大变压器的容量，或电动机使用软启动来减低启动电流对变压器的冲击。这些都是工程实际中存在的问题。

如果不考虑上述问题，感性设备启动时会出现系统电压下降，电流增大，造成电动机、变压器等设备过早损坏。

2）功率因数低，无功缺口大。感性设备功率因数低、启动困难、一般需要就地补偿。

值得注意的是，补偿节点一定要避开启动回路。要在电机启动后，再投入就地补偿，补偿装置要接在主回路上。否则，补偿装置会因为频繁启动造成电容容值迅速下降，补偿装置过早损坏。

3. 电容及电容性负载

电力电容在交流电中对电网起到（电压）支撑、耦合、滤波、交换、移相等重要作用。电容也是电力系统容性无功的主要提供者。由于电力负荷多为感性负荷，因此，电力电容在电网的无功平衡中起着极其重要的作用。

已知电容有着阻直流、通交流的作用；越是高频电流，容抗越低，电容越是导通。电容电流并没有流过电容的两个极板，只是电容极板间的充放电似乎形成了电流，从电容外部看电容两端似乎有电流流过，所以形象地说有交流电流过了电容。

电容电流在电动力学看来，是位移电流，是变化的电场形成的电流。电容电流与电压的关系如图 1-9 所示。

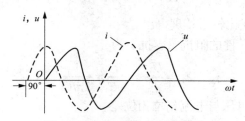

图 1-9 电容电流电压不同相位

（1）电容容抗、电容电流与电压的相位差。

1）电容的电流与电量的关系。当交流电流 $i(t)$ 流入电容 C 时，电容的电量将增加，即 $\Delta q = i(t)\,\Delta t$，取 $\Delta t \rightarrow 0$ 的极限，电容电流 $i(t)$ 极限表达式为：

$$i(t) = \lim_{\Delta t \to 0}\left(\frac{\Delta q}{\Delta t}\right)$$

$$= \frac{\mathrm{d}q}{\mathrm{d}t}$$

（1-35）

式中，$\Delta t \to 0$ 时，电流是电量 q 对时间 t 的微分。

2）电容电压与电量的关系。电容器上的电压 $u(t)$ 与电量 $q(t)$ 成正比，即

$$u(t) = q(t) / C \qquad (1\text{-}36)$$

设电容的 $q(t)$、$i(t)$、$u(t)$ 都随时间做余弦变化，并选 $q(t)$ 的初相位为 0，电流的初相位为 ϕ_i，电压的初相位为 ϕ_u，则有

$$q(t) = q_m \cos(\omega t) \qquad (1\text{-}37)$$

$$i(t) = I_m \cos(\omega t + \phi_i) \qquad (1\text{-}38)$$

$$u(t) = U_m \cos(\omega t + \phi_u) \qquad (1\text{-}39)$$

将式（1-37）代入式（1-35）得

$$i(t) = \frac{dq}{dt} = \omega q_m \cos(\omega t + \pi / 2) \qquad (1\text{-}40)$$

将式（1-39）代入式（1-36）得

$$u(t) = q(t) / C = \frac{q_m}{C} \cos(\omega t + 0°) \qquad (1\text{-}41)$$

上述等式比较后整理得出

a. 电容元件的阻抗（容抗）为

$$Z_C = \frac{U_m}{I_m} = \frac{1}{\omega C} = \frac{1}{2\pi f C} \qquad (1\text{-}42)$$

b. 电容电压与电流相位相位差

$$\phi = \phi_u - \phi_i = -\pi / 2 \qquad (1\text{-}43)$$

电容电流超前电压 90 度矢量图如图 1-10 所示。

图 1-10　纯电容电流电压矢量

电流超前于电压 $\pi/2$，其物理学解释是电容以电流积累电荷，

形成电场，再形成电压。

（2）电容的功率。

1）电容瞬时功率。

设电容电流为 $i(t) = I_\mathrm{m} \sin(\omega t)$

则电容电压为 $u(t) = U_\mathrm{m} \sin(\omega t - \pi/2)$

电容瞬时功率为 $Q_\mathrm{C} = u(t)i(t) = -\dfrac{1}{2} U_\mathrm{m} I_\mathrm{m} \sin(2\omega t)$

当 U、I 为电压和电流的有效值时

$$\frac{1}{2} U_\mathrm{m} I_\mathrm{m} = UI$$

电容瞬时功率

$$Q_\mathrm{C} = -UI \sin(2\omega t) \tag{1-44}$$

电容瞬时功率是一个幅值为 UI，并以 2ω 的角频率随时间变化的变量。

2）电容的有功功率。由定义式（1-7）得出

$$P = IU \cos\frac{\pi}{2} = 0$$

电容元件自身不消耗能量。对于一个纯电容来说，电容不消耗有功功率，即 $P = 0$。

3）电容的无功功率。无功功率定义由式（1-9）得出的电容无功功率

$$Q_\mathrm{C} = IU \sin\left(-\frac{\pi}{2}\right) = -IU \tag{1-45}$$

可见，电容瞬时无功功率的幅值 $-UI$ 为容性无功功率。电容自身的瞬时无功功率一个周期的平均值为零。但是从电网来看，电容始终以同样大小的无功功率与外界进行能量交换。

电容的充放电的过程，也是电容与外界的能量交换的过程。电容每 $\dfrac{1}{4}$ 个周波的充电功率等于每 $\dfrac{1}{4}$ 个周波的放电功率；如图 1-11 所示，两条实线分别为电流和电压的波形，虚线为电容功率的波形。

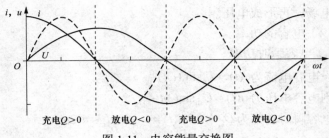

图 1-11　电容能量交换图

由图 1-8 和图 1-11 相比较可以看出，当电容放电时，正是电感的充电时；当电容充电时，正是电感的放电时。

纯电容不消耗有功。而且在一个周波内电容储能和放能的无功功率是相等的。规定电容产生的无功是负值。

（3）电容的能量，计算公式为

$$W_{\mathrm{c}} = \frac{1}{2}Cu^2(t) \tag{1-46}$$

式中　W_{c}——电容在时刻 t 储存的能量，MJ；

C——电容的容值法拉，F；

$u(t)$——电容在时刻 t 时的两端电压，kV。

当 $u(t) = U_{\mathrm{m}}$ 峰值电压时，电容储存能量为最大值，此时电容最大能量 W_{cm} 为

$$W_{\mathrm{cm}} = \frac{1}{2}CU_{\mathrm{m}}^2$$

或者

$$W_{\mathrm{cm}} = CU^2$$

此时 U 为电容电压有效值。

当 $u(t) = 0$ 时，$W_{\mathrm{c}} = 0$。

$W_{\mathrm{c}} > 0$ 时，储存能量为电场能，每个周波两次。

$W_{\mathrm{c}} < 0$ 时，释放能量，每个周波两次。

（4）电容性负载的特点。由于工厂、商业用户的大部分用电设备都是电感类设备，一般把电容各种补偿装置安装在用户侧，

提供容性无功，用来与用户的感性无功进行交换，降低无功电流，以实现节约电能，改善电能质量，提高率因数。

高压电缆、高压线路三相之间构成电容，每相线路又与大地构成电容，形成高压线路容性负载特征。近年来，由于110kV变电站逐步普及，35kV以上高压电缆的容性无功负载，日渐形成新的补偿热点。大量使用UPS，在负载率极低的情况下，可出现容性负载现象。

此类负荷的特点和注意事项有：

1）容性负载能提高系统电压。

2）电容与电网断开、接入时会有涌流和过电压出现。目前还没有专用的容性开关能够完全安全地切断或投入容性负荷。容性负荷频繁接入与断开，是电容柜安全事故发生的主要因素。

二、非线性负载与谐波

非线性负载的阻抗在加上正弦电压的情况下，电流是非正弦。这是非线性负载与线性负载的最主要特征。谐波产生于非线性设备。

1. 电力系统的非线性负荷介绍

（1）大功率晶闸管整流装置。如整流电解化工工业、轨道整流电气化铁道、直流输电的换流阀、磁控电抗器、UPS等。

（2）交流炼钢电弧炉及轧机。

（3）节能型电子家用灯及电器。

（4）自饱和、可控饱和电抗器。

（5）大型变压器的励磁回路。

（6）高、中频感应加热炉。

（7）电石炉、矿热炉。

（8）变频器。

2. 谐波简介

非线性负载的主要特征是产生谐波。

谐波是一种频率高于基波的广义无功，是另外一种特殊的无功形式。

根据法国数学家傅立叶（M. Fourier）级数原理，任何周期性的函数都可以分解为含有基波和一系列以基波倍数的正弦波分量的叠加。谐波就是傅氏级数的正弦波分量，每个正弦波分量都具有不同的频率、幅度及相角。谐波可以分为偶次谐波和奇次谐波。现实中以第 3、5、7 次的奇次谐波最为常见。

在负载平衡的三相系统中，由于对称关系，偶次谐波已经被消除了，只有奇次谐波存在。对于三相整流负载，出现的谐波电流是 $6n \pm 1$ 次谐波，例如 5、7、11、13、17、19 次谐波等。

在电力系统中，谐波产生的原因之一是由于非线性负载所致。当电流流经负载时，与所加的电压不呈线性关系，就形成非正弦电流，即电路中有谐波产生。谐波频率是基波频率的整倍数。谐波也是无功的一种，被认为是一种广义无功。

3. 谐波的危害

（1）谐波的增加与无功的增加是一样的，谐波的增加同样会降低发电、输电及用电设备的效率。

（2）谐波影响各种电气设备的正常工作。谐波对电机、变压器及各类用电设备，除引起附加损耗、温度升高外，还会诱使电机和变压器产生机械振动、噪声，使各类用电设备局部严重发热，加速绝缘老化，寿命缩短，以至设备损坏。

（3）谐波会使电容器过负载，而引起电容器过早损坏。谐波会引起电网局部产生谐振，从而使谐波放大，致使危害大大增加，甚至引起严重事故。

（4）谐波会导致继电保护和自动装置的误判动作，从而造成电网恶性事故，并会引起电气测量仪表计量不准确。

（5）谐波会对邻近的通信系统产生干扰，轻者产生噪声，降低通信质量；重者导致信息丢失，致使通信系统无法正常工作。谐波会引起计算机和精密仪器死机。

（6）节能灯和 LED 灯会造成大量的含有率为 50% 的 3 次谐波电流，这些谐波电流流过零线时，会产生谐波电流叠加，叠加的电流会导致零电线路过热，甚至发生火灾。

4. 谐波的治理方式

谐波治理的方法有两种：有源滤波 APF 和无源滤波。

无源滤波的方法有两种：一是把谐波交换在 *LC* 串联组成的振荡器中，使谐波的频率与谐波治理装置的 *LC* 回路固有频率完全一致，谐波与 *LC* 电路完全谐振，从而阻止所有谐波穿越计量点，谐波仅与 *LC* 谐振器进行振荡交换。此种治理又称为谐振治理，即谐波被完全治理。

二是采用无源器件不完全谐振的方法，谐波的频率与谐波治理装置构成的 *LC* 电路固有频率并不相等，没有完全谐振，谐波的频率与 *LC* 回路的频率有偏差，允许部分谐波穿越计量点。此种治理又称为调谐治理，即只治理了部分谐波。

有源滤波 APF 是通过测试出谐波电流的大小、角度、幅值，APF 输出与检测出的谐波电流完全相反的无功电流，输入到电网，使谐波电流抵消掉。

如果谐波治理后，穿越的谐波电流符合表 1-3 和表 1-4 所示谐波电流公用电网国家标准，就可以认为谐波治理成功了。

表 1-3　电压谐波公用电网谐波电压（相电压）国家标准

电网标称电压（kV）	电压总谐波畸变率（%）	各次谐波电压含有率（%）	
		奇次	偶次
0.38	5.0	4.0	2.0
10（6）	4.0	3.2	1.6
35（66）	3.0	2.4	1.2
110	2.0	1.6	0.8

表 1-4　注入公共连接点的谐波电流允许值（基准短路容量为 100MVA）

电压等级（kV）	短路基准容量（MVA）	谐波次数（次）									
		3	5	7	9	11	13	15	19	23	25
0.38	10	62	62	44	21	28	24	12	16	14	12

续表

电压等级	短路基准容量	谐波次数（次）									
（kV）	（MVA）	3	5	7	9	11	13	15	19	23	25
10	100	20	20	15	6.8	9.3	7.9	4.1	5.4	4.5	4.1
110	750	9.6	9.6	6.8	3.0	4.3	3.7	1.9	2.5	2.1	1.9

滤波的含义在弱电的情况下是有一定意义的，而在无源谐波治理的情况下，滤波的含义是不够科学的。谐波不能无缘无故地被滤除，要符合能量守恒定律。对于无源滤波来说，滤波更是一种交换，这种交换被限止在计量点之外。对于有源滤波来说，滤波则是互相相反的谐波能量的湮灭。

减少非线性负载产生的谐波，提高非线性负载的功率因数，是目前非线性设备研究的主要课题。通过改变变压器绕组的接线方式，以及整流方式、也可消除一些谐波。

5. 谐波的有效值、畸变率和含有率

（1）谐波电流、电压的有效值。对于非正弦周期性电压与电流的瞬时值可以用傅里叶级数表示

$$u(t) = U_0 + \sum_{h=1}^{\infty} \sqrt{2} U_h \sin(h\omega_1 t + \alpha_h) \qquad (1\text{-}47)$$

$$i(t) = I_0 + \sum_{h=1}^{\infty} \sqrt{2} I_h \sin(h\omega_1 t + \beta_h) \qquad (1\text{-}48)$$

由此可以得出谐波电流和谐波电压的有效值，即

$$I = \sqrt{I_0^2 + \sum_{h=1}^{\infty} I_h^2} \qquad (1\text{-}49)$$

谐波电压的有效值：

$$U = \sqrt{U_0^2 + \sum_{h=1}^{\infty} U_h^2} \qquad (1\text{-}50)$$

式中 U_0——周期性电压的直流分量，V；

I_0——周期性电流的直流分量，A；

U_h——第 h 次谐波电压有效值，V；

　I_h——第 h 次谐波电流有效值，A；

　α_h——第 h 次谐波电压初相位，(°)；

　β_h——第 h 次谐波电流的初相位，(°)。

（2）谐波的电流、电压含量。谐波电流含量为

$$I_H = \sqrt{\sum_{h=2}^{\infty} I_h^2} \qquad (1\text{-}51)$$

谐波的电压含量为

$$U_H = \sqrt{\sum_{h=2}^{\infty} U_h^2} \qquad (1\text{-}52)$$

（3）谐波电压、电流的总畸变率为

$$THD_U = \frac{U_H}{U_1} \times 100\% \qquad (1\text{-}53)$$

$$THD_I = \frac{I_H}{I_1} \times 100\% \qquad (1\text{-}54)$$

（4）第 h 次谐波电压、电流的含有率为

$$HRU_h = \frac{U_h}{U_1} \times 100\% \qquad (1\text{-}55)$$

$$HRI_h = \frac{I_h}{I_1} \times 100\% \qquad (1\text{-}56)$$

式中　I_1——基波电流值，A；

　U_1——基波电压值，V；

　I_h——第 h 次谐波电流值，A；

　U_h——第 h 次谐波电压值，V。

当电网公共连接点最小短路容量，不同于基准短路容量时，需修正表 1-4 谐波电流允许值，计算公式为

$$I_h = \frac{S_{k1}}{S_{k2}} I_{hp} \qquad (1\text{-}57)$$

式中　S_{k1}——公共连接点最小短路容量，MVA；

　S_{k2}——基准短路容量，MVA；

　I_{hp}——h 次谐波电流允许值，A；

I_h——短路容量为 S_{k1} 时的第 h 次谐波电流允许值，A。

按照最小短路容量 20MVA 折算后，10kV 公共连接点的谐波电流允许值见表 1-5。

表 1-5   按照最小短路容量 20MVA 折算后，10kV 公共连接点的谐波电流允许值

谐波次数（次）	3	5	7	9	11	13	15	17	19	21	23	25
允许值（A）	4	4	3	1.36	1.86	1.58	0.82	1.2	1.08	0.58	0.9	0.82

第四节   L-C 谐振电路

由电感 L 和电容 C 组成电路的固有频率，当与外加的电磁频率相等时，L-C 谐振电路就称为谐振电路。

根据电抗 L 与电容 C 接入电网方式的不同，谐振电路分为两种方式，即并联谐振和串联谐振。

L-C 谐振电路与无功补偿有着密不可分的联系。串联谐振电路是无源治理谐波的基础，而并联谐振电路则是并联无功补偿的基础。也有串联补偿于线路中，用以提高电压和降低线损。

一、并联谐振电路

1. 不考虑线路电阻及电容、电感损耗时的并联谐振

如图 1-12 所示，电抗 L 与电容 C 并联情况下的示意图。在电源的作用下，电容与电抗交换无功能量。当电容放出能量时，电感吸收能量；当电容吸收能量充电时，电感放出能量。由此形成了电感与电容之间的无功能量的相互转换。

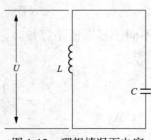

图 1-12   理想情况下电容电感并联

当容性无功等于感性无功，即 $Q_C = Q_1$ 时，假定电容和电抗都没有损耗，且没有电阻存在，电容 C 和电感 L 并联运行，有下列公式

$$Q_C = U^2 \omega C$$
$$Q_1 = U^2 / (\omega L)$$
$$U^2 \omega C = U^2 / (\omega L)$$

由此可得出

$$\omega = \sqrt{\frac{1}{LC}} \qquad\qquad （1\text{-}58）$$

这就是常见的并联谐振时的条件，当电容的容性无功与电感的感性无功相等时，感性无功与容性无功相互交换或振荡，没有外界的无功电流流过并联电路，电容电流与电抗电流相等，相位差是 π。

2. 考虑电阻时的并联谐振

（1）RCL 并联。

1）系统阻抗、相位差如图 1-13（a）所示，计算公式为

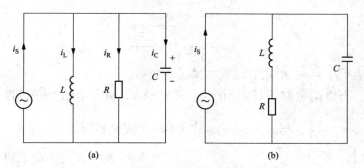

(a)　　　　　　　　　　(b)

图 1-13　考虑电阻时的并联谐振原理图
（a）RCL 并联；（b）RL 串联与 C 并联

$$Z = \frac{\omega L R}{\sqrt{R^2(1-\omega^2 LC)^2 + (\omega L)^2}} \qquad\qquad （1\text{-}59）$$

$$\phi = \tan^{-1} \frac{R(1-\omega^2 LC)}{\omega L} \qquad\qquad （1\text{-}60）$$

2）RCL 并联情况下谐振条件。

发生谐振时 $R(1-\omega^2 LC) = 0$

$$\omega = \sqrt{\frac{1}{LC}} \qquad (1-61)$$

（2）R 与 L 串联再与电容 C 并联谐振阻抗、条件如图 1-13（b）所示。

1）系统阻抗、相位差为

$$Z = \sqrt{\frac{R^2 + (\omega L)^2}{(1 - \omega^2 LC)^2 + (\omega CR)^2}} \qquad (1-62)$$

$$\phi = \tan^{-1} \frac{\omega L - \omega C(R^2 + \omega^2 L^2)}{R} \qquad (1-63)$$

2）谐振时条件。

发生谐振时，$\omega L - \omega C(R^2 + \omega^2 L^2) = 0$，此时

$$\omega = \sqrt{\frac{1}{LC} - \frac{R^2}{L^2}}$$

$$= \frac{1}{\sqrt{LC}} \sqrt{1 - \frac{CR^2}{L}} \qquad (1-64)$$

式中　ω——L 和 C 并联固有谐振角频率。

当电阻忽略不计 $R = 0$ 时，式（1-64）所表示的并联谐振条件 $\omega = \sqrt{\frac{1}{LC}}$，与式（1-58）、式（1-61）完全相同。

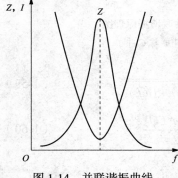

图 1-14　并联谐振曲线

当 $R \neq 0$ 时，R 与 L 串联再与电容 C 并联，谐振频率小于由 L 和 C 组成的谐振电路。

3. 并联谐振时电路的主要特征

（1）并联谐振的特性及曲线见图 1-14。并联谐振的电路在谐振频率下，总阻抗有极大值；电路电流 I 有极小值，LC 电路呈

阻性。

无功补偿的多数情况就是并联谐振形式，所谓有电流最小值，就是总电路中只有有功电流，外电路不再向 L 和 C 之间输送无功电流。

当输入频率大于固有谐振频率时，容抗大于感抗，L-C 呈容性。

当输入频率小于固有谐振频率时，容抗小于感抗，L-C 呈感性。

（2）谐振电流。谐振时电容电流和电感电流之和为零；即 $I_L + I_C = 0$；电容电流与电感电流在 LC 之间振荡。

此时，电源流向电路只有电流，大小等于电阻电流，即 $I_R = I_S$。因此，并联谐振称为电流谐振。发生谐振时，任何时刻流入电容和电感的无功功率的和为零；电容和电感的无功与电源没有交换。电源仅发出有功电流，供于电阻。

二、串联谐振电路

1. 不考虑电阻时的串联谐振

如图 1-15 所示为电抗 L 与电容 C 串联示意图，与电容和电抗并联的能量交换的情况相似。

串联时，容性无功等于感性无功，即 $Q_C = Q_L$ 时，推导出理想情况下串联谐振的条件

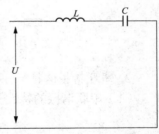

图 1-15　电容与电抗的串联

$$\omega = \sqrt{\frac{1}{LC}} \qquad (1\text{-}65)$$

可以认为电容的容性无功与电感的感性无功相等；电抗产生的感性无功与电容产生的容性无功完全相互交换，不需要与其他的无功进行交换。

2. 考虑电阻时的串联谐振

如图 1-16 所示，可以列出下列方程组

$$\begin{cases} U_{\mathrm{R}} = IR \\ U_{\mathrm{L}} = \omega L I \\ U_{\mathrm{C}} = I / \omega C \end{cases} \qquad (1\text{-}66)$$

由此可以得到串联系统阻抗、相位差计算过程

$$Z = \sqrt{R^2 + \left(\omega L - \frac{1}{\omega C}\right)^2} \qquad (1\text{-}67)$$

$$\phi = \tan^{-1}\left(\omega L - \frac{1}{\omega C}\right) / R \qquad (1\text{-}68)$$

串联谐振条件，当 $\omega L - \dfrac{1}{\omega C} = 0$、$\omega = \sqrt{\dfrac{1}{LC}}$ 时，ω 谐振角频率。

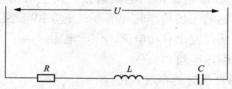

图 1-16　电容与电抗电阻串联谐振

3. 串联谐振的特征

（1）串联谐振的特性及曲线，如图 1-17 所示。

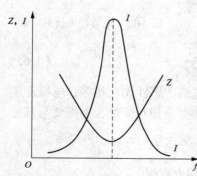

图 1-17　串联谐振特性曲

当发生谐振时，阻抗 Z 有最小值，其值 $Z=R$，电路电流有最大值，谐振时电路呈阻性。

串联谐振时电路中好像只有电阻 R 存在，电流仅与电阻有关，电源仅提供给电阻电流；电源电压都加在电阻上。无功电流仅在 L、C 之间相互交换。

当输入频率大于固有谐振

36

频率时，感抗大于容抗，电路呈感性。

当输入频率小于固有谐振频率时，容抗大于感抗，电路呈容性。

与并联谐振相反。低频率时，系统呈容性。频率越高，电路呈感性。

（2）谐振电压。谐振时，电容电压与电抗电压大小相等，方向相反，即 $U_C - U_L = 0$。因此，称串联谐振为电压谐振。谐振时，电感电压与电容电压将变大。则

$$\frac{U_C}{U} = \frac{U_L}{U} = \frac{Z_L}{R} = \frac{1}{\omega_0 CR} = \frac{Z_C}{R} = \frac{\omega_0 L}{R} = Q$$

式中　Q——谐振的品质因数。

在实际运行的电路中，大多数无功补偿都是并联补偿，串联补偿极少应用。其原因是理论上串联谐振时的电流将有无穷大，电容和电抗上的电压也有一定的危险性。

串联补偿多应用在谐波治理中，当电容和电抗组成的串联线路中的固定频率，与电网中的谐波频率一致时，谐波就局限在此处进行交换。

（3）铁磁串联谐振。串联谐振对电网的危害，一般不来自串联补偿和谐波治理本身，多是来自铁磁谐振引起的过电压。铁磁谐振引起的过电压就是串联谐振引起的过电压。铁磁谐振一般由对地电容与铁磁磁饱和的可变电抗共同形成串联谐振。这种谐振串联谐振极其复杂，无数个铁芯电抗可以和无数个对地电容构成谐振，某个对地电容与可变非线性电抗都有发生谐振的概率，因此铁磁谐振存在偶然性。这种谐振即可能是基波谐振，也可能是谐波谐振，也有可能是分频谐振。

铁磁谐振原则上也可以发生在串联电容与饱和电抗之间，但由于串联电容极少应用在中低压线路上；中低压线路的对地电容极低，可以忽略不计，因此，10kV 以下配电网的铁磁谐振极少。

第二章

无功补偿与谐振品质因数、功率因数

L-C 谐振理论是无功补偿的基础，无功补偿是一种近于谐振的受迫电磁振荡。L-C 谐振与无功补偿高度关联。无功就地补偿的节电原则，与谐振电路和器件的品质因数紧密相关，用谐振电路的品质因数可以清晰看到补偿节电的本质。

无源器件的品质因数是衡量电感和电容谐振或补偿时，有功损耗的重要参数。

无功补偿是包含补偿现场勘查测试、方案制订，是补偿产品设计、制造、调试、节能效果验证等环节的总称。

无功补偿通过补偿装置向电网提供无功功率，减少用户无功与电网的交换，从而提高用户的功率因数，降低线路损耗。无功补偿要遵循既减少用户无功，缩短补偿距离的原则，这样可以取得最佳的节能效果。电力公司对无功补偿的考核目标是功率因数，用户在无功补偿时，往往把功率因数作为补偿的唯一标准。实际上无功补偿不仅仅能提高功率因数，无功补偿还可以节约电能和提高电压质量，释放变压器和线路的容量。

无功补偿是一门专业性极强的应用技术，不仅要提供补偿产品、还要提供技术服务。

本章介绍无功补偿的原则与谐振品质因数的关系，以及提高功率因数带来节能降损、提高电压及收益的计算。

第一节 无功补偿与 L-C 谐振

电网中，有两种无功形式，即以电容为代表的容性无功，及以电感为代表的感性无功。这两种无功在电网的 L-C 之间，以互相交换和振荡或谐振的形式存在，每个周波分别释放和储存无功能量各两次，它们各自独立又相互依存，并在 L-C 振荡上统一起来。

感性无功必须与容性无功进行交换，容性无功必须与感性无功进行交换，形成 L-C 振荡。这种振荡与力学中物体的简谐振荡相似；力学中的简谐振动是动能和势能之间的转换；电学中的简谐振荡就是磁场能与电场能之间的转换，即感性无功与容性无功之间的转换。

电容和电感在交流电压作用下产生无功，并以电场能和磁场能的形式相互振荡交换，这种振荡动反映了变化中的电磁场的对立和统一，并且电抗 L 和电容 C 在外加的工频频率下 $Q_C = Q_L$，是电磁场交换必然结果。

在实际的电网中，以线圈（绕组）为代表的电感类负荷，会产生大量的感性无功。这些无功如果没有就地补偿，就会向电网和发电厂进行交换，由此产生大量损耗。

L-C 谐振在电力和电子技术方面有着极其广泛的实际应用，如电视，收音机，日光灯。并联无功补偿是 L-C 谐振的并联的应用，而谐波治理更是 L-C 谐振串联谐振的具体应用。

一、无功补偿与 L-C 谐振

1. 电磁振荡

电路中的电流和电荷及与它们相联系的磁场和电场作周期性变化的现象叫电磁振荡。在电磁振荡过程中所产生的大小和方向有周期性变化的电流，称为振荡电流。这种振荡也可以看作电场能（容性无功）与磁场能（感性无功）的周期性交换。

电磁振荡中若无能量损失，则振荡电流的振幅保持不变，这种振荡称为无阻尼振荡或等幅振荡。

任何电路都存在电阻，所以振荡电流的振幅将逐渐减小直到停止，这种振荡称为"阻尼振荡"或"减幅振荡"。

2. 受迫振荡

外加周期性电动势持续作用下产生的振荡，称为受迫振荡。产生振荡的频率和周期与受迫的电动势的频率相同。

3. 无功补偿是一种受迫电磁振荡

以电容为代表的容性无功，对感性无功的并联无功补偿，是一种受迫振荡，在工频中完成电场与磁场的振荡（无功交换）。

例如，0.4kV 电网中有 15kvar 的感性无功，电网中就必然有 15kvar 的容性无功进行交换。

此时，15kvar 电容的容值为

$$C = Q / (U^2 \omega) = 298.56 \times 10^{-6} \, \text{F}$$

15kvar 电感的感抗为

$$L = \frac{U^2}{Q\omega} = 0.03397 \text{H}$$

在不考虑电阻的情况下，其构成的并联电路的固有频率为

$$f = \frac{1}{2\pi\sqrt{LC}} = \frac{1}{2 \times 3.14\sqrt{0.03397 \times 298.56 \times 10^{-6}}}$$
$$= 50.0(\text{Hz})$$

此固有频率与电网的工频一致，此时无功补偿等同受迫振荡状态。

在实际工作中，由于导线电阻、电容、电抗和有功损耗的存在，补偿组成的 L-C 固有频率与外加的工频频率有所不同。一般处于振荡状态，或近似谐振状态。

由于导线电阻和电抗的存在以及器件损耗的存在，无功补偿的 L-C 固有频率不能与电网一致。只有在输电线路和器件的损耗为 0 的理想情况下，L-C 固有谐振频率与电网完全一致。

如果感性无功就地补偿了，即补偿交换在就地进行，电阻较小，此时固有 L-C 频率与电网的频率差值较小，品质因数就大，这种补偿振荡就接近于谐振，节电效果就好。如果没有就地补偿，感性无功就会到异地进行交换，最远的交换距离就是用户

的感性无功穿越到发电厂，与发电厂发电发出的容性无功进行交换；此时，电阻较大。总之异地补偿组成的 L-C 固有频率与电网的工频频率差值会变大，品质因数就小。这种补偿振荡就远离谐振，节电效果就差。

一般用谐振的品质因数，来描述接近谐振的尖锐程度。

二、无功补偿的原则

无功补偿的目的之一就是节电，节电就是减少无功电流或无功电流的流动。本节将探讨怎样补偿才能有最好的节电效果。

无功补偿的原则有两个：

（1）减少无功电流；

（2）缩短无功补偿的距离。

1．减少无功电流（功率）

现实电网中，存在着无数个电容 C 和电感 L 之间的振荡，这种无以数计的振荡，以并联或串联的形式，在电路中进行交换。这种无功交换可以视为无功电流在电路中的流动，无功虽然没有被消耗掉，但无功流动（交换）却在线路上产生了真实的线路损耗。线路的损耗是无功电流和有功电流共同作用的结果。

由公式 $S^2 = P^2 + Q^2$，假定电压相等情况下，可得公式：

$$I_S^2 = I_P^2 + I_Q^2 \qquad (2\text{-}1)$$

式中　I_S——视在电流，A；

I_P——有功电流，A；

I_Q——无功电流，A。

将式（2-1）两边同乘以电阻 r，得

$$\Delta P = I_S^2 r = I_P^2 r + I_Q^2 r$$

此式即为线损公式，由此可以看出，线损是由无功电流 I_Q 造成有功的损耗 $I_Q^2 r$，以及有功电流 I_P 造成的有功损耗 $I_P^2 r$ 两部分组成。从式（2-1）式可以看到，减少无功电流，就会减少损耗，如同步电机的自然功率因数是 1，那么电机就不需要外界提供无功。

此时，$I_Q = 0$，$I_S = I_P$

线损，$\Delta P = I_S^2 r = I_P^2 r + I_Q^2 r$ 将变为

$$\Delta P = I_S^2 r = I_P^2 r$$

因为同步电机自然功率因数为 1，电机不需要无功，线路没有无功流过，线路只有有功电流造成的损耗，这样就大大减少了线路损耗，节约了电能。减少无功电流就是无功补偿的第一原则。

2. 减少电容与电感无功之间的交换距离

缩短补偿的距离，就是缩短减少电容与电感的距离。

根据线损 $\Delta P = I_S^2 r = I_P^2 r + I_Q^2 r$，线损除了与无功电流、有功电流的大小有关之外，还与电阻 r 有关系，即

$$r = \rho L / S$$

式中　ρ——电阻率，$\Omega \text{mm}^2/\text{m}$；

　　　L——电容与电抗之间的交换距离，m；

　　　S——电线的截面积，mm^2。

线损与导线的截面积、电阻率及电线长度有关。一般情况下，电阻率与截面积不会发生变化，那么线损就与电容和电感无功之间的交换距离 L 有关，即电线长度有关。

无功补偿的第二个原则：就是缩短电容 C 与电感 L 无功之间的交换距离。当交换距离接近为零时，即就地补偿。此时 $L \approx 0$，$r \approx 0$

$$\Delta P = I_S^2 r = I_P^2 r + I_Q^2 r \approx 0$$

用电设备产生的感性无功，被容性无功就地完全补偿，且交换的距离接近 0，则无功就没有造成线路损耗。此时损耗最小，损耗仅为电容和电感自身的损耗。

否则在异地补偿，即使完全补偿，也会产生线路损耗。

这种就地交换的补偿，我们习惯称为就地补偿。通过就地补偿的方法，不仅能降低线损，同时也能增强电力系统的健壮性和稳定性，提高发电效率。

当交换的距离等于 0，不考虑电容和电抗的电阻，此时的补

偿即为 LC 谐振。

就地补偿是无功补偿最基本的原则。

三、谐振电路及器件的品质因数与补偿节电

谐振可以用品质因数来描述谐振发生时的情况，这些品质因数从不同侧面反映了发生谐振时的频率、电压、电流、电容和电感储能与耗能的情况。

谐振是理想化的无功补偿，无功补偿的原则与谐振的品质因数高度关联。

1. $L\text{-}C\text{-}R$ 谐振电路的储能和耗能的品质因数

在并联谐振的情况下，我们有谐振的品质因数 Q_r，即

$$Q_r = 2\pi \frac{W_S}{W_R} \tag{2-2}$$

式中 W_R——电容 C 与电感 L 储存无功自身消耗的有功能量和 C 和 L 之间无功交换线路消耗有功能量，kJ。

$W_R = RI^2T$ 表示在一个交流电周期 T 中，电阻元件消耗的能量。

式中 I——交换电流的有效值；

R——谐振电路的总电阻；

W_S——电容 C 与电感 L 无功之间交换储存的能量，kvar。

$$W_S = \frac{1}{2}Li^2(t) + \frac{1}{2}Cu^2(t)$$

可以进一步推导出发生谐振和非谐振时电路的储存交换的能量。

设 $i(t) = I_0\cos(\omega t)$

则 电容上电压 $u(t) = \frac{I_0}{\omega c}\cos\left(\omega t - \frac{\pi}{2}\right)$

$$W_S = \frac{1}{2}I_0^2\left[L\cos^2(\omega t) + \frac{1}{\omega^2 c}\sin^2(\omega t)\right]$$

此式表明，谐振电路的总储存能量 W_S 是随时间作周期变化的量，在完全谐振情况下（完全补偿），有

43

$$\omega_0 = \omega = \sqrt{\frac{1}{LC}}$$

$$W_S = \frac{1}{2}LI_0^2[\cos^2(\omega t) + \sin^2(\omega t)]$$

$$= \frac{1}{2}LI_0^2 = LI^2$$

或 $W_S = CU^2$

谐振时 $W_S = LI^2 = CU^2$ 值是一定的，在发生完全谐振下，$Q_C = Q_l$，不需要外界供给无功，此时主回路，$I_Q = 0$，$I_S = I_P$。电源没有向 C 和 $L(W_S)$ 提供无功，C 和 L 之间谐振交换 W_S，C 和 L 与电网的无功没有交换，主回路中只有有功电流造成的损耗，减少了 W_R，也就是减少了导线电阻引起的有功损耗。

谐振中的 W_R 不仅包含电容 C 与电感 L 无功之间的线路电阻损耗，还包含电容和电感本身的损耗。

Q_r 值等于谐振电路中，储存交换的能量是每个周期内消耗的能量之比的 2π 倍。Q_r 值越高，交换的能量所付出的能量耗散越少，或者有着较高储存能量。也是交换的效率越高。这与补偿的第一原则完全一致。

2. L-C 谐振电路阻尼衰减的时间常数

$$\tau = \frac{Q_r T}{\pi} \tag{2-3}$$

式中　T——振荡周期；

　　　τ——谐振振幅衰减的时间常数。

从式（2-3）可以到谐振的品质因数 Q_r 越高，能量衰减得周期越长，消耗的能量越少。无功补偿追求阻尼最小，无功补偿追求的效果与阻尼的谐振品质因数 Q_r 一致。

3. 电容、电抗的品质因数及与谐振电路的品质因数的关系

谐振电路是由电容器件和电感器件组成的，它们的交换是在无功之间进行的，在交换过程中是需要消耗一定有功功率的。

（1）电容的品质因数，计算公式如下

$$Q_{pC} = \frac{Q_{C无功}}{P_{C有功}} \qquad （2\text{-}4）$$

$$Q_{C无功} = I^2 / \omega C$$

$$P_{C有功} = I^2 r_C$$

式中　Q_{pC}——电容的品质因数；

　　$Q_{C无功}$——电容储存的无功功率，kvar；

　　$P_{C有功}$——电容消耗的有功功率，kW；

　　r_c——电容的有功电阻，Ω；

　　C——电容的容值，F。

（2）电感的品质因数，计算公式为

$$Q_{pL} = \frac{Q_{L无功}}{P_{L有功}} \qquad （2\text{-}5）$$

$$Q_{L无功} = I^2 \omega L$$

$$P_{L有功} = I^2 r_L$$

式中　Q_{pL}——电感 L 的品质因数；

　　$Q_{L无功}$——电感储存的无功功率，kvar；

　　$P_{L有功}$——电感消耗的有功功率，kW；

　　r_L——电感的有功电阻，Ω；

　　L——电感的 G 感抗值，H。

（3）$L\text{-}C$ 谐振电路品质因数与 L、C 元件品质因数的关系。

$L\text{-}C$ 谐振条件下 $\omega = \dfrac{1}{\sqrt{LC}}$，　$\omega L = \dfrac{1}{\omega C}$　则有

单独电容的品质因数　$Q_{pC} = \dfrac{1}{\omega C r_c}$ $\qquad$（2-6）

单独电感的品质因数　$Q_{pL} = \dfrac{\omega L}{r_L}$ $\qquad$（2-7）

实际上谐振电路的品质因数：$Q_r = 2\pi \dfrac{W_S}{W_R}$，可以写作

$Q_r = \dfrac{1}{\omega CR} = \dfrac{\omega L}{R}$。

这里的电阻 R，可以理解为电路中的全部有功电阻，即

$$R = r_L + r_c$$

$$\frac{1}{Q_r} = \frac{1}{Q_{pC}} + \frac{1}{Q_{pL}} \tag{2-8}$$

谐振电路的 Q 值的倒数是电感、电容元件 Q 值的倒数之和。通常 $r_L \gg r_c$，从而 $Q_{pL} \ll Q_{pc}$。此时谐振的品质因数 $Q_r = Q_{pL}$，决定于电感元件。在实际发生谐振中，线路可以看作为电感器件，线路的电阻可以看作电感电阻的一部分。

从上述可以看到，无功补偿的原则与储能和消耗能量 W_R 的谐振品质因数高度相关，$L\text{-}C$ 谐振电路是理想化的无功补偿，我们可以用谐振的品质因数来衡量无功补偿的效果。

（4）品质因数 Q、损耗角 δ、与耗散因数 $\tan\delta$ 的关系。在无功补偿的过程中，希望补偿的线路电阻欧姆损耗和补偿器件的介质损耗越小越好，我们引入器件品质因数 Q、损耗角 δ、与耗散因数 $\tan\delta$，来标志器件或电路的好坏及损耗的大小。

1）无源储能器件电容和电抗的品质因数，计算公式为

$$Q = \frac{Q_{无功}}{P_{有功}} \tag{2-9}$$

式中　$Q_{无功}$——器件储存的无功功率，kvar；

　　　$P_{有功}$——器件消耗的有功功率，kV。

由 $Q_{L无功} = I^2 x$，$P_{有功} = I^2 r$ 可得出

$$Q = \frac{Q_{无功}}{P_{有功}} = \frac{x}{r}$$

不难看出，Q 越大，损耗越小。

2）损耗角 δ、与耗散因数 $\tan\delta$。如图 2-1 所示为器件耗散功率图，δ 为储能器件的损耗角，图中损耗角的正切为耗散因数，即

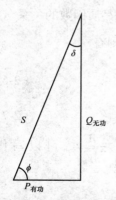

图 2-1　器件耗散功率图

$$\tan\delta = \frac{P_{有功}}{Q_{无功}} \tag{2-10}$$

图中的损耗角 δ 与电压、电流的相位差角 ϕ 互为余角。

$$\delta = 90° - \phi$$

我们可以明显看出，品质因数与耗散因数 $\tan\delta$ 互为倒数。品质因数越大，耗散因数越小。

损耗角越大，耗散因数越大。一般常见的低压侧电容的耗散因数为 0.001～0.003kW/kvar。即每千乏损耗 1～3W。

电容和电抗的耗散因数的国家标准：浸渍全纸介质单元为 0.004kW/kvar；浸渍纸膜复合介质单元为 0.0022kW/kvar；浸渍全膜介质单元为 0.0015kW/kvar。

常见的 10kV 高压铁芯电抗的耗散因数为 0.004～0.005kW/kvar。10kV 空芯电抗为 0.0022～0.005kW/kvar。

谐振是无功补偿的理论基础，谐振和器件的品质因数在一定程度上丰富了补偿节电的内容，无论并联或串联谐振时，无功在 C 和 L 之间振荡交换，外界的电源不再输入无功，这与无功补偿的要求一致，外界电源仅提供维持谐振的能量。

无功补偿时要避免 $Q_C = Q_1$ 或 $\cos\phi = 1$，不让感性无功与容性无功相等，避免谐振的发生，并不完全正确。因为无论是否就地完全补偿，$Q_C = Q_1$ 永远成立。感性无功不在就地交换，就必须与远处的容性无功进行交换；就地无功交换时，可以使 $\cos\phi = 1$，异地补偿时，$\cos\phi \neq 1$，无论如何补偿，总有 $Q_C = Q_1$。

异地交换增加了谐振的损耗，降低了谐振的品质因数，减少了谐振的尖锐度，减少了人们对谐振的恐惧，本质上并联补偿的（谐振）幅值的是由工频电压所决定的。当然也有经济方面的因素。

串联 L-C 补偿应用于谐波治理时，此时谐振的引起电容电压极高，应引起高度注意。

谐振的品质因数反映了 L-C 内部的有功消耗情况，有功消耗越低，品质因数越高。功率因数则反映了电能的利用情况。功率因数在某种程度上可以反映就地完全补偿程度，功率因数的提高，意味着电能的节约。补偿时电容和电抗可以节约线路损耗，但我们也不能忘记无源器件的自身损耗。

从电磁无功振荡的次数来看，一个交流电周期 0.02s 无功交换两次，似乎 L-C 电磁振荡的周期，是交流电周期的两倍；但从振荡的细节来看，电容在一个周波内经历了放电、充电、反向放电、反向充电的充放电过程，周波内完整的无功振荡仍是一次，无功能量交换频率与电网频率是一致的。

综上所述，谐振理论丰富和完善了无功补偿的概念和原则；无功补偿只是 C 和 L 之间谐振的一种。

四、无功补偿与谐振参数公式对照表

并联谐振和串联谐振构成了无功补偿的理论基础，对于无源类无功补偿有着至关重要的作用，现将无功补偿与不同谐振的主要参数和公式整理，见表 2-1。

表 2-1　　　　　并联无功补偿与谐振参数公式对照表

序号	项目	并联无功补偿	并联谐振	串联谐振
1	振荡、谐振形式	受迫振荡	谐振	谐振
2	振荡、谐振频率	50Hz	$f = \dfrac{1}{2\pi\sqrt{LC}}$ 或 $f = \dfrac{1}{2\pi\sqrt{LC}}\sqrt{1-\dfrac{1}{Q^2}}$	$f = \dfrac{1}{2\pi\sqrt{LC}}$
3	谐振条件（不考虑电阻）	$Q_C = Q_1$	$Q_C = Q_1$ $\omega_0 = \sqrt{\dfrac{1}{LC}}$	$Q_C = Q_1$ $\omega_0 = \sqrt{\dfrac{1}{LC}}$
	谐振条件（考虑电阻时）	$\omega_0 = 314\text{rad/s}$	$\omega_0 = \sqrt{\dfrac{1}{LC}}$ 或 $\omega_0 = \dfrac{1}{\sqrt{LC}}\sqrt{1-\dfrac{1}{Q^2}}$	$\omega_0 = \sqrt{\dfrac{1}{LC}}$

序号	项目	并联无功补偿	并联谐振	串联谐振
4	谐振品质因数—储能和耗能	（1）L 和 C 距离最短 （2）不需外界供给无功，实际上是受迫振荡	$Q=2\pi\dfrac{W_\mathrm{S}}{W_\mathrm{R}}$时，$Q$ 值越高，C 和 L 储存的能量越高，C 和 L 之间能量耗散越小	$Q=2\pi\dfrac{W_\mathrm{S}}{W_\mathrm{R}}$时，$Q$ 值越高，C 和 L 储存的能量越高，C 和 L 之间能量耗散越小
5	谐振品质因数—频率选择性	谐振频率等于或小于工频	$\Delta f=\dfrac{f_0}{Q}$ 式中 Δf——谐振电路的通频带宽度； f_0——谐振频率； Q——谐振频率品质因数。 Q 值越大，损耗越小，谐振电路的频率选择性越强	$\Delta f=\dfrac{f_0}{Q}$ 式中 Δf——谐振电路的通频带宽度； f_0——谐振频率； Q——谐振品质因数。 Q 值越大，损耗越小，谐振电路的频率选择性越强
6	谐振品质因数—阻尼振荡	L、C 之间交换的无功能量尽可能不引起有功损耗	$\tau=\dfrac{QT}{\pi}$ 式中 T——振荡的频率； τ——振荡振幅的衰减常数； Q——谐振的阻尼品质因数。 Q 值越高，在阻尼情况下振幅衰减得越慢	$\tau=\dfrac{QT}{\pi}$ 式中 T——振荡的频率； τ——振荡振幅的衰减常数； Q——谐振的阻尼品质因数。 Q 值越高，在阻尼情况下振幅衰减得越慢
7	谐振的品质因数—电压（流）分配	串联补偿仅用于谐波治理以及极少数的线路补偿。并联无功补偿与并联谐振的表现基本一致	$Q=\dfrac{\omega_0}{R}L=\dfrac{I_\mathrm{L}}{I_0}=\dfrac{I_\mathrm{C}}{I_0}$ 式中 Q——谐振的电流品质因数； L——电感； R——电阻； ω_0——谐振时的角频率	$Q=\dfrac{\omega_0}{R}L=\dfrac{U_\mathrm{L}}{U}=\dfrac{U_\mathrm{C}}{U}$ 式中 Q——谐振的电压品质因数； L——电感； R——电阻； ω_0——谐振时的角频率

序号	项目	并联无功补偿	并联谐振	串联谐振
7	谐振的品质因数—电压（流）分配	此时并联谐振电流大于电阻电流的 Q 倍，但由于 R 的存在，并不会出现谐振电流极大的情况	I_0——电源流过电阻的电流； I_C——电容谐振电流； I_L——电感谐振电流； $I_C = I_L$ 谐振电流的与并联补偿电流谐振	U——电源流过电阻的电压； U_C——电容谐振电压； U_L——电感谐振电压； $U_L = -U_C$，此时谐振电压大于电源电压的 Q 倍，电压谐振
8	谐振时的阻抗	完全并联补偿阻抗有极大值 $Z=R$ 电流有极小值	$Z=R$ 或 $Z \cong \dfrac{L}{CR}$ 阻抗有极大值 电流有极小值	阻抗有极小值 $Z=R$ 电流有极大值
9	谐振时电流、电压	$-I_C = I_L$	$-I_C = I_L$	$U_L = -U_C$
10	谐振时的总电路电流	没有无功电流	没有无功电流	没有无功电流
11	谐振交换功率	$Q_C + Q_l = 0$	$Q_C + Q_l = 0$	$Q_C + Q_l = 0$
12	谐振交换能量	$w_C + w_l = CI^2 = LU^2 =$ 定值	$w_C + w_l = CI^2 = LU^2 =$ 定值	$w_C + w_l = CI^2 = LU^2 =$ 定值

第二节 无功补偿提高功率因数

功率因数是无功补偿的评价标准，也是无功补偿重要的技术经济指标。功率因数是用户电能利用情况的表示，利用程度低，用户功率因数低，就会增加电网线路供电损失，降低发电效率，影响发电企业和供电企业的经济效益。利用程度高，用户功率因数高，对国家和用户都有利。

　　因此，国家有关部门对电力用户用电的功率因数制定了标准，对用电客户实行力调电费制度，一般情况下，功率因数的标准为 0.9 或 0.85。供电部门根据电力用户的功率因数对电费进行增减，当功率因数高于 0.9 或 0.85 时，予以扣减电费；当功率因数低于 0.9 或 0.85 时，则加收电费。

一、功率因数的测试

1. 相位差过零的测试与计算

　　如图 2-2 所示，图中实线为电压曲线，虚线为电流曲线。通过负载的电压、电流过零有两种情况（ $\cos\phi \neq 1$ 的情况）。

　　第一种情况：电压先于电流过零。电压超前，电流滞后，电流滞后于电压，负载呈感性。

　　第二种情况：电流先于电压过零。电流超前，电压滞后，电流超前于电压，负载呈容性。

　　通过示波器测试出电压过零、电流过零的时间差 Δt，见图 2-2。

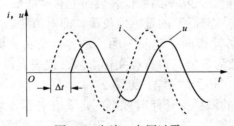

图 2-2　电流、电压过零

　　相位角差的计算公式如下

$$\phi = \frac{2\pi}{T}\Delta t$$
$$= \left(\frac{360°}{0.02}\right)\Delta t \qquad (2\text{-}11)$$

式中　T——交流电的周期，0.02s；

　　　Δt——电压、电流的过零时间差值，s。

当 $\Delta t = 0.005s$ 时，则相位差 $\phi = 90°$；当 $\Delta t = 0.001s$ 时，则相位差 $\phi = 18°$。

2. 功率因数的测试

在现场的实际工作中，测试功率因数是无功补偿首要的任务，也是制定无功补偿方案、确定补偿容量、确定补偿规模与补偿经济性必不可少的技术参数。下边介绍几个功率因数简单的测试方法。

（1）功率因数表直接测试法。一般现场电容柜上都安装有功率因数表、多功能电表或无功补偿控制器可直接读出功率因数。此类功率因数一般是负荷三相平衡时的功率因数，也可读出三相不平衡时分相功率因数。其接线方式如图 2-4 和图 2-5 所示。

1）功率因数表上读出的功率因数都是大于 0 或小于 1 的正值，可以认为图 2-3 这个读数是正确的。如果没有过补偿的情况，功率因数表上读出的功率因数为负值，就有可能是接线错误。

2）一般指针式功率因数仪表表面上有"滞后""超前"的字样。指针指向"滞后"的是感性负荷，即电流滞后电压，功率因数为正值；指针指向"超前"的，是容性负荷，即电流超前电压，功率因数为负值。也有英文标志的，仪表表盘有 LEAD（超前）和 LAG（滞后）字样，见图 2-3。

3）电流的取样，任何时候都一定要在补偿电容与母线接线点（补偿节点）的前方，这样才能测量出补偿之后功率因数的变化情况。

图 2-3　指针式功率因数表

（2）电能表、电流表、秒表简易测算功率因数法。现场如果没有功率因数表，则可用一种实用简易功率因数测试方法。相关计算公式为

$$P = 3600 \times k_{TA} / (CT) \qquad (2\text{-}12)$$

式中　k_{TA}——电流互感器倍率；

　　　C——电能表常数；即每 kWh 多少转，转 /kWh；

　　　T——测试转盘一转的时间，s。

电能表上先测试观察转 10 次的时间，再求出每转所需时间的平均值。在测试过程中，注意观察每转的时间，如果每转的时间基本一样，说明功率波动不大，误差也不大。对于电子电能表，则计量闪烁 10 次所需要的时间。T 为电能表闪烁一次所用的时间。

测试时，同时读取电流表的电流数据（亦可用钳形电流表），以及电压表的数据（亦可用万用表）。

根据三相交流电功率的公式

$$P = \sqrt{3}IU\cos\phi$$

得出

$$\cos\phi = P / (\sqrt{3}IU)$$
$$\cos\phi = 3600k_{TA} / (\sqrt{3}IUCT) \qquad (2\text{-}13)$$

式中　I——测量实际电流，A；

　　　U——测量实际电压，kV。

【例 2-1】某电力用户电压表显示平均电压为 0.4kV，平均电流为 200A，电流互感器倍率为 1000/5，电能表是机械表，电能表常数为 1800rad/kWh，测得电能表转 10 次的时间为 40s，测试时负荷与平常负荷基本相同，求功率因数是多少？

解：转 1 次的时间为 40/10＝4s/ 转；

由式（2-13）可得

$$\cos\phi = \frac{3600k_{TA}}{\sqrt{3}IUCT} = 3600 \times 200/\ (1.732 \times 0.4 \times 200 \times 1800 \times 4) = 0.722$$

式中　$k_{TA} = 200$；

　　　$U = 0.4\text{kV}$；

　　　$C = 1800\text{rad/kWh}$；

　　　$T = 4\text{s}$。

对于电子类电能表，可用脉冲的方法。用秒表测试出有功脉冲数的时间，同时测试无功脉冲数，再用式（2-13）求得功率因数。

（3）利用专业仪器测试功率因数。目前市场上有许多测试仪器仪表，都具备各类功率因数的测试功能。如美国福禄克生产的系列电测仪表，其基本原理都是双瓦特法和单瓦特法，现场接线与单项电能表、三相电能表、无功补偿控制器相同。

测量精度都能满足工程的要求，有的自带电池作为电源；有的必须现场取 220V 电源，有点麻烦，带 220V 电源的仪表，有时会受到电源相位的干扰，造成测量的不准确。为测试方便，一般电流取样用卡钳，直接卡入电线即可。如遇母排，卡钳不能卡入时，亦可测试二次电流、电压，读数需乘以互感器倍率。

1）三相平衡时的功率因数测试。图 2-4 为三相平衡测试中无功补偿控制器的接线方式，与各类平衡时测试功率因数仪表仪器的接线方式一致。测试 A、C 两相线之间的线电压 U_{AC}，与 B 相的电流之间夹角的相位差，计算出的结果就是交流电三相平衡时的功率因数。

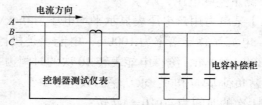

图 2-4　三相平衡测试中无功补偿控制器的接线方式

2）三相不平衡时功率因数的测试。接线方式见图 2-5，是无功补偿控制器测试功率因数的接线方式，为三瓦特法。一般有专用的测试仪器测试分相功率因数，其原理都是三瓦特电表接线方法。

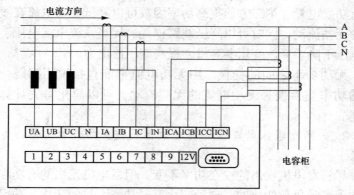

图 2-5 三相不平衡时的接线图

此类仪表测试的参数非常丰富，一般都可以测试的参数有线电压 U_{AB}、U_{AC}、U_{BC}、分相有功功率 P、分相无功功率 Q；相电流 I_A、I_B、I_C；A 相功率因数、B 相功率因数、C 相功率因数、以及电流电压谐波的 20 次有效值，电流谐波电压谐波 20 次含有率。

3）在线远传测试。此类系统一般由三部分组成。

① 监测测试终端。由电流电压取样、测试计算硬件、软件和通信接口组成，用来测试现场功率因数及各类参数。

② 通信通道。由通信机、DTU、GPRS 通信卡、光纤线路组成，把终端测试的数据远传到指定的后台。

③ 软件后台。后台可以在云端，或者布置在当地。对终端传来的数据进行存储和整理以及显示。可以 24h 不间断地监测各类功率因数和其他电力参数。

二、无功补偿提高功率因数的收益计算

1. 无功补偿提高功率因数的意义

通过无功补偿，提高功率因数，一般有提高发电效率，和降低无功电流两方面的收益，其本质是减少无功与交换，提高用户视在功率的转换水平。第一方面提高电力系统的功率因数可以提高有功发电量。第二方面提高功率因数可以降低无功电流在线路里的无益流动；同时可以降低线路损耗、提高系统末端电压、减少电压下降、释放变压器容量、提高变压器出力。

无功功率之间的交换，用无功电流更能直接说明问题，把无功功率交换视为无功电流的无益流动，可以简化有关计算和叙述。

2. 提高功率因数与提高发电效率及相关的计算（第一方面意义）

尽管发电机发出的视在功率不变，但发电机发出的有功和无功功率是随负荷变化的，这种变化就是功率因数的变化。功率因数高，意味着有功发电量多，功率因数低意味着有功功率发电量少，无功功率发电量多。

发电机的发出的有功功率和无功功率以及视在功率的相关公式为

$$P = \sqrt{3}IU\cos\phi \qquad (2\text{-}14)$$
$$Q = \sqrt{3}IU\sin\phi \qquad (2\text{-}15)$$
$$S = \sqrt{P^2 + Q^2} \qquad (2\text{-}16)$$

式中　P——发电机的有功功率，kW；

Q——发电机的无功功率，kvar；

S——发电机的视在功率，kVA。

由于发电机出力 S 是一定的，因此，功率因数高，意味着系统无功功率的减少，无功功率减少就会降低发电机发出的无功功率，而有功功率就会增加。

【例 2-2】一台额定容量为 20000kVA 的发电机，满负荷运行，为某系统供电，若要把发电机的功率因数从 0.7 提高到 0.95，问发电机的有功功率增加多少（每小时多发多少电）？无功功率减少多少？

解当功率因数为 0.7 时

$$P = S\cos\phi = S\cos(45.57°) = 20000 \times 0.7 = 14000 \text{（kW）}$$

其发出的无功功率为

$Q = S\sin\phi = S\sin(45.57°) = 20000 \times 0.71 = 14200$（kvar）

当功率因数为 0.95 时

$P = S\cos\phi = 20000 \times 0.95 = 19000$（kW）

其发出的无功功率为

$Q = S\sin\phi = S\sin(18.20°) = 20000 \times 0.31 = 6200$（kvar）

功率因数从 0.7 提高到 0.95，有功增加了 4800kW，无功减少了 8000kvar。

3. 提高功率因数降低无功电流的有关计算（第二方面意义）

提高功率因数的第二方面的收益是降低无功电流功率，降低无功电流可以降低视在功率（视在电流）、无功功率、（无功电流）下降，降低线损，释放变压器及电缆容量、提高电压。

提高功率因数引起第二方面收益的有关计算公式及方法介绍如下。

（1）无功功率（电流）、视在功率（电流）下降的计算（第二方面意义之一）。补偿电容提高功率因数的本质就是减少无功功率，见图 2-6 功率因数提高前后的无功功率变化情况。

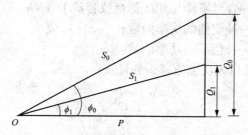

图 2-6　功率因数提高前后的功率三角形

如图 2-6 所示，在补偿前的直角三角形 Q_0、S_0、P 中，标量 Q_0、S_0、P 是直角三角形的三个边，分别是补偿前的无功功率、视在功率，有功功率，功率因数为 $\cos\phi_0$。在补偿后的直角三角形中，标量 Q_1、S_1、P 是其新组成的直角三角形的三个边，分别是补偿后的无功功率、视在功率和有功功率，功率因数为 $\cos\phi_1$。

通过补偿减少了无功功率 Q_0-Q_1，或者说补偿了无功功率 Q_0-Q_1 后，功率因数从 $\cos\phi_0$ 提高到 $\cos\phi_1$；补偿前的视在功率 S_0 变成了补偿后的 S_1。无功功率从 Q_0 变为 Q_1。视在功率 S_0 和无功功率 Q_0 有了明显的下降，但有功功率 P 不变。

对于变压器和电缆来说，提高功率因数意味着视在功率的下降；下降的视在功率就是释放变压器和电缆的容量。

1）补偿后无功功率下降的计算公式为

$$\Delta Q = Q_0 - Q_1 \tag{2-17}$$

式中　Q_0——补偿前的无功功率，kvar；

　　　Q_1——补偿后的无功功率，kvar；

　　　ΔQ——下降的无功功率（等于补偿的容量），kvar。

2）补偿后视在功率下降的计算公式为

$$\Delta S = S_0 - S_1 \tag{2-18}$$

或，$\Delta S = P / \cos\phi_0 - P / \cos\phi_1$

式中　S_0——补偿前的视在功率，kVA；

　　　S_1——补偿后的视在功率，kVA；

　　　ΔS——容量下降（变压器释放容量），kVA；

　　　$\cos\phi_0$——补偿前的功率因数；

　　　$\cos\phi_1$——补偿后的功率因数。

3）补偿后无功电流减少的计算

$$\Delta I_w = I_{q0} - I_{q1} \tag{2-19}$$

或

$$\Delta I_w = \frac{Q_0}{U} - \frac{Q_1}{U}$$

$$\Delta I_w = \frac{Q_0}{\sqrt{3}U} - \frac{Q_1}{\sqrt{3}U}$$

式中　ΔI_w——无功电流的下降，A；

　　　I_{q1}——补偿前的无功电流，A；

　　　I_{q0}——补偿后的无功电流，A；

　　　U——交流电的电压，kV；

Q_0——补偿前的无功功率，kvar；

Q_1——补偿后的无功功率，kvar。

4）补偿后视在电流减少 ΔI_s 的计算

$$\Delta I_s = I_p / \cos\phi_0 - I_p / \cos\phi_1 \qquad (2\text{-}20)$$

式中　I_p——有功电流，A；

$\cos\phi_0$——补偿前的功率因数，%；

$\cos\phi_1$——补偿后的功率因数，%。

【例 2-3】某设备的视在电流为 400A，功率因数为 0.7，求功率因数分别提高至 0.8、0.9、0.95、1 时，有功电流、视在电流、无功电流各是多少？

解：① 功率因数 0.7 时，查反三角函数角度为 45.573°，补偿前的无功电流、视在电流（功率因数为 0.7 情况下）分别为

有功电流：$I_{S0.7} = 400 \times 0.7 = 280$（A）

无功电流：$I_{\perp0.7} = 400 \times \sin45.573° = 400 \times 0.714 = 285.60$（A）

② 通过无功补偿功率因数提高到 0.8 时（其角度为 36.87°），有功电流仍为 280A。

视在电流：$I_{S0.8} = 280 \div 0.8 = 350$（A）

无功电流：$I_{\perp0.8} = 350 \times \sin36.87° = 350 \times 0.6 = 210.00$（A）

③ 通过无功补偿功率因数提高到 0.9 时（其角度为 25.84°），有功电流仍为 280（A）。

视在电流：$I_{S0.9} = 280 \div 0.9 = 311.11$（A）

无功电流：$I_{\perp0.9} = 311.11 \times \sin25.84° = 311.11 \times 0.44 = 136.89$（A）

④ 通过无功补偿功率因数提高到 0.95 时（其角度为 18.20°），有功电流仍为 280A。

视在电流：$I_{S0.95} = 280 \div 0.95 = 294.7$（A）

无功电流：$I_{\perp0.95} = 294.7 \times \sin(18.20°) = 294.7 \times 0.312 = 91.95$（A）

⑤ 通过无功补偿功率因数提高到 1 时，（其角度为 0°）有功电流仍为 280（A）。

视在电流：$I_{S1}=280÷1=280$（A）

无功电流：$I_{⊥1}=350×\sin(0°)=0$（A）

⑥通过以上计算得出的结论见表 2-2。

表 2-2 不同功率因数下有功电流与无功电流的关系

功率因数	视在电流（A）	有功电流（A）	无功电流（A）
0.70	400.00	280	285.60
0.80	350.00	280	210.00
0.90	311.11	280	136.89
0.95	294.70	280	91.95
1.00	280.00	280	0.00

上述结论规律适合于某些场合下有功功率、无功功率和视在功率时功率因数的简易计算。

有功电流不变，补偿不改变有功电流。

功率因数为 0.7 时，有功电流和无功电流基本相等。

功率因数为 0.9 时，无功电流只是有功电流的 1/2。

功率因数为 0.95 时，视在电流已经接近有功电流。

【例 2-4】某厂变压器实测电压为 0.4kV，视在电流为 100A，问功率因数从 0.75 提高到 0.9，变压器出力增加多少？

解：①补偿前功率因数为 0.75 时

视在功率：$S_{0.75}=\sqrt{3}IU=1.732×100×0.4=69.28$（kVA）

有功功率：$P_{0.75}=S_{0.75}\cos\phi=69.28×0.75=51.96$（kW）

无功功率：$Q_{0.75}=69.28×\sin41.41°=69.28×0.6614=45.83$（kvar）

②补偿后功率因数为 0.9 时，其角度为 25.84°。

有功功率：$P_{0.9}=P_{0.75}=51.96$（kW）

视在功率：$S_{0.9}=P_{0.75}/\cos\phi=51.96/0.9=57.73$（kVA）

无功功率：$Q_{0.9}=57.73×\sin25.84°=57.73×0.44=25.40$（kvar）

③功率因数从 0.75 提高到 0.9 时，则视在功率下降，即

$S_{0.75}-S_{0.9}=69.28-57.73=11.55$（kVA）

④变压器的容量释放了 11.55kVA。

（2）提高功率因数降低线路线损（第二方面意义之二）

1）线损计算公式。图 2-7 为无功补偿前后线路参数及变化情况。

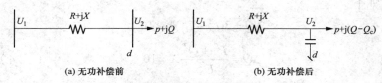

(a) 无功补偿前　　　　　　　　　(b) 无功补偿后

图 2-7　无功补偿前后线路参数及变化

三相负荷线路有功功率损耗公式为

$$\Delta P = 3I^2 R \times 10^{-3} \qquad （2\text{-}21）$$

或

$$\Delta P = \frac{P^2 + Q^2}{U_2^2} R \times 10^{-3} \qquad （2\text{-}22）$$

式中　ΔP——线路有功功率损耗，kW；

　　　　R——线路电阻，Ω；

　　　　P——线路输送有功功率，kW；

　　　　Q——线路输送无功功率，kvar；

　　　　I——线路视在电流，A；

　　　　U_2——线路末端电压，kV。

2）线损下降率计算。某条线路只带一个负荷，补偿前的功率因数是 $\cos\phi_0$，补偿后的功率因数是 $\cos\phi_1$，此时由 $P = IU\cos\phi$ 可知

$$\Delta P_0 = 3P^2 R / (U\cos\phi_0)^2 \times 10^{-3}$$
$$\Delta P_1 = 3P^2 R / (U\cos\phi_1)^2 \times 10^{-3}$$

线路线损降低率为

$$\Delta P = \frac{\Delta P_1 - \Delta P_2}{\Delta P_1} \times 100$$

$$= \left(1 - \frac{\cos\phi_0^2}{\cos\phi_1^2}\right) \times 100\% \qquad （2\text{-}23）$$

ΔP_0、ΔP_1、分别是补偿前后的线路损耗。

（3）提高功率因数降低线路无功消耗计算（第二方面意义之三）。对于线路感性为主的三相线路，消耗的感性无功的计算公式如下：

$$\Delta Q = 3(I_{\text{P}}^2 + I_{\text{Q}}^2)X \times 10^{-3}$$

或

$$\Delta Q = \frac{P^2 + Q^2}{U_2^2} X \times 10^{-3} \qquad （2\text{-}24）$$

式中　ΔQ——线路消耗的无功功率，kvar；

　　　U_2——末端线路电压，kV；

　　　P——输送的有功功率，kW；

　　　Q——线路输送无功功率，kvar；

　　　X——线路电抗，Ω。

当补偿容量为 Q_c 时，无功功率为

$$\Delta Q_1 = \frac{P^2 + (Q - Q_c)^2}{U_2^2} X \times 10^{-3} \qquad （2\text{-}25）$$

为简单计算，一般把 U_2 视作系统电压。

（4）功率因数提高引起线路电压升高的计算（第二方面意义之四）。如图 2-6 所示，线路流过有功功率和无功功率引起水平方向（U_2）电压的下降的公式为

$$\Delta U = \frac{PR + QX}{U_2} \qquad （2\text{-}26）$$

式中　ΔU——线路损失下降的电压，V；

　　　U_2——线路末端电压（用系统电压代替），kV；

　　　P——输送的有功功率，kW；

　　　Q——输送的无功功率，kvar；

　　　R——电线的电阻，Ω/km；

　　$\cos\phi$——线路输送电能的功率因数；

　　　X——电线的电抗，Ω。

末端补偿容量为 $Q_c$kvar，末端电压为

$$\Delta U_1 = \frac{PR + (Q - Q_C)X}{U_2} \qquad (2\text{-}27)$$

补偿后电压升高 ΔU_G 的计算公式为：$\Delta U_G = \Delta U - \Delta U_1$

【例 2-5】架空 10kV 线路 LJ-50，截面积 50mm^2，线路长 1km，线间距为 0.6m，电流 100A，线路末端负荷的功率因数为 0.8，计算功率因数提高到 0.9，无功下降引起的线路电压升高值？有功损耗降低多少、无功损耗降低多少？线损率下降多少？

解：查架空线路电阻表可知 $R = 0.64\,\Omega/\text{km}$，$X = 0.323\,\Omega/\text{km}$

① 补偿前有功功率、无功功率、视在功率计算如下

$$P = \sqrt{3}IU\cos\phi = 1385.60\text{kW}$$

$$S = \sqrt{3}IU = 1732\text{kVA}$$

$$Q = 1039.20\text{kvar}$$

② 补偿前电压降

$\Delta U = (PR + QX)/U = (1385.6 \times 0.64 + 1039.2 \times 0.323)/10 = 122.25$（V）

③ 补偿后有功功率、无功功率、视在功率计算：（补偿不引起有功功率的变化）

$$P_1 = 1385.60\text{kW}$$

$$S_1 = P_1/0.9 = 1539.56\text{kVA}$$

$$Q_1 = 671.01\text{kvar}$$

④ 补偿后电压降计算

$\Delta U = (P_1R + Q_1X)/U = (1385.6 \times 0.64 + 671.01 \times 0.323)/10 = 110.35$（V）

⑤ 补偿后电压升高

$$\Delta U_1 = 122.25 - 110.35 = 11.90\ (\text{V})$$

⑥ 补偿前线路有功功率损耗

$$\Delta P = \frac{P^2 + Q^2}{U^2} \times R \times 10^{-3} = \frac{S^2}{U^2} \times R \times 10^{-3} = \frac{1732^2}{10^2} \times 0.64 \times 10^{-3}$$

$$= 19.20(\text{kW})$$

⑦ 补偿后线路有功功率损耗

$$\Delta P = \frac{P_1^{2} + Q_1^2}{U^2} R \times 10^{-3} = \frac{S_1^2}{U^2} R \times 10^{-3} = \frac{1539.56^2}{10^2} \times 0.64 \times 10^{-3}$$

$$= 15.17(kW)$$

⑧ 补偿后线损下降

$$19.20 - 15.17 = 4.03（kW）$$

⑨ 补偿前线路无功功率损耗

$$\Delta Q = \frac{P^2 + Q^2}{U^2} X \times 10^{-3} = \frac{S^2}{U^2} X \times 10^{-3} = \frac{1732^2}{10^2} \times 0.323 \times 10^{-3}$$

$$= 9.69(kvar)$$

⑩ 补偿后线路无功功率损耗

$$\Delta Q = \frac{P_1^{2} + Q_1^2}{U^2} X \times 10^{-3} = \frac{S_1^2}{U^2} X \times 10^{-3} = \frac{1539.56^2}{10^2} \times 0.323 \times 10^{-3}$$

$$= 7.66(kvar)$$

⑪ 补偿后线路无功功率损耗下降

$$9.69 - 7.66 = 2.03（kvar）$$

⑫ 线损率下降计算

$$\Delta P = \frac{\Delta P1 - \Delta P2}{\Delta P1} \times 100 = \left(1 - \frac{\cos\phi_1^2}{\cos\phi_2^2}\right) \times 100 = [1 - (0.8^2 / 0.9^2)] \times 100$$

$$= 21(\%)$$

三、力调功率因数及力调电费计算

供电公司是根据用户的力调功率因数来确定力调系数，用力调系数来计算力调电费。力调系数可以是正数，也可以是负数，负数是供电公司减少用户电费，正数是供电公司的加收用户电费。

供电公司的力调功率因数就是变压器一次侧的平均功率因数，而实际补偿控制的却是变压器二次侧的功率因数。由于变压器一次侧和二次侧的功率因数是不一致的，详见本书第五章第二节，因此有时会存在二次侧功率因数合格，而一次侧功率因数不合格的情况。

为方便用户起见，供电公司对 100kVA 以下变压器，使用低压计量，避免了高压计量的繁杂，但在计量无功电量和有功电量的基础上，必须加上变压器的铜损和铁损以及无功损耗，然后再计算功率因数，实际上仍还是考核高压侧功率因数。

力调电费 = 参与力调电费 × 力调系数

参与力调的电费，即电度电费与基础电费之和，不含代收国家基金费用。

参与力调的电费有以下电费构成：电度电费 + 基础电费。

（1）参与力调的电度电费。用户消耗的电量乘以电价，就是电度电费。电量的单位为千瓦时（kWh）。电费单价为元/kWh。计算公式为

电度电费 = 用电量 × 电价（扣除各类基金、代收）

（2）基础电费。根据用电变压器容量缴纳的电费就是基础电费。基础电费分两种收费方式：按月收取变压器容量费用，即20元/kVA。按月最大需量收取的有功功率费用，即28元/kW。

（3）计算案例。

例 2-6　某工厂的电费清单，由表 2-3 可知，有功电能 W_p = 53540kWh，无功电能 W_q = 13680kvarh，求力调电费（功率因数）和减少电费各是多少？

解：由 $\cos\phi = W_p / \left(\sqrt{W_p^2 + W_q^2} \right)$

得出 $\cos\phi = \dfrac{53540}{\sqrt{53540^2 + 13680^2}} = 0.97$

由表 2-4 查得功率因数为 0.97 时的系数为 0.75%。

或者　$\dfrac{W_q}{W_p} = \dfrac{13680}{53540} = 0.2555$

查出比值 0.2555 的功率因数为 0.97，力调系数完全相同。

电费单上参与力调电费费用为 62568.48 元（扣除国家各类基金，但包含基础电费），奖励的金额为 $-0.0075 \times 62568.48 = -469.26$（元），供电公司将从用户应缴总电费中扣除 469.26 元，作为奖励。

表2-3

某用户电费清单

客户编号	××××	客户名称	××××
抄表序号		用电地址	××××

本月应收电费合计	陆万叁仟捌佰壹拾柒元捌角陆分		¥63817.86
总有功电量(kWh)	53540	总无功电量(kvar)	13680
电量电费(元)	35687.12	力调电费(元)	-469
力调标准	0.9	参加力调电费(元)	62568.48
实际功率	0.97	力调系数	-0.0075
合同容量(kVA)	1430	计费容量(需量)(kWh)	1430
基本价格(元/kWh)	20	基本电费(元)	28600

计费类别	时段	电量	电价	损耗电量	追退电费	电费	定比	定量	计量点编号
输配-大工业输配电价(1~10kV-0.24790)	尖峰段	18240	0.35897	0	0	6547.61	0	0	760882
输配-大工业输配电价(1~10kV-0.24790)	峰段	4980	0.35897	0	0	1787.67	0	0	760882
输配-大工业输配电价(1~10kV-0.24790)	平段	14220	0.2403	0	0	3417.07	0	0	760882
输配-大工业输配电价(1~10kV-0.24790)	谷段	16100	0.1362	0	0	2192.82	0	0	760882

计费类别	时段	电量	电价	损耗电量	追退电费	电费	定比	定量	计量点编号
零售交易 - 大工业 输配电价（1～10kV- 0.24790）	尖峰段	18240	0.58126	0	0	10602.18	0	0	760882
零售交易 - 大工业 输配电价（1～10kV- 0.24790）	峰段	4980	0.58126	0	0	2894.67	0	0	760882
零售交易 - 大工业 输配电价（1～10kV- 0.24790）	平段	14220	0.37023	0	0	5264.67	0	0	760882
零售交易 - 大工业 输配电价（1～10kV- 0.24790）	谷段	16100	0.18512	0	0	980.43	0	0	760882

套号	时段	表计类型	表计编号	类型	本月读数	上月读数	倍率	抄见电量	追退	变损	线损	合计
60882	有功（总）	智能型	*56788	变更	14.43	14.43	2000	0	0	0	0	0
60882	有功（总）	智能型	*56788	抄表	41.2	14.43	2000	53540	0	0	0	53540

续表

套号	时段	表计类型	表计编号	类型	本月读数	上月读数	倍率	抄见电量	追退	变损	线损	合计
60882	有功(尖峰)	智能型	*56788	变更	3.66	3.66	2000	0	0	0	0	0
60882	有功(尖峰)	智能型	*56788	抄表	12.78	3.66	2000	18240	0	0	0	18240
60882	有功(峰)	智能型	*56788	变更	2.76	2.76	2000	0	0	0	0	0
60882	有功(峰)	智能型	*56788	抄表	5.25	2.76	2000	4980	0	0	0	4980
60882	有功(平)	智能型	*56788	抄表	11.96	4.87	2000	14180	0	0	0	14180
60882	有功(平)	智能型	*56788	变更	4.87	4.87	2000	0	0	0	0	0
60882	有功(谷)	智能型	*56788	抄表	11.18	3.13	2000	16100	0	0	0	16100
60882	有功(谷)	智能型	*56788	变更	3.13	3.13	2000	0	0	0	0	0
60882	有功(总)	智能型	*56788	变更	2.59	2.59	2000	0	0	0	0	0
60882	有功(总)	智能型	*56788	抄表	7.55	2.59	2000	9920	0	0	0	9920

合计有功(kWh) 53540

合计无功(kvar) 13680

第三节 功率因数的考核与优化

一、功率因数考核范围及考核标准

1. 功率因数考核标准

客户的无功功率应就地平衡。为提高电能效率，减少损耗，客户应在提高自然功率因数的基础上，按有关标准设计和安装无功补偿设备，并做到随其负荷和电压变动及时投入电容或切除电容。客户的功率因数应满足下列规定：

（1）功率因数标准 0.90，适用于 160kVA（kW）以上的高压供电工业用户（包括社队工业用户），装有带负荷调整电压装置的高压供电电力用户和 3200kVA（kW）及以上的高压供电电力排灌站。

（2）功率因数标准 0.85，适用于 100kVA（kW）及以上的其他工业用户（包括社队工业用户），100kVA（kW）及以上的非工业用户和 100kVA（kW）及以上的电力排灌站。

（3）功率因数标准 0.80，适用于 100kVA（kW）及以上的农业用户和趸售用户，但大工业用户未划由电业部门直接管理的趸售用户，功率因数标准应为 0.85。

（4）居民生活用电户和 100kVA（kW）以下的客户不执行功率因数调整电费。

各供电企业应按上述标准，严格执行功率因数调整电费。

2. 功率因数的电量计算依据

（1）各类功率因数标准值是指供电企业（电网）与客户资产产权分界处的功率因数。各供电企业在用户每一个受电点内按不同电价类别，分别安装用电计量装置。每个受电点作为用户一个计费单位。客户装设的内部考核电能计量装置不得作为计费依据。在客户受电点内难以按电价类别分别装设用电计量装置时，可装设总的用电计量装置。然后按不同电价类别的用电设备容量的比例或实际可能的用电量，确定不同电价类别用电量的比例或定量进行分算，分别计价。各供电企业每年必须至少对上述比例或定量核定一次，并经本单位审批后作为计费依据。

（2）凡执行功率因数调整办法，且有可能向电网倒送无功电量的客户（除纯居民用电外的其他所有用户）均应加装具有防倒装置的反向无功电能表，倒送电网的无功与用电网无功的绝对值相加，作为计算功率因数调整无功电量的依据。

（3）用电计量装置原则上应装在供电设施的产权分界处。当用电计量装置不安装在产权处时，线路与变压器损耗的有功电量与无功电量均须由产权所有者负担，在计算客户基本电费（按最大需量计收时），电度电费及功率因数调整电费时，应将上述损耗电量计算在内。

（4）凡多个供电点向一个客户供电时，计费用月平均功率因数应分别计算。

（5）凡一个供电点向用户多台变压器（受电装置）供电时，以总的电能计量装置（以下简称总表）计量点的有功电量与无功电量（包括倒送的无功电量）计算实际综合功率因数。同一受电点没有装设总表计量的，而采取分线分表、装设不同类别的计费电能计量装置的，可将这一受电点的有功电量、无功电量分别总加，计算这个受电点的实际综合功率因数。同一供电点下的各类用电按规定的考核标准值和实际综合功率因数计收功率因数调整电费。

（6）客户同一受电点的计量装置中有定比或定量电量的，定比或定量电量参与功率因数值计算，即以总表计量点的有功电量与无功电量（包括倒送的无功电量）计算实际功率因数。除居民用电电费外的其他定比或定量电费参与功率因数调整电费。

（7）对发电厂进行功率因数管理时，发电厂少送的无功电量不得用有功电量抵扣。

3. 功率因数调整电费的结算

（1）计算功率因数调整电费时，只以客户当月的基本电费与电度电费之和作为电费调整基数，其他电价附加均不参与功率因数调整电费，居民用电电费也不参与功率因数调整电费。

（2）根据计算的功率因数，高于或低于规定标准时，以客户当月的基本电费与电度电费之和为电费调整基数，按照功率因数调整电费表所规定的百分数增加或减少电费。

（3）实行分时电价客户，应以基本电费和实行峰、平、谷分时电价的目录电费为基数，计算功率因数调整电费。

（4）对于多电源供电的客户，以每一个受电点作为一个计费单位，计算功率因数调整电费。

（5）未用电或季节性用电的，当有功表计、无功表计的抄见电量为零时，除合同另有约定外，不再计算客户的功率因数调整电费。

4. 力调系数对照表

功率因数对电网经济运行有着巨大的影响，国家出台了奖罚功率因数标准及奖罚系数，具体标准系数见表 2-4，表中罗列出不同功率因数下的力调系数。功率因数的考核标准目前有 0.85 和 0.9 两种标准。

表 2-4　　　　　　　功率因数与力调系数对照表

无功功率 / 有功功率比值	功率因数 cosφ	调整电费（%）		
		功率因数标准 0.90	功率因数标准 0.85	功率因数标准 0.80
0.0000～0.1003	1.00	−0.75	−1.10	−1.30
0.1004～0.1751	0.99	−0.75	−1.10	−1.30
0.1752～0.2279	0.98	−0.75	−1.10	−1.30
0.2280～0.2717	0.97	−0.75	−1.10	−1.30
0.2718～0.3105	0.96	−0.75	−1.10	−1.30
0.3106～0.3461	0.95	−0.75	−1.10	−1.30
0.3462～0.3793	0.94	−0.60	−1.10	−1.30
0.3794～0.4107	0.93	−0.45	−0.95	−1.30

无功功率/有功功率比值	功率因数 cosϕ	调整电费（%）		
		功率因数标准 0.90	功率因数标准 0.85	功率因数标准 0.80
0.4108～0.4409	0.92	−0.30	−0.80	−1.30
0.4410～0.4700	0.91	−0.15	−0.65	−1.15
0.4701～0.4983	0.90	0.00	−0.50	−1.00
0.4984～0.5260	0.89	+0.50	−0.40	−0.90
0.5261～0.5532	0.88	+1.00	−0.30	−0.80
0.5801～0.6065	0.86	+2.00	−0.10	−0.60
0.6066～0.6328	0.85	+2.50	0.00	−0.50
0.6329～0.6589	0.84	+3.00	+0.50	−0.40
0.6590～0.6850	0.83	+3.50	+1.00	−0.30
0.6851～0.7109	0.82	+4.00	+1.50	−0.20
0.7110～0.7369	0.81	+4.50	+2.00	−0.10
0.7370～0.7630	0.80	+5.00	+2.50	0.00
0.7631～0.7891	0.79	+5.50	+3.00	+0.50
0.7892～0.8154	0.78	+6.00	+3.50	+1.00
0.8155～0.8418	0.77	+6.50	+4.00	+1.50
0.8419～0.8685	0.76	+7.00	+4.50	+2.00
0.8686～0.8953	0.75	+7.50	+5.00	+2.50
0.8954～0.9225	0.74	+8.00	+5.50	+3.00
0.9226～0.9499	0.73	+8.50	+6.00	+3.50
0.9500～0.9777	0.72	+9.00	+6.50	+4.00
0.9778～1.0059	0.71	+9.50	+7.00	+4.50
1.0060～1.0345	0.70	+10.00	+7.50	+5.00
1.0346～1.0635	0.68	+11.00	+8.00	+5.50
1.0636～1.0930	0.68	+12.00	+8.50	+6.00

续表

无功功率／有功功率比值	功率因数cosϕ	调整电费（%）		
		功率因数标准0.90	功率因数标准0.85	功率因数标准0.80
1.0931～1.1230	0.67	+13.00	+9.00	+6.50
1.1231～1.1536	0.66	+14.00	+9.50	+7.00
1.1537～1.1847	0.65	+15.00	+10.00	+7.50
1.1848～1.2165	0.64	+17.00	+11.00	+8.00
1.2166～1.2489	0.63	+19.00	+12.00	+8.50
1.2490～1.2821	0.62	+21.00	+13.00	+9.00
1.2822～1.3160	0.61	+23.00	+14.00	+9.50
1.3161～1.3507	0.60	+25.00	+15.00	+10.00
1.3508～1.3863	0.59	+27.00	+17.00	+11.00
1.3864～1.4228	0.58	+29.00	+19.00	+12.00
1.4229～1.4603	0.57	+31.00	+21.00	+13.00
1.4604～1.4988	0.56	+33.00	+23.00	+14.00
1.4989～1.5384	0.55	+35.00	+25.00	+15.00
1.5385～1.5791	0.54	+37.00	+27.00	+17.00
1.5792～1.6211	0.53	+39.00	+29.00	+19.00
1.6212～1.6644	0.52	+41.00	+31.00	+21.00
1.6645～1.7091	0.51	+43.00	+33.00	+23.00
1.7092～1.7553	0.50	+45.00	+35.00	+25.00
1.7554～1.8031	0.49	+47.00	+37.00	+27.00
1.8032～1.8526	0.48	+49.00	+39.00	+29.00
1.8527～1.9038	0.47	+51.00	+41.00	+31.00
1.9039～1.9571	0.46	+53.00	+43.00	+33.00
1.9572～2.0124	0.45	+55.00	+45.00	+35.00
2.0125～2.0699	0.44	+57.00	+47.00	+37.00

全无功随器自动补偿技术

无功功率/有功功率比值	功率因数 $\cos\phi$	调整电费（%）		
		功率因数标准 0.90	功率因数标准 0.85	功率因数标准 0.80
2.0700~2.1298	0.43	+59.00	+49.00	+39.00
2.1299~2.1923	0.42	+61.00	+51.00	+41.00
2.1924~2.2575	0.41	+63.00	+53.00	+43.00
2.2576~2.3257	0.40	+65.00	+55.00	+45.00
2.3258~2.3971	0.39	+67.00	+57.00	+47.00
2.3972~2.4720	0.38	+69.00	+59.00	+49.00
2.4721~2.5507	0.37	+71.00	+61.00	+51.00
2.5508~2.6334	0.36	+73.00	+63.00	+53.00
2.6335~2.7205	0.35	+75.00	+65.00	+55.00
2.7206~2.8158	0.34	+77.00	+67.00	+57.00
2.8126~2.9098	0.33	+79.00	+69.00	+59.00
2.9099~3.0129	0.32	+81.00	+71.00	+61.00
3.0130~3.1224	0.31	+83.00	+73.00	+63.00
3.1225~3.2389	0.30	+85.00	+75.00	+65.00
3.2390~3.3632	0.29	+87.00	+77.00	+67.00
3.3633~3.4961	0.28	+89.00	+79.00	+69.00
3.4962~3.6386	0.27	+91.00	+81.00	+71.00
3.6387~3.7919	0.26	+93.00	+83.00	+73.00
3.7920~3.9572	0.25	+95.00	+85.00	+75.00
4.3305~4.5423	0.22	+101.00	+91.00	+81.00
4.5424~4.7744	0.21	+103.00	+93.00	+83.00
4.7745~5.0297	0.20	+105.00	+95.00	+85.00
5.0298~5.3121	0.19	+107.00	+97.00	+87.00
5.3122~5.6261	0.18	+109.00	+99.00	+89.00

续表

无功功率/有功功率比值	功率因数 cosϕ	调整电费（%）		
		功率因数标准 0.90	功率因数标准 0.85	功率因数标准 0.80
5.6262～5.9775	0.17	+111.00	+101.00	+91.00
5.9776～6.3736	0.16	+113.00	+103.00	+93.00
6.3737～6.8236	0.15	+115.00	+105.00	+95.00
6.8237～7.3395	0.14	+117.00	+107.00	+97.00
7.3396～7.9372	0.13	+119.00	+109.00	+99.00
7.9373～8.6379	0.12	+121.00	+111.00	+101.00
8.6380～9.4711	0.11	+123.00	+113.00	+103.00
9.4712～10.4787	0.10	+125.00	+115.00	+105.00
10.4788～11.7221	0.09	+127.00	+117.00	+107.00
11.7222～13.2957	0.08	+129.00	+119.00	+109.00
13.2958～15.3520	0.07	+131.00	+121.00	+111.00
15.3521～18.1542	0.06	+133.00	+123.00	+113.00
18.1543～22.1997	0.05	+135.00	+125.00	+115.00
22.1998～28.5539	0.04	+137.00	+127.00	+117.00
28.5540～39.9874	0.03	139.00	+129.00	+119.00
39.9875～66.6591	0.02	+141.00	+131.00	+121.00
66.6592～199.9975	0.01	+143.00	+133.00	+123.00

二、无功优化补偿

综合 Q/GDW 435—2010《农村电网无功优化补偿技术导则》、DL/T 738—2000《农村电网节电技术规程》等标准，其主要优化内容包括以下三个方面。

1. 农网无功优化补偿基本原则

农网无功优化补偿应树立全网无功优化思想，科学规划并组织落实无功优化补偿的技术措施。

农网无功优化补偿应坚持"全面规划、合理布局、全网优化、分级补偿、就地平衡"的原则。

农网无功优化补偿策略为集中补偿与分散补偿相结合、高压补偿与低压补偿相结合、调压与降损相结合。高压配电网以变电站集中补偿为重点，中压配电网以线路补偿和配电变压器低压侧集中补偿为重点，低压配电网以用户侧分散补偿为重点。

农网无功优化补偿应根据全网无功优化计算的结果，合理选择从高压配电网到低压配电网或从低压配电网到高压配电网的顺序，逐层实施无功优化补偿。农网无功优化补偿方式如图 2-8 所示。

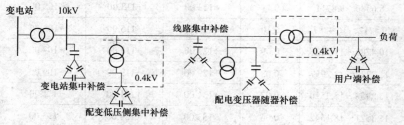

图 2-8 农网无功优化补偿方式

农网无功优化补偿应遵循相关国家标准、行业标准及文件的规定，结合各地区电网实际状况因地制宜选用经济实用的无功优化补偿模式，积极采用动态补偿、平滑调节等新技术、新设备。

2. 高压配电网无功优化补偿

（1）无功优化补偿目标。主变压器最大负荷时，其高压侧功率因数应不低于 0.95，低谷负荷时功率因数应不高于 0.95，且不低于 0.92，低压侧功率因数应大于 0.9。

35kV 及以上供电的电力用户，在变压器最大负荷时，其一次侧功率因数应不低于 0.95，在任何情况下不应向电网倒送无功电量。35kV 及以上供电电压用户受电端正、负偏差绝对值之和不超过额定电压的 10%。

谐波治理应符合 GB/T 14549—93《电能质量 公用电网谐波》规定的要求。110（66）kV 电压正弦波畸变率小于等于 1.5%，35kV 电压正弦波畸变率应小于等于 3%。

（2）无功优化补偿容量配置原则。35～110kV 变电站的无功补偿装置的分组容量选择应根据计算确定，最大单组无功补偿装置投切引起所在母线的电压变化不宜超过电压额定值的 2.5%。35～110kV 变电站的容性无功补偿装置以补偿变压器无功损耗为主，适当兼顾负荷侧的无功。容性无功补偿容量应按下列三种情况选择，并满足 35～110kV 主变压器最大负荷时，其高压侧功率因数不低于 0.95。当 35～110kV 变电站内配置了滤波电容器时，按主变压器容量的 20%～30% 配置；当 35～110kV 变电站为电源接入点时，按主变压器容量的 15%～20% 配置，其他情况按主变压器容量的 15%～30% 配置。

110（66）kV 变电站的单台主变压器容量为 40MVA 及以上时，每台主变压器容量配置不少于两组的容性无功补偿装置。当在主变压器的同一电压等级侧配置两组容性无功补偿装置时，其容量宜按无功容量的 1/3 和 2/3 进行配置；当主变压器中、低压侧均配有容性无功补偿装置时，每组容性无功补偿装置的容量宜一致。110（66）kV 变电站容性无功补偿装置的单组容量不应大于 6Mvar，35kV 变电站容性无功补偿装置的单组容量不应大于 3Mvar。单组容量的选择还应考虑变电站负荷较小时无功补偿的需要。

（3）中高压无功优化补偿装置配置原则。枢纽及相对重要的变电站，宜采用动态连续调节的自动无功补偿装置。

已安装固定电容器组进行无功补偿的变电站，其补偿容量如果在高峰负荷时处于欠补偿状态，或低谷负荷时处于过补偿状态，可以根据负荷情况加装一定容量的动态无功调节单元进行调控。

已安装自动投切无功补偿装置的变电站，其无功补偿容量如果已满足高峰负荷需求，可直接加装动态无功调节单元，实现无功补偿容量的动态连续调控。新建或改扩建变电站优先选用动态平滑调节无功补偿装置。

3. 中低压配电网无功优化补偿

（1）中低压配电网无功优化补偿的目标。10（6）kV 出线功率因数应在 0.90 及以上。100kVA 及以上 10kV 公用配电变压器低压侧功率因数应不低于 0.90；其他公用配电变压器低压侧功率因数宜达到 0.90。

农业用户配电变压器低压侧功率因数应在 0.85 及以上。100kVA 及以上 10kV 供电的电力用户，其低压侧功率因数应大于 0.95；其他电力用户其低压侧功率因数应大于 0.90。10kV 及以下三相供电电压用户受电端允许偏差为额定电压的 −7%～+7%。

谐波治理符合 GB/T 14549—1993《电能质量　公用电网谐波》规定的要求。10kV 电压正弦波畸变率应小于等于 4%。

（2）无功优化补偿容量配置原则。中压线路补偿点以一处为宜，一般不超过两处。补偿容量依据局部电网配电变压器空载损耗和无功基荷（基本负荷）两部分来确定。以电缆为主的中压线路，其所接变电站母线电容电流较大，或消弧线圈处于欠补偿状态时，应尽量避免采用线路补偿方式，防止中压线路单相接地时电容电流过大，产生过电压。

第三章

配电网无功——电压的特性规律

无功负荷——电压静特性是指电力系统正常运行时，电压与无功负荷之间的函数关系。这种关系与电网安全和经济运行关系密切。

交流电应用以来，最初的关注焦点，是交流电的有功功率和电压，及它们之间的相互关系。直到 20 世纪六七十年代，经历了由无功功率引起的电压振荡，造成电网重大崩溃事故后，无功功率和电压对于电网安全运行和经济运行的重要性，以及无功功率与电压对电网经济运行和安全运行的机理和作用，才引起了足够重视，成为研究的热点。无功功率与电压、电网之间的相互影响主要有以下几个方面：

（1）电网电压决定着无功的分布。电网中的电压直接决定着无功的分布。这种情况可以用变压器的分接头改变电压来说明。变压器的分接头改变了变压器二次侧的电压，同时也改变了变压器高、低压侧无功的分布。当变压器低压侧电压升高到一定范围时，负荷需要的无功增大，流入低压侧的无功增多；当变压器二次侧电压的降低一定范围时，负荷需要的无功减少，流入低压侧的无功相应减少。

变压器分接头的改变，造成电压和无功分布的变化，这是由配电网无功——电压的静特性所决定的。究其原因，是由变压器和电机类负荷（绕组）的无功电压静特性所决定的。

（2）无功补偿可以提高和维持平衡电压。无功功率与电压关系密切，无功补偿装置的投入与切除，既受电压的约束，又受无功的约束。110kV 变电站的无功补偿，在 20 世纪八十年代就已经采用 U-Q 控制，利用九区图来控制无功的投入与切除，电压和无功功率共同作为无功补偿的控制目标。无功与电压的控制是电力调度工作的主要工作内容。

无功补偿可以提高电网系统电压，减少无功电流流动，降低线路损耗。无功补偿是提高电网经济运行和安全运行的主要手段。无功补偿可以提高电网临界电压，在一定程度上增加电网的安全性。

动态无功补偿是稳定电压的最有利的手段。特殊情况下，亦可通过无功补偿来降低电压。

（3）电容和电抗作为无功电源受电网电压和频率的影响。电容、电抗作为重要的无功电源（无功补偿装置），由于其经济性、安全性及便利性，得到了广泛的推广使用，使得整个电网的安全性和经济性也有了更大地提高。

但因为补偿电容是无源器件，电容在电压作用下产生无功，大面积的电容器所产生的无功受电压影响极大。由 $Q_C = U^2 \omega C$ 得出，电压的变化决定了无功补偿（电容）输出的无功功率，引起电压的变化，电压的下降会引起无功补偿装置提供的无功功率急剧下降。这是无源器件的致命缺陷。

（4）低电压及电压崩溃与无功关系密切。低电压是指用户计量装置处的电压值低于国家标准所规定的电压下限值，即 20kV 及以下三相供电用户的计量装置处，电压值低于标称电压的 7%；220V 单相供电用户的计量装置处，电压值低于标称电压的 10%。

当发生低电压时，包括电动机在内的用电设备几乎不能正常运行，经常发生电动机烧毁，电灯亮度不够等情况。低电压一般有一个范围，可在局部区域内存在。电能表能够启动工作的最低电压，此值为参比电压下限（对宽量程的电能表此值为参比电压下限）的 60%，被认为是临界电压。临界电压的具体数值与负荷性质有关，不同的负荷有不同的临界电压。电机类的临界电压以负荷漏磁无功急剧增加为标志。

电压崩溃，指的是电压低于可接受的极限临界电压值。崩溃后的电压已经不能支持任何电器的运行，出现局部电压的周期性波动。崩溃电压有局部电压崩溃和系统电压崩溃两种。

电力系统电压崩溃是指电力系统内，由于无功电源不足，运行电压过低，当电压低至极限值（保持电压稳定的，低电压值）以下时，电网无功功率缺额增大，电压持续下降；输电线路、过负荷严重发电机失去同步，造成大面积停电跳闸。其影响可能波及全电网。

局部电压的崩溃来自负荷末端无功电流的持续增大；引起局部电压的进一步持续降低，导致补偿电容无功功率出力持续减少，设备（漏磁无功剧增）需要的大量无功向电网索取，导致电压进一步降低，无功——电压恶性循环开始，使得电网局部电压迅速崩溃，崩溃后的电压可低至额定电压的 50% 以下，造成线路末端的电动机等设备不能正常运行，甚至出现烧毁现象，此时变压器的出口电压仍在规定范围内。

无源器件的无功电源和负荷无功的电压静特性研究证明，由无功不足引起的电压下降，电压出现恶性循环是低电压（崩溃电压）出现的主要原因。

对配电网无功负荷—电压静特性的研究，有助于电压—无功的调度及解决电网经济运行问题；可以提高电网的安全性、稳定性，避免低电压与电压崩溃的发生，提高发电效率；可以从理论上指导解决普遍存在的低电压、线路损耗大的问题。

第一节 配电网无功负荷—电压静特性

无功功率不参与有功的能量平衡和转换。无功功率只能用来交换，并不能消失。但为研究和叙述方便，把无功负荷与有功负荷同等看待。

从微观上看，无功负荷既是无功的消耗者又是无功的产生者，负荷产生的无功与消耗的无功是相等的；从宏观上，通常把用户的无功负荷称为无功的消耗者。把电网系统的无功负荷称为无功的提供者，即把进行交换的容性无功称为提供者。

81

配电网中的主要无功负荷是电动机和变压器，异步电动机和变压器的感性无功占到配电网总无功的 85% 以上，其中，电动机类的无功占配电网总无功的 60% 以上，是无功的主要消耗者。

变压器相当于静止的电动机，变压器与电动机有着同样的特性，因此，配电网的无功电压静特性，就是异步电动机的无功—电压静特性。

配电网无功负荷—电压的静特性是指在频率恒定时，无功负荷与电压的函数关系，即 $Q=f(U)$。在实践中，常用 Q 和 U 值或标幺值画出 $Q\text{-}U$ 曲线。

一、异步电动机的无功—电压静特性

1. 异步电动机等值电路的无功功率计算

异步电动机消耗的无功与电压的关系，称为电动机无功—电压的静特性。

无功—电压的静特性是，先找出电动机的无功与电压的函数关系，即 $Q=f(U)$。按此画出电动机产生的无功 Q 与供给电动机电压 U 的曲线，直观地反映出电动机无功随补偿后电压变化的规律，这就是异步电动机的无功—电压静特性。

异步电动机的等值电路如图 3-1（不计定子电阻）所示，U 为接在定子上的电源电压，X_m 为电动机的励磁电抗，X_σ 为电动机的漏磁电抗，I_d 为电动机的定子电流负载分量，S 为电机转差率，$[(1-S)/S] \times R$ 为转子折算到定子回路的电阻。

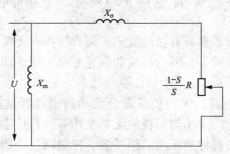

图 3-1　异步电动机的等值电路

异步电动机消耗的无功由两部分构成：一部分是励磁无功功率 Q_{Lc}，另一部分是漏磁无功 Q_{Lk}。消耗在漏抗上的无功功率

$$Q_{Lk} = I_d^2 X_\sigma \qquad (3\text{-}1)$$

消耗在励磁上的无功功率

$$Q_{Lc} = U^2 / X_m \qquad (3\text{-}2)$$

电动机消耗的总无功功率为

$$Q_d = Q_{Lc} + Q_{Lk} = I_d^2 X_\sigma + U^2 / X_m \qquad (3\text{-}3)$$

2. 电动机带有实际负荷时无功功率的计算公式

$$\begin{aligned} Q_d &= Q_{Lc} + \beta^2 (Q_{DE} - Q_{Lc}) \\ &= Q_{Lc} + \beta^2 \left(\frac{P_e \tan\varphi_e}{\eta_e} - Q_{Lc} \right) \end{aligned} \qquad (3\text{-}4)$$

其中

$$Q_{Lc} \approx \sqrt{3} I_{DkE} U_{DkE}$$
$$Q_{DE} = (P_e \tan\varphi_e) / \eta_e$$

式中　Q_d——电动机带负荷时实际消耗的无功功率，kvar；

Q_{Lc}——电动机空载（励磁）的无功功率，kvar；

Q_{Lk}——电动机带负荷时漏磁（抗）实际消耗的无功功率，kvar；

β——电动机的负荷率，%；

P_e——电动机带负荷时实际额定功率，kW；

$\tan\phi_e$——电动机额定功率因数角的正切值；

η_e——电动机带负荷时的转换效率，%；

Q_{DE}——电动机额定无功功率，kvar；

I_{DkE}——电动机空载额定电流，A；

U_{DkE}——电动机空载额定电压，kV。

电动机的无功功率由两部分组成：一是基本不变的励磁空载无功功率；二是随负载变化的可变无功功率。

3. 电动机的无功功率与电压的静特性

（1）励磁空载无功与电压的关系。由式（3-2）可见，电动机的励磁无功功率 Q_L 与定子端电压的平方成正比。当电压升高

时，励磁无功功率随电压的变化更大。从图 3-2 中可看出，励磁无功功率随电压变化的曲线更加陡峭。

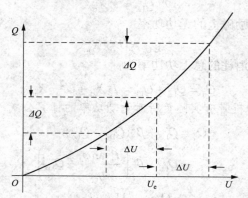

图 3-2　异步电动机励磁电流和电压的关系

Q_{Lc} 是随电压的减少而呈抛物线减少的，并且由于磁饱和的缘故，在额定电压附近，电压的少许下降会导致励磁无功的大量减少，如图 3-2 所示。图 3-2 中轻载时，减少无功电流是节电的一种方法。

（2）漏磁无功与电压的关系。

1）异步电动机的定子电流的负载分量。由图（3-1）异步电动机的定子电流的负载分量的计算公式如下

$$I_d = \frac{U}{\sqrt{\left\{\left[\left(\dfrac{1-S}{S}\right)R\right]^2 + X_\sigma^2\right\}}} \qquad (3-5)$$

式中　I_d——定子电流的负载分量，A；

　　　S——电动机转差率，%；

　　　R——电动机转子折算到定子的电阻，Ω；

　　　U——电动机输入电压，V。

一般情况下，负载功率不变，电动机输出功率 P_{sc} 不变。

2）异步电动机转差率与输出功率及电流的关系如下

$$P_{SC} = I_d^2 \times (1-S)R/S = 常数 \qquad (3\text{-}6)$$

当 U 降低时，转差率 S 变大，即（$1-S$）/S 变小；要使式（3-5）、式（3-6）两个等式同时成立，定子电流（负载电流）I_d 变大，漏抗无功功率增大。

3）异步电动机无功—电压静特性曲线。电动机的无功—电压静特性曲线与励磁曲线和漏磁负荷特性曲线有关，并与负荷率有关。图 3-3 为电动机的三条无功电压特性曲线。

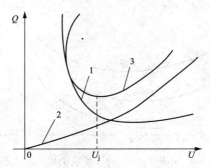

图 3-3　异步电动机无功电压特性曲线

曲线 1 为电动机漏磁无功的曲线 $Q_{LC} = F(U)$，该曲线表明，在电压低于临界电压 U_J 之后，漏磁无功急剧增加。

曲线 2 为电动机励磁无功的曲线 $Q_{LK} = F(U)$，该曲线表明，在电压低于临界电压时，励磁无功最少，随着电压升高，励磁无功急剧增加。

曲线 3 为电动机整体的无功—电压曲线 $Q_d = F(U)$，该曲线表明，当电动机的电压明显低于临界电压时，电动机的无功功率，以漏磁无功为主，随着电压下降，电动机漏磁无功急剧增加；当电动机高于临界电压时，电机以励磁无功为主，无功随电压的二次方变化。

从图 3-3 中可以清晰看到，当电动机电压较低时，无功功率是增大的。U_j 为临界电压，当电压低于临界电压 U_j 时，无功功率（漏抗无功）随电压的下降而急剧增加，电动机的运行将失去稳定运转，不能正常运行。电动机的电压过低和过高，都不是电动机的经济运行区域。电动机轻载时，电压适地当调低，会使电动机效率增大；当电压过高时，励磁无功急剧增大，有功损耗也会增大。

异步电动机的电压无功曲线与负荷率有关。不同负荷率下的曲线，如图 3-4 所示。

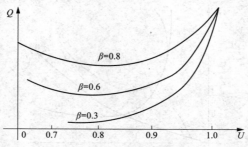

图 3-4　不同负载下的异步电动机无功电压

图 3-4 是负荷率在 30%、60%、80% 时的三条负荷曲线，图中可以看到，电动机在高于额定电压或在额定电压值附近时，电动机消耗的无功功率随电压的增加而急剧增加；电动机无功功率随电压的减少而减少，励磁无功特性显著。

电动机在明显低于额定电压时，电动机消耗的无功功率随电压的减少而急剧增加。负荷率越大漏磁无功特性显著，负荷率越低，越接近于励磁无功。

二、变压器的无功—电压静特性

变压器的无功可分为两部分，一部分为不变的励磁无功，另一部分为可变的漏抗无功。对于 10kV 配电网来讲，变压器消耗无功负荷占到配电网 25% 以上，是电网中无功的主要消耗者。变压器消耗的总无功是变压器励磁无功和漏磁漏抗无功之和，即

$$\Delta Q = Q_0 + \beta^2 K_t Q_F \tag{3-7}$$

式中　ΔQ——变压器的无功功率，kvar。

其中，变压器励磁无功 Q_0 为

$$Q_0 = S_e \times I_0 \times \left(\frac{U}{U_e}\right)^2 \times 10^{-2} \tag{3-8}$$

变压器满负载无功（漏磁无功）Q_F 为

$$Q_F = \frac{U_d \times S_e}{100} \times \left(\frac{U_e}{U}\right)^2 \times 10^{-2} \tag{3-9}$$

式中　K_t——负荷修正系数，1.02；

　　　S_e——变压器额定容量，kVA；

　　　I_0——变压器空载电流百分数，%；

　　　U_d——变压器短路电压百分数，%；

　　　U_e——变压器额定电压，kV；

　　　U——压器实际电压，kV；

　　　β——变压器的负荷率，%。

变压器励磁无功随着电压的增高而增加，而变压器漏磁无功则是随着电压的下降而增加。变压器漏磁无功 Q_F 与变压器的负荷率有关，当负荷率增大时，漏磁无功也会相应增大。随着变压器电压等级的升高，变压器空载电流则变小，短路电压百分数变大。

例如，110kV 配电网的 63000kVA 变压器变 10kV 变压器，空载电流为 0.23%，短路电压为 15%。10kV 配电网的 630kVA 变压器变 0.4kV 变压器，空载电流为 1.6%，短路电压为 4%。变压器可以视作是静止的电动机。

三、输电线路的无功—电压静特性

（1）10～35kV 以下架空线路仅考虑少量感性无功。

（2）10～35kV 电缆线路考虑过剩无功，即电缆自身的容性无功和感性无功之和。

（3）电缆线路的容性无功与电压有关，而其感性无功则与电流有关。详见本书第九章第一节。

10～35kV 对于配网的无功电压静特性的影响可以忽略。110kV 线路轻负载时，长距离输电线路的末端电压会高于首端电压。

四、配电网无功—电压静特性

电动机和变压器消耗的无功占到了配电网无功的 85% 以上。变压器和电动机是配电网的主要无功负荷。因此，配电网的无功电压特性就是变压器与电动机的无功电压特性。对于 10kV 配电网来说，其变压器空载电流百分数较大时，短路电压百分数较小。因此，当配电网中轻负载时，电动机和变压器的励磁无功功率是无功消耗的主要部分；当配电网中重负载时，变压器励磁无功占比将减少，漏磁无功占比将增加，也与电动机一致，此时电动机和变压器漏磁无功成为配电网无功消耗的主要部分。

配电网变压器的无功—电压静特性曲线 $Q_b = F(U)$；与电动机的电压—无功的静特性曲线 $Q_d = F(U)$ 基本一致。当不考虑配电网线路无功含量时，配电网的无功电压静特性就是绕组电感类的无功电压静特性，也就是电动机和变压器的无功电压静特性。

110kV 配电网的无功与电压静特性，与配电网的负荷大小有关。当配电网轻负载时，无功与电压就是变压器和电动机励磁无功的关系，以及线路容性无功与电压的关系，其无功与配电压的曲线与配网无功电压曲线一样陡峭。当 110kV 电网重负荷时，漏磁无功增大，励磁无功、线路无功比例减少，其无功电压曲线比配电网无功电压特性曲线更平坦。

对于城市配电网，由于照明负荷的增加，加之负荷的复杂性，其无功特性与农村电网有一定的差异。

第二节　无功电源的电压静特性

无功电源就是向电网提供无功功率的设备，这类设备一般可以分为 3 类：

（1）无源器件类。包括：电容器及其固定补偿装置，电抗器及其固定补偿装置。

（2）动态无功补偿装置。包括：静止无功功率补偿器（SVC），静止无功功率发生器 SVG。

（3）发电机的无功电压静特性。发电机、调相机。

以上 3 种不同类型无功电源无功电压静特性各有优劣，对电网的作用也不一致，本节将做详细介绍。

一、无源器件类的电压静特性

1. 电容器的无功电压静特性

电容器输出无功功率与系统电压的关系为

$$Q_{c} = \frac{U^{2}}{X_{c}} \times 10^{-3} \qquad （3-10）$$

由 $X_{c} = 1/(\omega C)$ ，将

$$Q_{c} = \frac{U^{2}}{X_{c}} \times 10^{-3}$$

$$= \omega C U^{2} \times 10^{-3} = 2\pi f C U^{2} \times 10^{-3} = 314 C U^{2} \times 10^{-3}$$

式中　C——电容器的容值，F；

　　　U——系统线电压，V；

　　　Q_{c}——电容发出的无功功率，kvar。

电容器的电压与无功的关系，如图 3-5 所示。

电容器输出无功功率完全受制于电压，这是电容器作为无源器件自身特性所决定的。当系统电压下降时，电容的输出无功呈二次指数的速率下降。

35、110kV 电缆线路容性无功电压的曲线也可看作是一个电容无功与电压的曲线。

从图 3-5 看到，电容随着电压的下降，其无功功率也随之下降。电容的输出无功与电压有关，在实际工作中，计算电容无功的变化，可用式（3-11）进行计算

$$Q_X = Q_e \left(\frac{U_X}{U_e} \right)^2 \qquad （3\text{-}11）$$

式中　　Q_X——电容在电压 U_X 时的无功功率，kvar；

　　　　Q_e——电容在电压 U_e 时的无功功率，kvar；

　　　　U_X——电容的实际电压，kV；

　　　　U_e——电容的额定电压，kV。

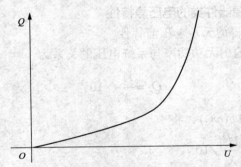

图 3-5　电容器的电压与无功关系特性曲线

　　这是一个非常实用的公式，可以根据电容器铭牌上的参数，方便地求出不同电压下电容发出的无功功率。

【例 3-1】已知额定无功功率 20kvar，额定电压为 0.4kV 的低压电容器，求电压在 0.41kV 及 0.39kV 时的无功功率是多少？

解：（1）电压为 0.41kV 时，无功功率为

$$Q_X = Q_e \left(\frac{U_X}{U_e} \right)^2$$

$$= 20 \times \left(\frac{0.41}{0.40} \right)^2$$

$$= 21.01 (\text{kvar})$$

（2）电压为 0.39kV 时，无功功率为

$$Q_X = Q_e \left(\frac{U_X}{U_e} \right)^2$$

$$= 20 \times \left(\frac{0.39}{0.40} \right)^2$$

$$= 19.01 (\text{kvar})$$

2. 电抗器的无功电压静特性

电抗器输出无功功率与系统电压的关系为

$$Q = \frac{U^2}{X_L} \times 10^{-3}$$　　　　（3-12）

式中　Q——电抗器在电压 U 时发出的无功，kvar；

U——电网的电压，V；

X_L——电感的电抗，Ω。

$$X_L = \omega L$$

$$Q_c = \frac{1}{\omega L} U^2$$

电抗的无功与电容的无功性质相同，两者输出的无功都是感性无功，与图 3-5 的曲线方向相反。

二、动态补偿装置无功—电压静特性

动态无功补偿指的是能够快速实时跟踪负荷无功的变化进行补偿的方式。

动态补偿包括：静止补偿无功功率补偿器、静止无功功率发生器、静止同步串联电抗器、统一潮流控制器及有源滤波器。

1. 静止无功功率补偿器（SVC）的无功电压静特性

静止补偿器由电容器、晶闸管控制、电抗器串并联组成。

电容器、电抗器之间的无功功率可以相互抵消，如果两者结合起来，再配以适当的控制装置，就能够改变输出（或吸收）的无功功率。晶闸管控制电容器技术并不成熟，但晶闸管投切电容 TSC 的技术已经成熟。

在一定的电压、无功范围内，SVC 可快速调整因无功引起的电压波动，其调整速度与 SVG 相同，SVC 具有较高的调压的价值。

SVC 等补偿装置常用无功电流电压特性来表示无功电压静特性。此类补偿装置可以有多种组合，多种类型，本书仅介绍两种。

（1）FC＋TCR（固定电容＋可控电抗）。如图 3-6 所示，图中 α 为晶闸管的控制导通角，$\alpha=180°$ 时，晶闸管完全关闭，只有电容运行，装置的无功电压特性与电容相同。晶闸管导通过程中，装置无功电压特性曲线呈直线。

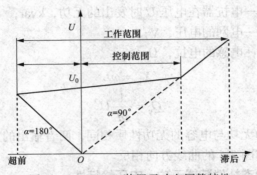

图 3-6　FC＋TCR 装置无功电压静特性

（2）TSC＋TCR（晶闸管投切电容＋晶闸管控制电抗）。如图 3-7 所示，此类装置与固定电容补偿装置雷同，无功电压曲线也基本一致。补偿装置虽然也是由电容和电抗器组成，但电容采用的是 TSC 技术，可以快速投切，无功电压性能比固定电容更加优越。

2. 静止无功功率发生器 SVG 的无功电压静特性

SVG 是建立在现代电力电子技术上的电力电子补偿设备，它不需要控制电容和电感来输出无功功率。SVG 由 3 个主要模块构成：检测模块、控制运算模块及补偿输出模块。它的工作原

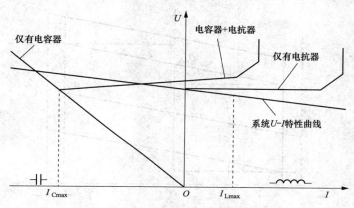

图 3-7　TSC＋TCR 装置无功电压静特性

理是由检测模块检测系统的电流、电压信息，然后经由控制模块分析出当前的电流信息，如 PF、P、Q 等；然后再由控制器发出补偿的信号；最后由电力电子逆变电路组成的逆变回路，在控制模块下发出补偿电流指令。补偿的电流是系统主动通过电力电子装置产生的，我们称它为有源补偿。SVG 输出的无功与电压几乎无关联，所以它的无功电压特性较好，与无功电源一样。

　　图 3-8 所示为 SVG 的 U-I 特性，图中向右上方倾斜的线，表示 SVG 输出无功与目标电压的关系，SVG 装置在实际运行时，此线上的每一个点均代表实际的运行状态所对应的电压与无功功率（或无功电流）。图 3-8 中倾斜的线自下而上，分别代表设定的不同电压参考值 U_{ref}。U_{ref} 在运行中可以实时设置，设置范围在 0.90～1.10p.u.。

　　图 3-9 中 SVG 的 U-I 特性曲线是倾斜向上的，即 SVG 输出感性无功时，电压升高；输出容性无功时，电压降低。

　　由以上可知，SVG 的特性曲线斜率越大，SVG 在容量输出范围内的电压偏差越大；反之，SVG 的特性曲线斜率越小，SVG 在容量输出范围内的电压偏差越小。SVG 的特性曲线斜率是可以设置的。

93

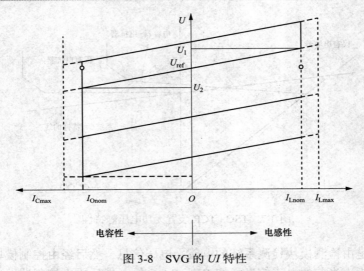

图 3-8　SVG 的 UI 特性

I_{Cnom}—额定容性电流，A；I_{Lnom}—额定感性电流，A；U_2—在额定容性电流时的被控
电压，V；U_1—在额定感性电流时的被控电压，V；U_{ref}—参考电压，V

　　如图 3-9 所示，图中电网系统的电压、电流特性、曲线是一个向下倾斜的线（虚线部分），即当负载为感性时，电压降低；当输出负载为容性时，电压升高。这个斜率与系统短路容量相关，短路容量越大，则特性曲线越平；短路容量越小，则特性曲线越倾斜。

　　SVG 曲线与纵坐标轴的交点即为参考电压 U_{ref}，系统 UI 曲线与 SVG 的 UI 曲线的交点就是 SVG 装置的实际工作点。以图 3-9 为例，在电网系统 UI 曲线斜率与 SVG 曲线斜率不变的情况下，图中 3 条虚线代表不同的系统电压，A 点电压最高，即系统电压越高，SVG 输出感性越大（$Q_{\text{SVG-A}}$），反之 C 电压最低时，电压越低 SVG 输出容性越大（$Q_{\text{SVG-C}}$）。

　　由以上特性可以看出，SVG 的电压无功曲线是优于无源器件曲线的，可以快速抑制无功和电压波动。

　　当系统电压偏低时，SVG 发出无功电流呈容性，系统电压

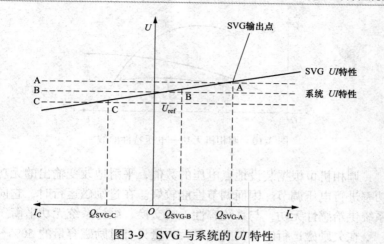

图 3-9 SVG 与系统的 UI 特性

提高；当系统电压偏高时，SVG 发出无功电流呈感性，系统电压降低，SVG 自身可以以电压为目标进行控制。与单纯电容和静止无功补偿相比，具有控制电压和无功补偿的优异功能。

三、发电机的无功—电压静特性

1. 调相机的无功电压静特性

调相机是专门用来发出无功的电动机，它有与同步电动机一样的运行方式，但不是为了转换机械能，而是吸收和发出无功。调相机输出无功与电压的关系为

$$Q = E_0 U / X_d - U^2 / X_d \qquad (3-13)$$

式中 Q——调相机输出无功，Mvar；

E_0——调相机的空载电动势，kV；

X_d——调相机的同步电抗，Ω；

U——系统电压，kV。

调相机无功电压特性曲线如图 3-10 所示。

图 3-10 中的曲线 1 和曲线 2 中的 E_0 是常数，是不能自动调节励磁时的曲线。曲线 3 中的 E_0 为变数，即有自励磁调节装置的曲线。

95

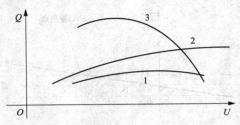

图 3-10　调相机无功—电压特性曲线

　　调相机可根据装设地点电压的数值，平滑地改变输出的无功功率进行电压调节。因而调节性能较好。在过励磁运行时，它向系统供给感性无功，与系统容性无功交换，维持系统无功平衡。

　　在欠励磁运行时，欠励磁最大容量只有过励磁容量的 50%～65%，它向系统提供容性无功，与系统感性无功交换，维持系统无功平衡。

　　小容量的调相机每 kVA 容量的投资费用也较大。故同步调相机宜大容量集中使用，容量小于 5Mvar 的一般不建议装设。

　　同步调相机是旋转机械，运行维护比较复杂；有功功率损耗较大，在满负荷时有功功率的损耗约为额定容量的 1.5%～5%，即容量越小，百分值越大。

　　同步调相机常安装在枢纽变电所，也可安装在有大型电动机的地方。

　　2. 发电机的无功电压静特性

　　汽轮发电机发出有功，同时也发出无功，其关系如下

$$Q = \left(\frac{E_0 U}{X} \right) \cos\delta - \frac{U^2}{X} \qquad (3\text{-}14)$$

式中　Q——汽轮发电机发出的无功，Mvar；

　　　　E_0——汽轮发电机感生电动势，kV；

　　　　X——系统线路电抗，Ω；

　　　　$\cos\delta$——电动势与负荷端电压的角度差的余弦，%；

　　　　U——负荷端电压，kV。

　　汽轮发电机的无功电压特性与调相机的无功—电压特性基本一致，见图 3-11。

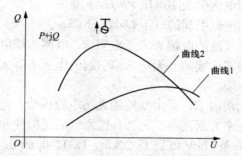

图 3-11　发电机无功—电压特性曲线

曲线 1—无自动励磁调节装置；曲线 2—有自动励磁调节装置

　　上述无功电源，以电容及电抗无源器件的无功补偿装置—电压特性最差，电压下降时，电容发出的无功随电压的平方下降，使系统的无功电源急剧减少。

　　最好的无功电源就是有自动励磁调节装置的发电机，及调相机，在系统电压下降时，其发出的无功功率是增加的，而且电压调节范围宽；发电机则更具其经济性和全面根本性。SVG 则也能在一定电压范围 306～456V（−20%～+20%）内快速调整无功，稳定电压；静止无功补偿装置和 SVC 次之，固定电容最差。

第三节　电网电压稳定性与无功功率的关系

一、无功变化对电压与功率的影响

1. 无功的变化引起电压的变化

　　电压的增高会增强电网系统的稳定性，电压的降低会造成电网系统的不稳定性，而电压的降低与升高与无功潮流的流动有着密切的联系。

　　由式（2-26）可知

$$\Delta U = (PR + QX)/U_2$$

可见电压的下降由两部分引起：

（1）有功电流引起的电压 PR/U_2 下降。

（2）无功电流引起的电压 QX/U_2 下降。

由于高压线路的电抗 X 大于电阻 R，电网末端电压的下降主要是由无功功率引起的。无功功率引起的电压下降大于有功功率引起的电压下降。

负荷的无功需求，要由就地的无功电源供给。这从无功与电压损失的另一个方面证明了无功补偿原则的正确性和必要性。

例如，一条 10kV 线路长 20km、LGJ240mm^2、有功功率为 160kW，无功功率为 350kvar，查架空线路电阻、电抗表，计算可得 20km 线路的电抗 $X = 8\Omega$，电阻为 $R = 2.8\Omega$，经计算有功引起的电压下降 44.8V，无功引起的电压下降 280V，总计电压下降 324.8V。无功引起线路的电压下降是有功引起电压下降的 6.2 倍。

2. 无功变化率与电压变化率之间的关系

电力系统的电压是依据各电压层的无功平衡来保持的，由于无功的快速变化引起电压的快速波动，这种变化的关系与负荷端的短路容量有关。

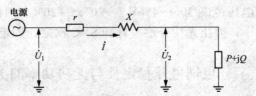

图 3-12　无功变化率与电压变化率之间的关系

图 3-12 中所示，以 $\dot{U}_2$ 为基准，$\dot{Z} = r - \mathrm{j}x$，$\dot{U}_2$、$\dot{U}_1$ 的相位差为 θ，则有

$$P + \mathrm{j}Q = \dot{U}_2 \dot{I} = \dot{U}_2 \frac{\dot{U}_1 - \dot{U}_2}{\dot{Z}} = \dot{U}_2 \frac{\dot{U}_1 - \dot{U}_2}{r - \mathrm{j}x} = \frac{U_1 U_2 \mathrm{e}^{-\mathrm{j}\theta} - U_2^2}{r - \mathrm{j}x}$$

得出 $rP - Qx + U_2^2 - U_1U_2\cos\theta = \mathrm{j}U_1U_2\sin\theta - \mathrm{j}xP + \mathrm{j}rQ$

整理后得出下述两个方程

$$\begin{cases} rP - Qx + U_2^2 = U_1U_2\cos\theta \\ xP - rQ = -U_1U_2\sin\theta \end{cases}$$

经整理得出下列等式

$$(rP - Qx + U_2^2)^2 + (xP - rQ)^2 = U_1^2U_2^2$$

假定线路首端电压不变，对应末端的有功和无功负荷变化，则负荷端的电压变动为

$$\Delta U_{2\mathrm{p}} = \frac{\partial U_2}{\partial P} \times \Delta P$$

$$= -\frac{Z^2P + rU_2^2}{U_2(2xQ + 2rP + 2U_2^2 - U_1^2)} \times \Delta P \qquad (3\text{-}15)$$

$$\Delta U_{2\mathrm{Q}} = \frac{\partial U_2}{\partial Q} \times \Delta Q$$

$$= -\frac{Z^2Q + xU_2^2}{U_2(2xQ + 2rP + 2U_2^2 - U_1^2)} \times \Delta Q \qquad (3\text{-}16)$$

令 α 为单位无功变化引起的负荷端的电压变动，与单位有功负荷变化引起的电压变动之比

$$\alpha = \frac{\Delta V_{2\mathrm{Q}}/\Delta P}{\Delta V_{2\mathrm{p}}/\Delta Q} = \frac{Z^2Q + xU_2^2}{Z^2P + rU_2^2} = \frac{ZQ + x\dfrac{U_2^2}{Z}}{ZP + r\dfrac{U_2^2}{Z}} = \frac{ZQ + xP_\mathrm{s}}{ZP + rP_\mathrm{s}}$$

P_s 为负荷端短路容量，即 $P_\mathrm{s} = \dfrac{U_2^2}{Z}$，由于 $x \gg r$，$Z \approx x$，$P_\mathrm{s} \gg P$，$P_\mathrm{s} \gg Q$，因此，α 可以简化为

$$\alpha = \frac{ZQ + xP_\mathrm{s}}{ZP + rP_\mathrm{s}}$$

$$= \frac{1}{\dfrac{ZP}{xP_\mathrm{s}}} \approx \frac{P_\mathrm{s}}{P} \qquad (3\text{-}17)$$

即负荷端单位无功变化引起的电压变动与单位有功引起的电压变动之比，等于负荷端短路容量与负荷之比。

因为 $P_s \gg P$，单位无功引起的电压变动，$\dfrac{P_s}{P}$ 极大。相反单位有功引起的电压变化 $\dfrac{P}{P_s}$ 极小。因此，无功变化对电压的影响远比有功变化对电压的影响大得多。

根据式（3-17）还可以推导出

$$\frac{\Delta U_{2Q}}{U_2} = \frac{Z^2 Q + x U_2^2}{U_2^2 (2xQ + 2rP + 2U_2^2 - U_1^2)} \times \Delta Q$$

$$= -\frac{\Delta Q}{P_s} \tag{3-18}$$

负荷端无功变化引起的末端电压的变化率，等于末端无功的变化与该点的短路容量之比。负值表明无功减少，电压增加；正值表示无功增加，电压减少。

对于电容投入和切除引起的电压波动，不超过额定电压的 2.5%。根据式（3-18），可以求出电容的最大配置容量。

二、动态无功补偿电压平衡理论

1. 动态补偿与电压稳定的关系

由式（3-19）可知，末端电压的变化率与负荷无功的变化有关，与系统短路容量有关。如要维持电压在无功变化时电压不变，需要在负荷处进行动态补偿。如图 3-13 所示，为便于理解，将图 3-12 中的负荷 $P+jQ$ 无功标记为 P_L+jQ_L；X 标记为 X_ξ 则系统供给的无功功率 Q 是负荷无功 Q_L 与补偿无功 Q_r 的代数和。即

$$\frac{\Delta U_{2Q}}{U_2} = -\frac{\Delta Q}{P_s} \tag{3-19}$$

$$Q = Q_L + Q_r \tag{3-20}$$

补偿后系统电压与供给无功的关系见图 3-14，当 Q_L 负载无功变化时，补偿器的无功功率 Q_r 总能弥补 Q_L 的变化，系统供给的无功 Q 不变，变化无功 $\Delta Q = 0$，则电压 $\Delta U = 0$，这就是动态

无功补偿维持电压的原理。

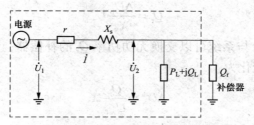

图 3-13 动态无功补偿等效电路

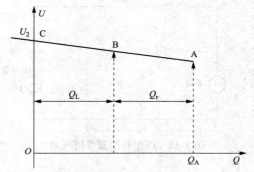

图 3-14 动态无功补偿时系统电压、无功特性曲线

当 $Q=0$ 时为完全补偿，其功率因数为 1，系统工作在 C 点，系统无功供给为 0。

当 $Q=Q_L+Q_r$ 时，系统工作在 A 点，系统无功 $Q=Q_A=Q_L+Q_r$，此时系统电压为最低，系统供给无功最多。

2. 理想情况下的动态补偿器

理想情况下，忽略系统内部的电阻，仅有电抗 X_s，并把此系统视作一个恒定电压源，如图 3-15 所示，为便于理解，把图 3-13 中的 U_2 标记为 U_{ref}，U_1 标记为 U_S，电压的下降标记为 ΔU_S，未接入补偿装置时，负载无功的变化导致电压的变化为 ΔU_S，接入补偿装置时，其电压可回到正常值，由于 $P_S=\dfrac{U_{ref}^2}{X_S}$，

101

补偿器与系统交换的无功功率为

$$Q_r = \frac{\Delta U_S}{X_S} U_{ref} \qquad (3\text{-}21)$$

如一台与系统可以交换无功功率 Q_r 的补偿器，可以补偿系统的电压变化为

$$\Delta U_S = \frac{Q_r}{U_{ref}} X_S \qquad (3\text{-}22)$$

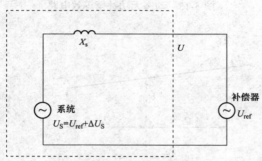

图 3-15 理想补偿器等值电路

此时最为理想补偿器的无功电压特性，如图 3-16 所示，补偿器的电压不再随无功的变化而变化，电压维持恒定。

【例 3-2】一台 +50Mvar、−20Mvar 的补偿器（即可输出 −20～+50Mvar 的无功功率，或者说最大可吸收容性无功功率 50Mvar，感性无功功率 20Mvar），接在短路容量 P_S 为 1000MVA 的系统母线上，容量基准值取 100MVA，电压基准值取 U_{ref}，则

$$X_S = \frac{U_{ref}^2}{P_S} = \frac{1}{10} = 0.1\text{p.u.}$$

补偿器可以补偿的电压下降为

$$\Delta U_S = \frac{Q_r}{U_{ref}} X_S = \frac{0.1 \times 0.5}{1} = 0.05\text{p.u.}$$

补偿器可以补偿的电压升高为

$$\Delta U_S = \frac{Q_r}{U_{ref}} X_S = \frac{0.1 \times 0.2}{1} = 0.02 \text{p.u.}$$

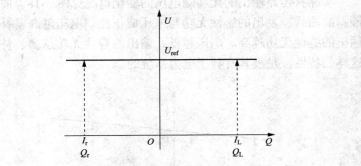

图 3-16　理想补偿器无功电压特性曲线

3. 实际的补偿器及无功电压曲线

实际的补偿器，其等效电路图见图 3-17，补偿器加上了一个等效电抗 X_r，未接补偿器时，负载无功功率引起的节点电压的变化为 ΔU_S，投入补偿器后交换的无功功率为

$$Q_r = \frac{\Delta U_S}{X_S + X_r} U_{ref} \qquad (3-23)$$

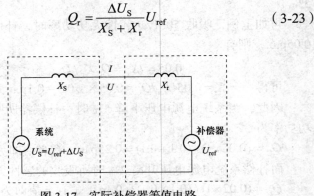

图 3-17　实际补偿器等值电路

可见，与理想补偿器相比，所需交换的无功功率减少了，连接点电压也不像理想补偿器一样保持不变，而是发生了变化

$$\Delta U = \frac{\Delta U_{\mathrm{S}} X_{\mathrm{r}}}{X_{\mathrm{S}} + X_{\mathrm{r}}} \qquad (3\text{-}24)$$

实际补偿器输出的无功随电压的变化情况见图 3-18。曲线为倾斜的曲线，发出的感性无功与电压成正比。电压越高，补偿器输出的感性无功越高。电压越低，输出的容性无功越多。补偿器这样的特性，是极其有利于电力系统的。

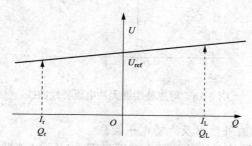

图 3-18　实际补偿器无功电压特性曲线

工程中，一般动态无功补偿装置设计的电压调整值为 2%～5%。

再如上例，吸收 50Mvar 容性无功功率时，补偿器电压下降 0.05p.u.，则有

$$0.05 = IX_{\mathrm{r}} = Q_{\mathrm{C}} X_{\mathrm{r}} / U_{\mathrm{ref}}$$

可得　　　$X_{\mathrm{r}} = 0.05 U_{\mathrm{ref}} / Q_{\mathrm{C}} = 0.05 \times 1 / 0.5 = 0.1 \mathrm{p.u.}$

因此，当系统电源电压下降 5% 时，补偿器所吸收的容性无功功率为

$Q_{\mathrm{C}} = (0.05 \times 1) / (0.1 + 0.1) = 0.25 \mathrm{p.u.}$（有名值即为 25Mvar）

而补偿系统电源电压升高 2% 时所吸收的感性无功功率为

$Q_{\mathrm{L}} = (0.02 \times 1) / (0.1 + 0.1) = 0.1 \mathrm{p.u.}$（有名值即为 10Mvar）

当系统电压下降 5% 时，补偿需要吸收容性无功 25Mvar；连接点电压下降 2.5%。

当系统电压上升 2% 时，补偿需要吸收感性无功 10Mvar；

连接点电压上升 1%。

可见，实际补偿器所需容量 25Mvar 比理想补偿器所需容量 50Mvar 减小了一半。连接点电压也不像理想补偿那样保持恒定，电压也只能维持在一半。

也就是说，能维持连接点电压变化为系统电源电压变化一半的补偿器，所需补偿容量为理想补偿器容量的一半。这就是所谓的补偿器容量与电压调整之间的折衷问题。

三、电压稳定性与无功负荷、无功电源的关系

1. 配网负荷无功—电压稳态系数

电网中无功与电压的曲线 $Q = F(u)$ 的斜率为电网电压无功稳态系数，用 α 来表示。即

$$\alpha = \mathrm{d}Q / \mathrm{d}u \qquad (3-25)$$

表 3-1 为某工业小区的电压稳态系数表，从表中可看到，随着电压的下降，比值 α 逐渐减少，此时表明，配网电压的下降，引起系统无功的下降；对应的是向系统输送了无功。

当 $\alpha > 0$，额定电压时，电压的少许下降就会导致负荷无功的大量减少；但随着电压的降低，无功减少的量变小。

当 $\alpha = 0$ 时，配电网的无功负荷不再减少。

当 $\alpha < 0$ 时，电压继续下降，配网无功的增加，负荷无功需要电源提供。配电网向不稳定方向移动。

表 3-1   **某工业小区的电压稳态系数**

U/U_e	0.7	0.75	0.8	0.85	0.9	0.95	1
$\mathrm{d}Q/\mathrm{d}u(\alpha)$	0	0.2	0.5	0.95	1.6	2.4	3.3

根据此表数据画出的稳态系数曲线见图 3-20。

2. 电压稳定性与无功负荷、无功电源的关系

电压稳定性与无功负荷、电源负荷的关系，可以由负荷无功 Q_{FH}-U、电压曲线以及无功电源 Q_F-U 电压曲线来解释，如图 3-19 所示。

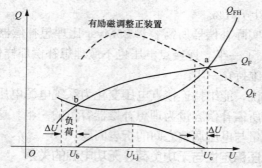

图 3-19　某地区电压与无功特性曲线

Q_F 为无功电源（包括发电机及补偿装置）发出的无功功率曲线；Q_{FH} 为系统负荷无功功率曲线，电源的无功与负荷的无功是平衡的，这表示有两个运行点，即 a 点和 b 点。a 点电压向下微小的降低，电源无功发出的无功大于无功负荷，即 $Q_F - Q_{FH} = \Delta Q > 0$。可以说 a 点的无功是过剩的，这过剩的无功会促使电压拉向 a 点，即 $\mathrm{d}Q/\mathrm{d}u < 0$；b 点电压向下微小的降低，电源无功发出的无功小于无功负荷，即 $Q_F - Q_{FH} = \Delta Q < 0$。可以说 b 点的无功是不足的，这不足的负荷无功会促使电压偏离 b 点，即 $\mathrm{d}Q/\mathrm{d}u > 0$。因此在 a 点，电力系统是稳定的、电压有恢复的能力，系统的无功是充足的。而在 b 点，电力系统是不稳定的，电压没有恢复的能力，系统的无功是不足的。持续的电压下降是无功—电压下降恶性循环的开始。

从负荷无功—电压曲线可知，当电压偏离额定电压时，电压升高会使电动机和变压器的励磁无功升高；而当电压降低时，励磁无功功率下降，无功负荷相应减少；当电压进一步下降时，电动机消耗的无功功率急剧增大。电动机因转速不稳定而停止转动。

电力系统无功功率必须保持平衡（无功电源提供的无功等于消耗的无功），这是维持电压水平的必要条件。无功功率与电压调整密切相关。当系统缺乏无功时，导致系统电压下降。无功电源的无功功率大于负荷无功，导致系统电压上升。因此，增加或减少无功电源的无功输出，可以调节系统的电压水平。

四、并联补偿电容对配电网电压的影响

在额定电压下，系统产生的无功为 Q_e，无功补偿的设备补偿容量为 Q_b，补偿度 $K=Q_b/Q_e$。

在 $Q^*=Q/Q_e$、$U^*=U/U_e$ 的标幺值情况下，

未经补偿的无功负荷特性为 $Q^*=f(U^*)$

经过补偿的无功负荷特性为 $Q_b^*=F(U^*)$

在电压 U 的情况下，实际补偿的容量 Q_s 可由式（3-13）得

$$Q_s=Q_b(U/U_e)^2=Q_b U^{*2}=kQ_eU^{*2}$$

取标幺值 $Q_s^*=(kQ_eU^{*2})/Q_e=kU^{*2}$

$$Q_b^*=Q^*-Q_s^*=f(U^*)-kU^{*2}$$

很明显，经补偿后的 $dQ_b^*/du^*=0$ 时的电压值，为无功负荷最低时的临界电压 U_j。

此时　　　　$dQ_b^*/du^*=dQ^*/du^*-2kU^*=0$

得出临界电压的直线方程

$$dQ^*/du^*=2kU^* \tag{3-26}$$

得出两个补偿度 1 和 0.6 的直线方程。

一条是 $K=1$ 时，直线 $dQ^*/du^*=2U^*$；另一条是 $K=0.6$ 时，直线 $dQ^*/du^*=1.2U^*$。

图 3-20 的电压无功 dQ^*/du^* 曲线，以 dQ^*/du^* 为纵轴，U^* 为横轴，且横轴的原点为 $0.7U^*$，再在图中画出这两条临界电压的直线。曲线与直线的交点即为临界电压。

其中，$K=1$ 时，直线 $dQ^*/du^*=2U^*$；第一个点在 dQ^*/du^* 轴上，即点（0，1.4），再任意找出一点（2，1），连接此直线，与曲线 dQ^*/du^* 的交点，就是该补偿度下的临界电压。

可以方便地画出 $K=1$ 时，$U_j\approx0.92U^*$（kV），如果额定电压为 0.380kV，则完全补偿时的临界电压为 0.3496kV。

$K=0.6$ 时，直线为 $dQ^*/du^*=1.2U^*$，同理可以得到 $K=0.6$ 时，$U_j\approx0.86U^*$（kV）。补偿度 0.6 时，临界电压为 0.3268kV。

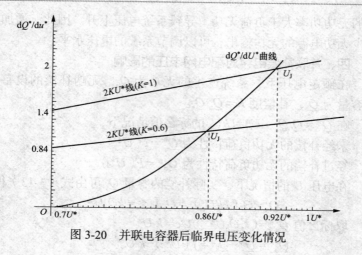

图 3-20　并联电容器后临界电压变化情况

图 3-20 可以很清楚地看到，系统的补偿度越高，临界电压 U_J 就越高。临界电压本质上揭示了无源器件对电压支撑的脆弱性。当系统电压下降时，由电容补偿支撑的临界电压将会呈断崖式下降。

第四节　低电压治理案例

0.4kV 的电力系统，变压器出口电压在额定电压时，线路末端出现低电压。低电压形成的原因，一是线路距离太远、电线直径太细；二是线路负荷过重；三是没有就地无功补偿的多种因素。低电压一般在 0.346kV，农村电网的临界电压有负荷时一般在 0.326kV 左右。低于临界电压就是崩溃电压，电压崩溃后，电压可以低于临界电压（许多）存在；崩溃电压下，所有电器都不能正常运行。低电压和崩溃电压多由于不规范用电引起，在低电压情况下，基本不使用电流保护装置，一般会引起电动机的烧毁。

观察到的最低电压是 0.14kV，只有额定电压 0.38kV 的 38%。此时，所有低压电器几乎都不能正常运行，包括补偿装置用的接触器。强行在低电压工作时，用电设备的功率因数极低，一般在0.3～0.5。低电压下强行工作的电动机线圈都是经过特殊缠绕的，绕制线圈的电线常常超出规定线径的许多，是来防止电流过大而引起烧毁。

0.4kV 低压配电变压器供电的正常半径为 300m；在有补偿的情况下会达到 500m；一般来说 300m 以内的供电半径，电压是能够满足用户要求的。低电压常发生在 500m 供电半径之外，且没有无功补偿的情况下。

三相不平衡时，单相负荷过大引起的电压下降是最危险的低电压，极易引起变压器的烧毁。我国农村大量使用的变频空调，在一定程度上增强了电网的健壮性，为避免空调在启动时形成低电压发挥了巨大的作用。

一、低电压现场基本情况与有关参数

图 3-21 所示为黄河滩 1 台 315kVA 变压器在一挡运行，二次侧出口电压为 0.390kV，其中一路低压出线，有 10 个 5kW 的负荷（共计 50kW），分散于线路中。最远的供电距离为 1800m，电线为 LG-70 线，其末端电压仅为 0.15kV。线路 900m 处电压为 0.24kV，700m 处电压为 0.33kV，500m 处电压为 360kV。电动机线圈经过特殊绕制，加大和加粗了绕线直径。

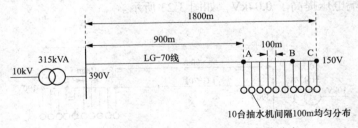

图 3-21　黄河滩 1 台 315kVA 变压器负荷分布

经测试，每台水泵的电动机的功率因数在 0.3～0.5 之间，有功功率在 2～3.5kW 之间，无功功率在 5～6kvar 之间。变压器出口电压为 390kV，电动机的电压从 0.15～0.25kV 不等。

二、不同补偿情况下的补偿效果

共有 3 套补偿方案。

1. 集中补偿

第一次集中补偿容量为 70kvar。末端系统电压提高 0.02kV，如图 3-22 所示。

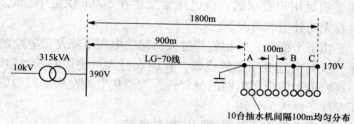

图 3-22　黄河滩 1 台 315kVA 变压器集中补偿及效果

由图 3-22 可见，补偿位置安装在负荷之前，效果不太显著，补偿设备没有安装在负荷中心。虽然在 A 点电压升高了 70V，但 A 点后的电压升高较少，末端只有 20V。补偿效果不明显。

2. 支路补偿

第二次分散支路补偿容量实际测试，安装位置按理论计算，末端电压提高了 0.04kV，如图 3-23 所示。

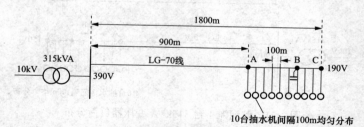

图 3-23　黄河滩 1 台 315kVA 变压器的支路补偿及效果示意图

本次支路补偿容量配置为 50kvar。按补偿优化理论计算，补偿位置在负载的 2/3 处，末端电压提高了 40V。但电动机仍不能工作，水泵不能抽出水。或按无功负荷中心计算，负荷中心在第五水泵处，效果基本与负载雷同。

3. 就地随机补偿效果

第三次就地补偿实测容量补偿，末端电压提高了 80V，如图 3-24 所示。

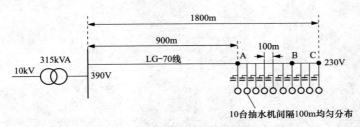

图 3-24　黄河滩 1 台 315kVA 变压器的就地补偿及效果

本次补偿为末端就地补偿，即在电动机旁加装 5kvar 电容（电压折算后的容值），直接通过开关并入，末端最低处电压升高并达到 80V，电动机所带的浅水泵出水明显。

三、结论与探讨

通过以上 3 种方法的补偿案例得出结论：就地随机补偿效果最好。

（1）0.4kV 线路台区内，出口电压在 0.39kV，正常的情况下，线路末端可以存在低电压现象。电压可以低至 0.14kV。当出现低电压时，各类电器不能正常运行。

（2）此类低电压既与小电动机的大面积同时使用有关，也与供电距离太远有关，还与电动机特殊加粗绕制的线圈有关。

（3）低于临界电压时，低压器件是不能使用的，尤其是接触器，应尽量简化补偿装置。电容直接接入最好。

（4）从测试到的情况看，水泵电动机的功率因数是非常低的，一般在 0.3～0.5 之间。这反映了在临界电压之下的电动机漏磁无功与电压的关系。

（5）现场的另一个情况是，电动机的绕组都是烧毁后重新绕制的，重新绕制后导线截面积普遍增大。

第四章
全无功随器补偿的理论与节点

全无功随器自动补偿是传统无功补偿的补充和发展，是更精细化、更精准的无功补偿。它与传统低压集中无功补偿最主要的区别是，传统低压集中补偿只能补偿用户的无功，全无功随器自动补偿的特点是，既能补偿变压器的无功，又能补偿用户的无功，并且可随变压器负荷的变化进行实时跟踪补偿。

传统低压无功补偿与全无功随器自动补偿的安装位置相同，但两者的功率因数控制对象不同。传统无功补偿控制的功率因数，是在变压器的低压侧（0.4kV 侧），全无功随器补偿的功率因数控制却是在变压器的高压侧（10kV 侧），这与目前供电公司的功率因数要求是一致的。

全无功随器补偿对于用户来说是集中补偿，对于变压器来说是就地补偿。全无功随器补偿，符合无功就地平衡的原则。

全无功随器补偿的应用有效降低了配电网无功补偿优化的难度，是最为经济和安全有效的补偿方式。传统低压无功补偿，补偿补的是用户无功，如果功率因数补偿到 1，意味用户负荷的无功完全补偿了，但变压器的无功并没有得到补偿。10kV 线路依然有变压器的无功电流流过，并造成线路损耗。

全无功随器补偿与传统补偿装置成本相当，但比传统补偿装置多节约电能 4%～20%，更加有效地降低了变压器无功引起的线路损耗。全无功随器补偿技术，对于农村电网尤其边疆地区降低线路损耗，有着更为显著的节能效果。

全无功随器补偿技术的无功控制界面与国家要求的无功控制界面一致，并能实际参与无功电压 AVC 的过程，符合无功就地补偿、分层、分区补偿平衡的原则。亦可认为是，不同变电站无功平衡分层理论在 0.4kV 变压器的推广与应用。随器补偿不仅有助于实现线路的降损，而且也对配电网 AVC 电压—无功的自动控制，起到一定积极作用。

第一节 随器补偿与无功分层、无功分区平衡

《国家电网公司电力系统无功补偿配置技术原则》指出："电力系统配置的无功补偿装置应能保证在系统有功负荷高峰和负荷低谷运行方式下，分（电压）层和分（供电）区的无功平衡。分（电压）层无功平衡的重点是 220kV 及以上电压等级层面的无功平衡。分（供电）区就地平衡的重点是 110kV 及以下配电系统的无功平衡。无功补偿配置应根据电网情况，实施分散就地补偿与变电站集中补偿相结合，电网补偿与用户补偿相结合，高压补偿与低压补偿相结合，满足降损和调压的需要。"

分层平衡则是，重点考虑 220kV 以上电压等级层面的无功平衡。主要考虑该电压下，线路无功和变压器自身无功，以及发电无功之间的平衡关系。

区域无功平衡是指，110kV 以下配电系统区域的无功平衡。如何划分区域，是无功管理和电压的重要内容。区域越小，无功越易平衡，补偿效果就越好；区域越大，无功越不易平衡。一般认为区域平衡下的 110kV 分层平衡，仍然是无功平衡的基本要求，也是解决无功问题的基本方法。但并不严格执行分层平衡，这是配电网无功的复杂性所决定的。

一、无功补偿层面与无功控制界面

（1）无功补偿层面。每个电压层面的补偿位置，就在变压器的二次侧，或第 3 个绕组二次侧。每个电压等级的无功补偿层面的补偿位置与传统的集中补偿位置一致，位于变压器的低压侧。

对于 3 绕组的变压器来说，可以把带有补偿的电压层，称为无功补偿层面。一般变压器绕组电压为 10、35、66kV。

110kV 以下电压等级，原则上都有一个无功补偿层面。

如：0.4kV 无功补偿层面、10kV 无功补偿层面、35kV 无功补偿层面、110kV 无功补偿层面。

（2）无功控制界面（分层平衡界面）。每两个电压等级之间有一个无功控制界面，其无功控制界面位置位于变压器的高压侧进线处，与无功补偿层面并不一致。无功分层平衡就在此界面。

（3）常用的无功补偿层面及无功控制界面。

1）0.4kV 无功补偿层面位于 10kV 变压器 0.4kV 二次侧。主要补偿 0.4kV 用户无功，以及 10kV/0.4kV 变压器无功。

2）10~0.4kV 无功控制界面位于 10kV/0.4kV 变压器 10kV 高压侧。10~0.4kV 变压器无功和 0.4kV 用户无功不允许穿越此界面。此界面也是无功分层平衡的界面。

3）10kV 的无功补偿层面位于 110kV/10kV 变压器的低压侧。主要补偿 110kV 变压器无功和 10kV 线路无功。

4）110~10kV 无功控制界面位于 110kV/10kV 变压器的高压侧。110kV 变压器无功和 10kV 线路无功（含有低压穿越无功）不允许穿越此界面。当 110kV 线路存在过剩无功时，线路过剩无功的一半由 110kV 变电站的无功补偿层面补偿完成。此界面是无功分层平衡的界面。

无功的分层平衡，就是以无功控制界面为平衡对象的，因此，无功的分层平衡是随器补偿的理论基础。

二、分层无功平衡

1. 110kV 分层无功平衡示意图（见图 4-1）

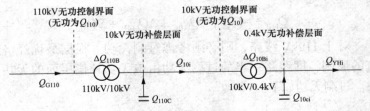

图 4-1　110kV 变电站一个主变压器的分层无功平衡

图 4-1 分层平衡示意图中各类无功及其代表的意义：

Q_{10i}——第 i 条 10kV 线路的无功（包括穿越上来的无功），kvar；

Q_{10ci}——第 i 个 10kV 变压器 0.4kV 集中补偿无功，kvar；

ΔQ_{10Bi}——第 i 个 10kV 变压器 0.4kV 变压器自身的无功，kvar；

Q_{110C}——110kV 变压器 10kV 侧集中补偿无功，kvar；

ΔQ_{110B}——110kV 变压器 10kV 变压器自身的无功，kvar；

Q_{YHi}——第 i 个 10kV 变压器 0.4kV 变压器的用户无功，kvar；

Q_{10}——10kV 无功控制界面的无功 $Q_{10}=Q_{10i}$，kvar；

Q_{110}——110kV 无功控制界面的无功，kvar；

Q_{G110}——110kV 线路的过剩无功，kvar。

2. 第 i 个 10kV 变压器无功控制界面 10kV 变压器的无功分层平衡方程

第 i 个 10kV 变压器无功控制界面 10kV 变压器的无功分层平衡方程为

$$Q_{10i} = \Delta Q_{10Bi} + Q_{YHi} - Q_{10ci} \qquad (4-1)$$

如果无功控制界面上无功为 0，则有

$$\Delta Q_{10Bi} + Q_{YHi} = Q_{10ci}$$

这就是随器补偿，即补偿了用户无功，也补偿了变压器无功。

3. 110kV 无功控制界面（一个 110kV 变压器）的无功分层平衡方程

110kV 无功控制界面（一个 110kV 变压器）的无功分层平衡方程为

$$Q_{110} = -Q_{G110} - Q_{110C} + \Delta Q_{110B} + \Sigma Q_{10i} \qquad (4-2)$$

对于 110kV 线路，则必须考虑过剩无功。根据最优经济潮流的原则，即线路一半的过剩无功由该无功补偿层面的无功解决。过剩无功如下

$$\frac{1}{2}Q_{G110} = Q_{110C} - \Delta Q_{10Bi} - \Sigma Q_{10i} \qquad (4-3)$$

116

不考虑 110kV 线路过剩无功

$$Q_{110C} = \Delta Q_{10Bi} + \Sigma Q_{10i} \qquad (4\text{-}4)$$

三、分区无功平衡

1. 配电分区区域平衡

我们可以认为，某个区域的无功，是由 N 个变压器和 M 个 10kV 线路，以及所有用户负荷组成的区域，在此区域内

$$\Sigma Q_{10i} = \Sigma \Delta Q_{10Bi} + \Sigma Q_{YHi} - \Sigma Q_{10ci} \qquad (4\text{-}5)$$

式中　Q_{10i}、ΔQ_{10Bi}、Q_{YHi}、Q_{10ci}——与式（4-1）所指相同。

区域无功平衡，意味着能在快速变化的各种无功负荷下，维持区域的无功平衡，这些快速变化的无功，不能穿越此区域。区域无功平衡是分层无功平衡的基础。只有在做好区域无功平衡的基础上，才能做好分层无功平衡。某种意义上说，区域无功平衡，是最难平衡的，这是由无功负荷的复杂性所决定的，也有负荷区域责任划分和安全经济指标的问题。

区域无功平衡时，应执行以下方针：需要多少无功，就补偿多少；什么时间需要无功，就什么时间补偿；什么地方需要无功，就在什么地方补偿。

2. 110kV 以上线路无功分区平衡

如图 4-2 所示，110kV 以上线路无功，其无功的分散性，理论上可以描述为无数个连续的线路电容。如果按无数个电容进行补偿，则是最优的补偿，但工程上并不可行。可分为两个区或多个偶数区，每个区的过剩无功，由各自区域的无功补偿承担。图 4-2 中的充电无功为 480.4Mvar，分为两个区：漫湾无功平衡区及草铺无功平衡区。根据最优经济压差原理，这两个区分别由线路首末端的补偿装置，来补偿变压器无功和发电无功。很明显，划分的区域越多，补偿效果就越好。

漫湾无功平衡区的平衡方程为：240.2＝225＋10＋5.2

草铺无功平衡区的平衡方程为：240.2＝225＋16.8－1.6

应注意区别此类线路无功区域的划分和地理环境下区域的划分。

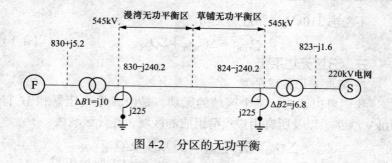

图 4-2　分区的无功平衡

第二节　全无功随器补偿

随器补偿就是，用户无功补偿再加上变压器自身的无功补偿。变压器是转换电能电压等级的重要输配电设备，是典型的感性无功负荷。农村变压器在负荷率较低的情况下，变压器的空载无功，占农网配电无功的 25% 以上。尤其是夜晚或农闲季节，变压器负荷极低，几乎处于空载状态，变压器高压侧的功率因数约在 0.2～0.3 之间，此时，变压器自身的无功损耗，是其消耗有功的 5 倍以上。变压器不仅无功消耗大，其空载有功损耗（铁损）也大。

农村电网中变压器是无功功率的主要消耗者，其变压器的有功损失（尤其铁损）占整体损耗的比例也很大。在改革开放前，农村用电仅为照明用电，动力用电极少，变压器多为 S7 老旧型号，无功和有功损耗都大，变压器基本没有补偿，变压器的自身消耗无功占总配网消耗无功的 44%，由变压器无功引起的线路损耗，占到农电配网总损耗的 20%～50%，变压器自身的有功损耗，也占到农电配网总损耗的 30%～50%。

变压器无功的降低，一方面来自变压器技术的进步，另一方面则来自对变压器无功的补偿。降低变压器无功，已成为新型变压器技术进步的主要内容之一。

节能 S9 型和 S11 型变压器，已成为变压器的主流产品，并大量应用于电网系统。这些新技术和新产品的推广应用，对于线路降损、节电和提高电压质量，起到了重要作用。据统计 S9 型与 S7 型变压器相比，空载损耗平均下降了 10.25%，年运行成本平均下降了 18.91%。S11 型与 S9 型变压器相比：空载损耗平均下降 30%，年运行成本平均下降 11.68%。配电网变压器整体无功消耗，由占农配电网总无功消耗的 44% 下降到 26%，由变压器无功引起的线路损耗也逐步降低。

通过变压器的随器补偿，来降低变压器无功对线路损耗的影响，国家电网也做出了明确的要求。电网在无功优化县建设中，明确提出了变压器自身的无功，应采取随器补偿的方法。DL/T 738—2000《农村电网节电技术规程》更明确提出了采用随器自动补偿技术，来降低线路损耗。

一、全无功随器自动补偿的基本原理

所谓随器补偿，指的是随变压器补偿。全无功指的是补偿用户无功和配电变压器无功。

根据本书第四章第一节中无功的分层无功平衡的理论，随器补偿技术的核心是在无功补偿层面完全实现对用户无功和变压器的无功的统一补偿，完成无功控制界面的国家要求。随器补偿技术的本质是补偿控制的功率因数发生了改变，由控制变压器二次侧功率因数，变为控制变压器一次侧的功率因数，即 10kV 高压侧的功率因数。

无功补偿控制器预先输入补偿变压器的各种参数，通过测试变压器二次侧的功率因数及变压器参数，计算出变压器一次侧的功率因数，并以变压器高压一次侧功率因数为控制对象，动态跟踪控制投切补偿电容，如图 4-3 所示。

变压器一次侧的功率因数 $\cos\phi_1$ 为

$$\cos\phi_1 = \frac{P_1}{\sqrt{P_1^2 + Q_1^2}} \tag{4-6}$$

$$= \frac{P_2 + \Delta P}{\sqrt{(P_2 + \Delta P)^2 + (Q_2 + \Delta Q)^2}}$$

式中 P_2——变压器二次输出有功，kW；

ΔP——变压器自身损耗总有功，kW；

Q_2——变压器输出无功（用户无功），kvar；

ΔQ——变压器自身无功损耗，kvar；

P_1——变压器一次侧输入有功，kW；

Q_1——变压器一次侧输入无功，kvar。

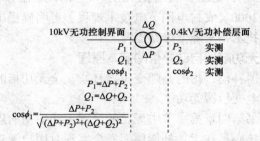

图 4-3　变压器一、二次侧功率因数随器补偿（无功控制）界面

在实际的应用中，无功补偿控制器怎样才能计算出变压器高压侧的功率因数呢？

需要事先在随器补偿控制器中输入变压器的空载电流、满载无功、铁损、铜损及变压器电压百分数；然后再测试出，变压器低压侧的有功功率、无功功率、功率因数、负荷率等参数。具体的参数录入见本书第五章。

二、变压器不同负荷率时高、低压侧的功率因数及节电率

变压器二次侧功率因数与变压器一次侧功率因数有所不同，其原因是受变压器型号、容量和变压器负荷率的影响。

表 4-1～表 4-3 分别计算了 3 种型号的变压器在不同负荷率

表 4-1　　S9 型变压器随器补偿情况下的理论计算

负载率(%)	S9-50kVA			S9-100kVA			S9-200kVA			S9-315kVA		
	低压侧力率	高压侧力率	节电(%)	低压侧力率	高压侧力率	节电(%)	低压侧力率	高压侧力率	节电(%)	低压侧力率	高压侧力率	节电(%)
10	0.9	0.83	15	0.9	0.84	12.9	0.9	0.85	10.8	0.9	0.86	8.7
20	0.9	0.86	8.7	0.9	0.86	8.7	0.9	0.87	6.6	0.9	0.88	4.4
30	0.9	0.87	6.6	0.9	0.88	4.4	0.9	0.88	4.4	0.9	0.886	4.4
50	0.9	0.88	4.4	0.9	0.88	4.4	0.9	0.88	4.4	0.9	0.886	4.4
80	0.9	0.88	4.4	0.9	0.88	4.4	0.9	0.88	4.4	0.9	0.886	4.4
100	0.9	0.88	4.4	0.9	0.88	4.4	0.9	0.88	4.4	0.9	0.886	4.4

表 4-2　　S11 型变压器随器补偿情况下的理论计算

负载率(%)	S11-50kVA			S11-100kVA			S11-200kVA			S11-315kVA		
	低压侧力率	高压侧力率	节电(%)	低压侧力率	高压侧力率	节电(%)	低压侧力率	高压侧力率	节电(%)	低压侧力率	高压侧力率	节电(%)
10	0.9	0.83	15	0.9	0.84	12.9	0.9	0.85	10.8	0.9	0.86	8.7
20	0.9	0.86	8.7	0.9	0.86	8.7	0.9	0.87	6.6	0.9	0.88	4.4
30	0.9	0.87	6.6	0.9	0.88	4.4	0.9	0.88	4.4	0.9	0.886	4.4

续表

负载率(%)	S11-50kVA			S11-100kVA			S11-200kVA			S11-315kVA		
	低压侧力率	高压侧力率	节电(%)	低压侧力率	高压侧力率	节电(%)	低压侧力率	高压侧力率	节电(%)	低压侧力率	高压侧力率	节电(%)
50	0.9	0.88	4.4	0.9	0.88	4.4	0.9	0.88	4.4	0.9	0.886	4.4
80	0.9	0.88	4.4	0.9	0.88	4.4	0.9	0.88	4.4	0.9	0.886	4.4
100	0.9	0.88	4.4	0.9	0.88	4.4	0.9	0.88	4.4	0.9	0.886	4.4

表 4-3　S7 型变压器随器补偿情况下的理论计算

负载率(%)	S7-50kVA			S7-100kVA			S7-200kVA			S7-315kVA		
	低压侧力率	高压侧力率	节电(%)	低压侧力率	高压侧力率	节电(%)	低压侧力率	高压侧力率	节电(%)	低压侧力率	高压侧力率	节电(%)
10	0.9	0.83	15	0.9	0.84	12.9	0.9	0.85	10.8	0.9	0.86	8.7
20	0.9	0.86	8.7	0.9	0.86	8.7	0.9	0.87	6.6	0.9	0.88	4.4
30	0.9	0.87	6.6	0.9	0.88	4.4	0.9	0.88	4.4	0.9	0.886	4.4
50	0.9	0.88	4.4	0.9	0.88	4.4	0.9	0.88	4.4	0.9	0.886	4.4
80	0.9	0.88	4.4	0.9	0.88	4.4	0.9	0.88	4.4	0.9	0.886	4.4
100	0.9	0.88	4.4	0.9	0.88	4.4	0.9	0.88	4.4	0.9	0.886	4.4

下，变压器二次侧功率因数为 0.9 时，变压器一次侧的功率因数及线损 ΔP 的下降率。

如表 4-1 所示，S9 型 100kVA 变压器负荷率为 20% 时，低压侧功率因数为 0.9，高压侧功率因数为 0.86，求变压器高压侧功率因数为 0.9 的节电率。

解：将功率因数 0.86 和 0.9 代入公式 $\Delta P(\%)=[1-(\cos\phi_1/\cos\phi_2)^2]\times 100$（%）里，则有

$$\Delta P(\%)=[1-(\cos\phi_1/\cos\phi_2)^2]\times 100\%$$
$$=[1-(0.86/0.9)^2]\times 100\%$$
$$=(1-0.913)\times 100\%$$
$$=8.7\%$$

此时，变压器的节电率为 8.7%。

可得出如下结论：

（1）变压器负荷率越高，高压侧功率因数与低压侧功率因数差额越小。

（2）变压器负荷率越低，高压侧功率因数与低压侧功率因数差额越大。

三、全无功随器补偿的适用范围

全无功随器补偿主要用来补偿配网变压器的空载及负载无功和用户无功，减少 10kV 线路的电流和线损。全无功随器补偿适用于以下场所：

（1）所有农村配电变压器的台区低压集中补偿。

（2）综合配电箱（JP 柜）的无功补偿。

（3）于高压计量（变压器高压侧）的地方；变压器空载和轻载时间长，变压器负荷率较低的地方。

（4）需要保证低负荷下供电的功率因数在 0.9 以上，获得供电公司力调电费的奖励，节约电费开支。

（5）具体适用范围及条件：

1）新装变压器配电室的各类无功补偿装置。基本没有负荷，生产还没有开展的地方，如新建的医院、学校、工厂、房地产以

及其他地方等。

2）变压器空载时间较长的地方（$T>2000h$ 年），变压器负荷率较低，即变压器负荷率<15% 的地方。

3）变压器容量大，无高压补偿的地方（箱变）。

4）变压器容量设计大，但负荷较小或没有负荷的地方。

5）功率因数（高压计量）没有达到力调电费标准的地方。

6）参与配电网的 AVC 的建设。全无功随器补偿的无功控制界面与 AVC 定义一致，可以实现分层或分区无功平衡。全无功随器补偿控制器可作为终端设备（RTU）使用，与上级服务器进行通信联系。

7）油田、农场、大型矿山及线损高的地方。

8）解决无功补偿装置的轻载投切震荡。提供理论计算的补偿容量。

9）高、低压综合补偿的地方（高压计量）。

全无功随器自动补偿可以简化高压补偿设计，优化高压补偿容量，减低补偿投资成本，为企业最大程度节约电能。

10）随器补偿可以适用所有电压等级变电站的无功补偿。亦可认为，随器补偿是高电压变电站无功平衡理论在 0.4kV 系统的具体应用。

四、全无功随器补偿的重要性

配网无功的构成不是一成不变的，它的构成是与时代的进步密切相关的，配网无功构成是变化的。搞清楚配网无功的构成与分类既是进行补偿设计，制定方案，明确补偿方向的主要依据，也是制定降损政策的主要依据。改革开放早期的农村配电网无功构成据统计见表 4-4。

表 4-4　配电网无功负荷构成组成（20 世纪 80 年代）

序号	分项	百分比（%）	合计（%）
1	变电站的主变压器	10.1	10.1

序号	分项	百分比（%）	合计（%）
2	输电线	1.23	5.1
3	高压配电线	3.87	
4	10kV/0.4kV 配电变压器	41.4	84.8
5	用户的感性负荷	43.4	

从表 4-4 中可以清楚地看到，变压器无功占配网无功整体的51.5%。无功是我们要补偿的主要对象。

随着人民生活质量的改善，用电量逐渐增大，用户无功的比例会逐渐增大；再加上节能节电新技术的推广应用，尤其是新型节能变压器的推广应用，变压器无功占配电网总无功的比例也越来越小。近几年统计的农村配电网无功构成见表 4-5。

表 4-5　　　　　　　农村配网无功构成（21 世纪初）

年份（年）	百分比（%）单位	10kV线路	配电变压器		0.4kV线路	用户无功	合计
			空载无功	负载无功			
2005	Mvar	90	2760	50	220	5610	8730
	%	1	31.6	0.6	2.5	64.3	100
2007	Mvar	110	3000	80	300	8760	12250
	%	0.9	24.5	0.7	2.4	71.5	100

从表 4-4 和表 4-5 我们可以得到如下信息：

（1）变压器无功与总配电网的无功的比例有了较大的变化，变压器无功有了明显减少。变压器空载无功多于负载无功，说明变压器负载率低。空载或接近空载的轻载时间长。

（2）用户无功与总配电网无功的比例，有了较大地改变，用户无功有了显著增加，变压器的空载无功仍占配网无功的 24%，变压器空载无功仍然是配电网的主要补偿对象。

（3）只要用户及配电变压器的无功损耗做到完全补偿，96%的无功损耗就可以被补偿交换，配电网的输电线路中就只有少量无功（4%）流动，电压质量就可以大大提高，线损就会大大降低。

（4）因此，配电网无功补偿的主体是用户无功及配电变压器的无功。

例如一个五级变压的输配电网络，网络中一级升压 10kV/220kV，四级降压 220kV/110kV、110kV/35kV、35kV/10kV、10kV/0.4kV，无功损耗的比例分布见表 4-6。

表 4-6　　　　　五级输配变电网络中的无功负荷的比重

五级输变电无功负荷		所有变压器满载的无功占总无功的百分比（%）	所有变压器满载的无功占总负荷百分比（%）	所有变压器半载的无功占总无功的百分比（%）	所有变压器半载的无功占总负荷的百分比（%）
五级变压器分类无功	变压器励磁无功	10	7	20	14
	变压器漏抗无功	71.43	50	35.7	25
变压器无功不同占比	变压器占总无功合计	81.43	57	55.7	39

注　1. 总负荷（总容量）为 100%。
　　2. 系统总无功负荷为总负荷 100% 的 70%。

当变压器的负荷率为 100% 时，变压器无功损耗占总无功损耗的 81.43%，此时，负荷无功占 18.57%。当变压器的负荷率为 50% 时，变压器总无功占电网总无功 55.71% 的左右，此时，用户负荷无功占电网总无功 44.29%。

变压器进行无功补偿的重要性显而易见。

五、全无功随器补偿的优越性

1. 提高安全性

全无功随器补偿需要控制一次侧的功率因数，变压器一次侧

126

的电压为 10kV，直接从 10kV 测量功率因数，即使采用二次线接入控制器，控制器也将面临高压的危险因素，人们不能随时操控无功补偿控制器。通过变压器参数及测试到的二次侧有关参数，计算出高压侧的功率因数。全无功随器无功补偿控制器与普通控制器一样，在低电压下工作，可以随时修改控制器的参数，方便操作，并提高了补偿的安全性。

　　另外，随器补偿电容的接入，可以避免小负荷带来的投切振荡，减少投切次数，提高补偿柜体的安全性。

　　2. 投资小

　　变压器一次侧的电压为 10kV，直接测试 10kV 侧的功率因数，则需要高压电流和电压互感器，这种测量虽然能提高精度，但会使投资成本增大，一般会增加十几倍的成本。

　　3. 方便使用

　　全无功随器补偿，采用的是变压器低压侧测试，计算高压侧功率因数。因此，全无功随器补偿装置与传统补偿装置在采样方面、安装位置上完全一致，避免了高压侧测试采样计算带来的不便和成本压力，方便了安装。

六、全无功随器补偿的节电效果

　　我们已经对变压器高压侧的功率因数为 0.9 和低压侧对应的功率因数的节电情况进行了初步分析。现在对变压器空载无功和负载无功进行随器补偿后，变压器的无功完全被补偿情况下的节电效果，进行理论推导计算。

　　1. 没有补偿变压器时 10kV 线路的线损

　　没有补偿变压器时 10kV 线路的线损为

$$P = \Sigma I^2 R = \Sigma (Q/U)^2 R$$

$$P = [\Sigma (Q_{0i})^2 + 2\Sigma Q_{0i} \Sigma Q_{fi} + \Sigma (Q_{fi})^2] R / (U^2)$$

式中　ΣQ_{0i}——所有变压器的自身无功，kvar；

　　　　ΣQ_{fi}——所有穿越到 10kV 线路的用户负荷无功，kvar。

　　2. 变压器无功（随器补偿）补偿后的线损

　　随器补偿后每台变压器的无功为 0，即 $\Sigma Q_{0i} = 0$，则随器补

偿后的线损为

$$P_1 = \frac{R\Sigma Q_{\mathrm{fi}}^2}{U^2}$$

3. 随器补偿后降低的损耗

随器补偿后降低的损耗为

$$\Delta P = P - P_1 = [\Sigma(Q_{0i})^2 + 2\Sigma Q_{0i}\Sigma Q_{\mathrm{fi}}]R/(U^2)$$

4. 随器补偿后降低的百分数

随器补偿后降低的百分数为

$$\Delta P\% = [\Sigma(Q_{0i})^2 + 2\Sigma Q_{0i}\Sigma Q_{\mathrm{fi}}]/[\Sigma(Q_{0i})^2 + 2\Sigma Q_{0i}\Sigma Q_{\mathrm{fi}} + \Sigma(Q_{\mathrm{fi}})^2]$$

$$= \frac{\Sigma(Q_{0i})^2 + 2\Sigma Q_{0i}\Sigma Q_{\mathrm{fi}}}{\Sigma(Q_{0i})^2 + 2\Sigma Q_{0i}\Sigma Q_{\mathrm{fi}} + \Sigma(Q_{\mathrm{fi}})^2}$$

（4-7）

令 $K = \dfrac{\Sigma Q_{0i}}{\Sigma Q_{\mathrm{fi}}}$ 则有

$$\Delta P = \frac{K^2 + 2K}{K^2 + 2K + 1} \times 100(\%)$$

（4-8）

5. 表 4-4 中变压器随器补偿情况下线损下降的计算

（1）2005 年变压器随器补偿后，线损下降情况如下：ΣQ_{0i} 为所有变压器的无功，数值为 2810kvar；ΣQ_{fi} 为所有用户负荷的无功，数值为 5610kvar。则有

$$K_1 = 2810 \div 5610 = 0.5$$

线损下降由式（4-8）得 $\Delta P = \dfrac{K_1^2 + 2K_1}{K_1^2 + 2K_1 + 1} = 1.25 \div 2.25 = 55.56\%$

（2）2007 年变压器随器补偿后，线损下降情况如下：ΣQ_{0i} 为所有变压器的无功，数值为 3080kvar；ΣQ_{fi} 为所有用户负荷的无功，数值为 8760kvar。则有

$$K_2 = 3080/8760 = 0.35$$

线损下降由式（4-8）得 $\Delta P = \dfrac{K_2^2 + 2K_2}{K_2^2 + 2K_2 + 1}$

$$= 1.25 \div 2.25$$

$$= 45.13\%$$

根据上述计算结果可知，变压器空载时间越长或轻负载率越低的状态下，随器补偿的节能降损效果最好。

K 是与负载率有关的参数，负载率越低，K 值越高，随器补偿效果越好，空载时间越短；负载率越高，K 值越低；随器补偿效果越差。随器补偿的节电效果是随着负载率的变化而变化的。

不同 K 值对应的降损百分数见表 4-7。

表 4-7　　　　　**不同 K 对应的降损百分数**

k	变压器无功与负荷无功之比	0.02	0.10	0.20	0.35	0.50
ΔP	线损下降率（%）	3.88	17.36	30.56	45.13	55.56

第三节　补　偿　节　点

一、补偿节点的概念

引入补偿节点的概念，可以使读者更清晰地理解无功补偿的概念及原理，并有助于对无功补偿工作的理解与实践。

无功补偿装置在接入电网后，补偿装置内的电容或电抗在电压作用下产生无功功率，并提供给电网，补偿装置主线路接入电网的这个接入点就是补偿节点，即无功补偿装置的主接线与电网的交汇点就是补偿节点。无功补偿装置通过补偿节点把补偿装置的无功功率提供给用电设备。如图 4-4、图 4-5 所示，补偿前后示意图的对比，A 为补偿节点。补偿前，电能（流）通过供电公司计量点 G 向用户变压器提供电能（流），视在电流（包含有功和无功电流）经变压器和低压线路流向 A 点，电流通过 A 再流向设备 M，供 M 使用，见图 4-4。

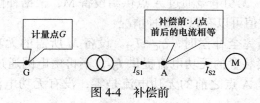

图 4-4　补偿前

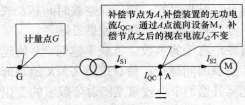

图 4-5　补偿后补偿节点 A

　　在 A 点加装无功补偿装置后，补偿装置提供的无功电流通过补偿节点 A 流入电网，并供给设备 M 使用。见图 4-5。

　　在图 4-5 中 A 点就是补偿装置与电网的连接点，也就是补偿装置的补偿节点。

二、节点补偿前后电流变化分析

1. 补偿前情况分析

　　如图 4-4 所示，供电公司的电能通过 G 点流向变压器，再流向 A 点，再到用电设备 M。设流入 A 点的有功电流为 I_{P1}、无功电流 I_{Q1}、视在电流为 I_{S1}；（电流方向为箭头方向，迎向电流流入 A 点的方向，为 A 点之前）。设从 A 点流出的有功电流为 I_{P2}、无功电流为 I_{Q2}、视在电流为 I_{S2}、（电流流出 A 点的方向为 A 点之后）。由于 A 点之前与 A 点之后在一条线路上，有以下等式成立：

　　（1）未补偿前，A 点前后的有功电流相等，即 $I_{P1}=I_{P2}$。

　　（2）未补偿前，A 点前后的无功电流相等，即 $I_{Q1}=I_{Q2}$。

　　（3）未补偿前，A 点前后的视在电流相等，即 $I_{S1}=I_{S2}$。

2. 补偿后情况分析（如图 4-5 所示）

　　补偿装置的补偿节点在 A 点。补偿装置提供给 A 点的无功电流为 I_{QC}，无功电流通过 A 点供给设备 M，根据补偿无功与实际无功的差值可以有以下 3 种情况：

　　（1）当完全补偿时，$I_{QC}=I_{Q2}$。设备 M 所需的无功电流 I_{Q2}，完全由补偿装置的无功电流提供 I_{QC}，不再由电网通过变压器提供。也就是 A 点之前的无功电流是零，没有无功电流输送，A

点前线路里的电流只有有功电流。

补偿 A 点之后（流出）电流，则既有电网提供的通过 A 点流入的有功电流 I_{P2}，又有补偿装置提供的无功电流 I_{QC}。则在补偿节 A 点有：

1）补偿后，补偿节点 A 点前后的有功电流不变，即 $I_{P1} = I_{P2}$。

2）补偿后，补偿节点 A 点前的无功电流等于 0，没有无功电流流过，即 $I_{Q1} = 0$。

3）补偿后，补偿节点 A 点之后的无功电流不变，且等于补偿装置提供的电流，即 $I_{QC} = I_{Q2}$。原有电源线路提供给 A 点的无功功率改由补偿装置提供，即 $I_{QC} = I_{Q2}$。

4）补偿后，补偿节点 A 点之前的视在电流变小，等于有功电流，即 $I_{S1} = I_{P1}$，则

$$I_{S1}^2 = I_{P1}^2 + I_{Q1}^2 = I_{P1}^2 + 0$$

5）补偿后，补偿节点 A 点之后的视在电流不变，即 $I_{S2}^2 = I_{P2}^2 + I_{QC}^2 = I_{P2}^2 + I_{Q2}^2$。

完全补偿的本质是，原有电源线路（供电公司）提供给 A 点的全部无功电流改由补偿装置全部单独提供。

（2）当不完全补偿（欠补偿）时，$I_{QC} < I_{Q2}$。设备 M 的所需的无功，不能完全由补偿装置提供的无功 I_{QC} 来满足，此时仍有电源提供的部分无功电流通过 G 点流入 A 点到设备 M。则在补偿节点 A 点有：

1）补偿后，补偿节点 A 点前后的有功电流不变，即 $I_{P1} = I_{P2}$。

2）补偿后，补偿节点 A 点之前的无功电流变小，即 $I_{Q1} = I_{Q2} - I_{Qc}$。

3）补偿后，补偿节点 A 点后的无功电流不变；等于电网提供的 A 点之前的无功电流与补偿装置提供的无功电流之和，即 $I_{Q2} = I_{Q1} + I_{Qc}$。

4）补偿后，补偿节点 A 点前的视在电流变小，即

$$I_{S1}^2 = I_{P1}^2 + I_{Q1}^2 = (I_{Q2} - I_{Qc})^2 + I_{P1}^2$$

$$I_{S2}^2 = I_{P2}^2 + I_{Q2}^2 = I_{P2}^2 + (I_{Q1} + I_{Qc})^2$$

$$I_{S1} < I_{S2}$$

不完全补偿的本质是原有电源线路提供给 A 点的无功电流 I_{Q2} 由补偿装置 I_{qc} 和电网 I_{Q1} 共同提供。

（3）当过补偿时，$I_{QC} > I_{Q2}$。设备所需的无功完全由补偿装置提供，除满足设备 M 需要外，还向电网系统供给了多余的无功功率。

1）过补偿后，补偿节点 A 点前后的有功电流不变，即 $I_{P1} = I_{P2}$。

2）过补偿后，补偿节点 A 点前的无功电流、视在电流会出现两种情况：

a. 过补偿后，补偿节点 A 点前的视在电流大于补偿前的视在电流 $I_{QC} - I_{Q2} > I_{Q1}$。补偿装置的电流 I_{QC} 提供给 A 点后，用电设备 M 只用了其中部分无功电流，将有剩余无功电流 $I_{QC} - I_{QC} - I_{Q2}$ 通过 A 点，向电网提供相反电流，过补偿的无功电流大于原有电网提供的无功电流 I_{Q1} 时，A 点前的视在电流大于补偿前的视在电流。视在电流上升，损耗增大。

b. 过补偿后，补偿节点 A 点之前的视在电流小于补偿前的视在电流 $I_{QC} - I_{Q2} < I_{Q1}$。补偿装置的电流 I_{QC} 提供给 A 点后，用电设备 M 只用了其中部分无功电流，将有剩余无功电流 $I_{QC} - I_{Q2}$ 通过 A 点，向电网提供方向相反的电流，过补偿的无功电流 $I_{QC} - I_{Q2}$ 小于原有电网提供的无功电流 I_{Q1} 时，A 点前的视在电流小于补偿前的视在电流。视在电流下降，损耗是减少的。

三、补偿节点的基本规律与补偿相关概念

图 4-6 更加形象地描述了无功完全补偿的概念；红色代表有功电流，绿色代表无功电流。补偿前，线路的有功电流和无功电流同时提供给电动机。完全补偿后，线路只有有功电流提供给电动机。

无论如何补偿，补偿节点处均有规律和特点可循。

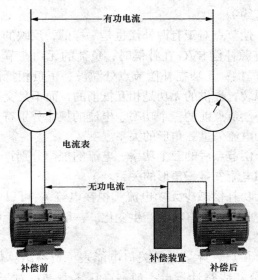

图 4-6　补偿节点补偿前后电流变化

1. 无功补偿后，节点前后的规律

在忽略线路电阻，不考虑补偿引起的电压变化的理想情况下，节点前后会有以下规律：

（1）无论如何补偿，补偿节点前的无功电流、视在电流发生变化，补偿节点后的无功电流、视在电流没有变化。

（2）无论如何补偿，补偿节点前和补偿节点后的有功电流永远相等，有功电流不会因为补偿而改变。

（3）无论如何补偿，补偿节点前的功率因数发生了变化，补偿节点后的功率因数在任何时候都不会发生变化。

（4）补偿节点后，设备用电的参数通过补偿并没有任何变化，包括无功功率和有功功率、视在功率。通过补偿，变化的是节点前的无功电流、视在电流。

（5）忽略补偿电压升高的因素，补偿带来的节约，是由于无功电流（视在电流）减少，线路的损耗减少带来的节电收益（非设备自身节约）。

（6）补偿节点对于有源补偿也是一样的，反映的是相同的规律。如当有源补偿 SVG 在补偿时，负荷的无功在节点处由有源补偿 SVG 提供；无功在补偿节点处湮没、正负相抵消。这里的无功与无源装置提供的无功是相互抵消的，而不是交换。

（7）补偿节点前的三个功率、电流的规律分别符合节点前功率三角形和电流矢量三角形的关系。

（8）补偿节点后的三个功率、电流的规律分别符合节点后功率三角形和电流矢量三角形的关系。

（9）无功补偿减少无功电流（视在电流），可以引起设备电压的增高。此时设备有功会产生变化。一般计算时，可以忽略。

2. 补偿相关概念

（1）计量点。计量点是关口电能表（贸易结算仪表）的位置。10kV 公共线路计量点一般在高压零壳前；对于专用线路，计量点则在 110kV 变电站 10kV 专用线路的出口处；对于少数低压用户，计量点在变压器低压侧，但其仍是按高压侧计费。

计量点是供电公司与用户的分界点，是划分运维责任和产权的界限。对于计量点在低压侧的计量，其计量电量须加上用户变压器的无功电量和有功电量。

（2）补偿节电收益或损耗分配。无功补偿的收益是指从补偿节点到计量点的收益以及计量点以上的收益两部分。补偿收益或损耗的分配如下：

1）在计量点之前的收益或损耗，归供电公司或产权单位。

2）在计量点之后的收益或损耗，归用户。

这种界定与计量的原理是一致的，用户的收益和损耗都可以在电能表中正确地反映出来。

3）如何理解计量点的无功交换。

电能表都有计量无功电量和有功电量的功能，习惯称之为被用户消耗的有功电能和无功电能。怎样认识在计量点记录的被消耗的无功电量呢？

a. 从用户角度来说：用电设备输入的视在功率参与了用户能量转换之后，一部分形成了有功功率；另一部分形成了无功功率，又返回了电网，用户并没有消耗无功。

但用户有按国家要求进行就地无功补偿的责任，减少无功功率流入电网。

b. 从电力系统角度来说：① 用户的无功是由用户负荷产生的，并非由电网产生。用户无功的多少在一定程度上反映了用户对电能的利用程度。用户产生的无功越多，电能利用程度就越低，电能浪费的就越多。从电网整体来看，发电的有功和无功是一定的。在一定的发电量下，用户无功多了，就会减少发电量。② 用户产生的无功是可以由用户自己补偿解决的，并且在用户侧补偿解决既对用户有利，也对电网系统有利。③ 如果用户无功没有补偿，无功穿越计量点到电网系统，电网方面需要购置无功补偿装置（无功电源）与用户产生的无功进行交换，增加了供电公司的成本。当用户无功无法自己完成交换时，必须由供电公司（外界）提供无功完成与用户的交换，就被称为用户消耗。

4）补偿装置提供无功功率的同时，自身的有功损耗（耗散因数）。无功补偿装置通过无功补偿减少了无功在电网中的无益流动。其实电容自身是有有功损耗的，其自身损耗与电力电容的介质损耗因数有关。对于低压电容，一般约等于 0.002kW/kvar。即 1000kvar 的运行电容，每小时损失 2kWh。

低压 SVG 的损耗，约为 0.035kW/kvar，即 SVG 每 1000kvar 无功产生，就有 35kWh 的损失。

5）穿越的用户无功对电网和供电公司下面的影响：① 占用了电力系统的发电资源，降低了发电效率，对电力安全运行与经济运行产生影响。② 耗费资金。电力系统需花费资金购买补偿设备来进行无功补偿，还有补偿设备维护的费用等。③ 穿越计量点的无功，增大了输电损耗，事实上已经形成了线路的损耗和电压的损失。

因此，对电力系统来讲，是电网靠用发电资源或无功设备完成了无功的平衡，电力系统付出了少发电和资金（购置补偿装置）代价，这就是力调电费的背景。

6）过补偿的无功电能计量问题有：① 正常的无功是感性无功，电表记录的是用户穿越计量点的感性无功，这种无功称之为：正向无功。② 当补偿的无功超过用户负荷需要的无功或者用户自身的容性无功时，这些容性无功就会穿越计量点，此时电能表会把穿越的容性无功记录起来，称为反向无功。③ 正向无功 + 反向无功（绝对值）= 总无功。累加起来的总无功，就是供电公司计算力调电费的依据。

7）正确看待过补偿。经常会在书和各种资料中看到，不允许无功过补偿出现。究竟该怎样看待过补偿呢？可通过以下几点来看：① 无功补偿的本质就是 L-C 之间的振荡交换，一个周波两次，重复往来。这种交换是对称的，因此，电流每周波正反两次，一次正向，一次反向。② 实际上电网中有无数个 L-C 之间的振荡交换。③ 从实际无功补偿运行情况来看，过补偿问题是经常存在的，尤其是在高压没有实现自动补偿的时期，这种过补偿的现象是有历史的。④ 允不允许过补偿，主要看其过补偿的经济性。只要过补偿取得的收益大于过补偿本身，这种过补偿就是允许的。⑤ 过补偿，就其本身来讲，补偿电容或电抗已经偏大，失去了经济性。

8）允许过补偿的几种情况：① 过补偿的无功电流小于未补偿前的无功电流，或者补偿后节点前的视在电流小于补偿前的视在电流。② 过补偿的电流流过的距离较短，满足就地平衡补偿的原理。③ 过补偿的收益远大于过补偿电流带来的损失及投资。

一般来说，过补偿本身就是补偿过度，造成投资增大，是不经济的。

四、随器补偿技术的拓展

在图 4-5 中，A 点在变压器的低压侧，此时我们可以测试到低压侧的功率因数，并可以通过 A 点的功率因数计算出变压器高压侧的功率因数。

在实际工程中，计量点 G 处的功率因数会更有用处，因为它是力调电费的考核点，此处的功率因数必须满足供电要求。计量点 G 距离 A 点较远，计量点 G 处的功率因数与点 A 处的功率因数不同，A 处的功率因数是可以满足供电公司要求的。但计量点 G 处的功率因数却不能满足供电公司要求。我们需要的是控制 G 处的功率因数。就必须采用拓展的随器补偿控制。我们可以通过 A 点的功率因数拓展计算出计量点 G 处的功率因数。拓展的功率因数的计算模型与随器补偿原理一致。

第五章

随器补偿的相关计算

随器补偿是在原有低压用户无功补偿的基础上，对配电变压器的无功进行了补偿。变压器在随器补偿的应用和计算方面，有其重要的作用，一是因为随器补偿的对象就是，变压器自身的无功，二是因为随器补偿的目标就是，变压器高压侧的功率因数。没有高压侧的功率因数，就不能实现随器自动补偿。

随器补偿的本质是一种补偿的方法，这种补偿方法与无功分层平衡理论结合在一起，可以为电力系统的各种无功补偿方案和补偿设计提供理论依据，并指导无功补偿达到无功投资与节电的最优状态。

变压器的高压侧既是无功控制界面，又是无功分层平衡的界面。全无功随器补偿与变压器和无功分层平衡理论紧密相关，它们之间的相互关联计算，构成了随器无功补偿的应用基础。

随器补偿采用变压器一次侧功率因数为控制目标，与供电公司的力调功率因数完全一致，能够有效地解决，因变压器二次侧功率因数与变压器一次侧功率因数不一致产生的力调电费问题。

第一节 变压器参数及公式

一、变压器参数及公式

1. 变压器空载电流 I_0

当变压器空载运，负荷为 0 时，变压器二次侧线路处于开路状态，此时，一次侧电流就是变压器空载电流 I_0。变压器空载电流常用所占额定电流的百分数表示，即

$$I_0 = \frac{I}{I_e} \times 100(\%)$$ （5-1）

段

式中　I_e——变压器的一次额定电流，A；

I_0——变压器的空载电流百分数，%；

I——变压器一次侧的实际空载电流，A。

变压器空载时，高压侧功率因数极低，一般在 0.1～0.2 之间。

2. 变压器空载无功损耗

变压器的空载电流的绝大部分，是无功电流，无功电流占比较高，主要是用来建立磁场，维持变压器的磁路；空载电流中只有少部分是有功电流，主要产生涡流，并以有功热量的形式损失掉。

我们一般把变压器一次侧空载电流 I 视作空载无功电流。

变压器的空载无功电流产生变压器铁心中的励磁磁场，这个磁场从变压器一次侧，通过铁心到低压二次侧。

变压器的无功 Q_0 由以下式表示

$$Q_0 = S_e I_0 \left(\frac{U}{U_e}\right)^2 \times 10^{-2}$$

式中　Q_0——变压器空载无功损耗，kvar；

S_e——变压器的额定容量，kVA；

U——变压器的电压，kV；

U_e——变压器的额定电压，kV。

不计电压变化的情况下变压器的空载无功

$$Q_0 = S_e \times I_0 \times 10^{-2} \tag{5-2}$$

3. 变压器空载有功损耗 ΔP_0（铁损）

变压器空载有功损耗 ΔP_0 是变压器空载电流在铁心中产生涡流损耗（形成热量）的部分，即有功损耗 ΔP_0，这就是变压器的铁损。

变压器空载有功损失，从变压器电平衡来看，它是有功电能变成热量损失的电能，是一种有功真实的消耗。

变压器的空载有功损耗被称为铁损，铁损数值可从变压器铭牌查到。铁损与电压的平方成正比。

由于电网负荷在后半夜较低，变压器接近空载，电压升高，这些因素都是变压器损耗高的主要原因。变压器的铁损与电压的关系如下式：

不同电压下
$$\Delta P_{0d} = \Delta P_0 \times \left(\frac{U}{U_e}\right)^2 \tag{5-3}$$

额定电压下 $\quad \Delta P_{0d} = \Delta P_0$

式中　ΔP_{0d}——不同电压下变压器的空载有功损耗，kW。

4. 变压器短路电压 U_d（%）

变压器二次绕组直接短路，逐渐增加一次侧的电压，当一次侧绕组的电流等于额定电流，即 $I_1 = I_e$ 时，变压器一次侧的电压叫作短路电压 U_{d1}。此参数常用额定电压的百分数来表示

$$U_d = \frac{U_{d1}}{U_e} \times 100(\%) \tag{5-4}$$

式中　U_e——变压器的一次侧额定电压，kV；

$\quad\quad U_d$——变压器的短路电压百分数，%；

$\quad\quad U_{d1}$——变压器的二次侧短路时，一次侧绕组的电流等于额定电流时的一次侧电压，kV。

5. 变压器负荷率 β

变压器实际运行的电流与额定电流之比为变压器的负荷率 β，即

$$\beta = \frac{I}{I_e} \times 100(\%) \tag{5-5}$$

β 是标志变压器负荷出力的重要参数，计算公式为

$$\beta = \frac{S}{S_e} \times 100(\%)$$

式中　I——变压器的二次侧实际电流，A；

$\quad\quad I_e$——变压器的二次侧额定电流，A；

$\quad\quad S$——变压器的实际视在功率，kVA；

$\quad\quad S_e$——变压器的额定视在功率，kVA。

6. 变压器满载下的漏抗无功

变压器满载无功就是变压器满载情况下漏抗消耗的无功，是与负荷（电流）有关的损，即

$$Q_F = \frac{U_d \times S_e}{100} \times \left(\frac{U_e}{U}\right)^2$$

式中 Q_F——变压器满载下的漏抗无功，kvar。

此无功负荷是变压器的漏抗无功，在负荷一定的情况下，与电压有关。漏抗引起的无功随电压的平方成反比，电压为额定电压的情况下

$$Q_F = \frac{U_d S_e}{100} \qquad (5-6)$$

变压器的漏抗电压与电压等级有关，不同电压等级的变压器的漏抗百分数及满载无功见表5-1。

表5-1　　　　　　　　　不同电压等级的变压器漏抗

电压等级（kV）	10	35	110	220
满载漏抗损耗的无功功率	$4.5\%S_e$	$7.0\%S_e$	$15.5\%S_e$	$20\%S_e$

变压器的漏抗无功实际上是变压器满负荷时的无功。不同负荷（负荷率下）漏抗无功为 $\Delta Q_{F\beta}$，其公式为

$$\Delta Q_{F\beta} = \beta^2 K_t Q_F$$

7. 变压器额定负载的有功损耗 ΔP_F（铜损）

ΔP_F 是变压器出厂试验数据，是变压器满载情况下的电流流过变压器绕组损失的有功电能，即变压器铜损，设不同负载下的铜损为 $\Delta P_{F\beta}$，即

$$\begin{aligned}\Delta P_{F\beta} &= K_t \Delta P_F (I \div I_e)^2 \\ &= K_t \Delta P_F \beta^2\end{aligned} \qquad (5-7)$$

变压器铜损是与变压器负载电流相关的损失，它与电流的平方成正比。负载越大，电流越大，有功铜损就越大，铜损是衡量变压器效率的主要指标。

8. 变压器总无功损耗

变压器的总的无功，就是空载无功损耗和实际负荷下负荷无功损耗之和。计算公式为

$$\Delta Q = Q_0 + \beta^2 K_t Q_F \qquad (5\text{-}8)$$

式中　ΔQ——变压器的总无功，kvar；

$\quad K_t$——负荷变化系数；

$\quad \beta$——变压器负荷率，%；

$\quad Q_F$——变压器满负载无功，kvar；

$\quad Q_0$——变压器空载无功，kvar。

9. 变压器总有功损耗

变压器总的有功负荷，就是变压器的空载有功损耗和实际负荷下有功损耗之和。计算公式为

$$\Delta P = \Delta P_0 + \beta^2 K_t \Delta P_F \qquad (5\text{-}9)$$

取　　　　　　　$K_t = 1.05$

式中　ΔP——变压器总有功损失，kW；

$\quad K_t$——负荷变化系数；

$\quad \beta$——变压器负荷率，%；

$\quad \Delta P_F$——变压器满载有功损耗，满载铜损，kW；

$\quad \Delta P_0$——变压器的空载损耗一般为铁损，kW。

10. 变压器额定电压、电流、视在容量的关系

变压器额定电压、电流、视在容量的关系为

$$S_e = \sqrt{3} I_e U_e \qquad (5\text{-}10)$$

式中　S_e——变压器的额定容量，kVA；

$\quad I_e$——变压器的额定电流，A；

$\quad U_e$——变压器的额定电压，kV。

变压器铭牌上给定的就是上述额定电压及电流、额定容量，反映了变压器总的供电能力。式（5-10）没有考虑变压器的功率因数，可以根据负荷的性质、多少和功率因数情况来选取变压器容量及型号。

11. 变压器二次侧的电力参数

变压器额定功率为 S_e，负荷率为 β，二次侧功率因数为 $\cos\phi_2$，有关二次侧参数主要计算方法如下。

变压器二次侧输出的有功，计算公式为

$$P_2 = \beta S_e \cos\phi_2 \qquad （5-11）$$

式中　P_2——变压器二次侧输出的有功功率，kW；

$\cos\phi_2$——二次侧负荷用户功率因数。

二次侧负荷用户无功计算公式为

$$Q_2 = \sqrt{(\beta S_e)^2 - P_2^2} = \beta S_e \sin\phi_2 \qquad （5-12）$$

二次侧负荷用户电流计算公式为

$$I_2 = I_e \beta$$

变压器二次侧的负荷参数，均可由测试仪表获得，部分参数也可由计算获得。变压器参数均由变压器铭牌或出厂数据获得。

二、变压器的有功和无功平衡

1. 变压器有功平衡方程

变压器有功平衡方程为

$$P_1 - \Delta P = P_2$$

或　　　　　$$P_1 - (\Delta P_0 + \beta^2 K_t \Delta P_F) = P_2$$

或　　　　　$$P_1 = \Delta P_0 + \Delta P_{F\beta} + P_2 \qquad （5-13）$$

式中　ΔP_0——变压器的空载时的有功损耗（铁损），kW；

$\Delta P_{F\beta}$——变压器的不同负载下的损耗（铜损），kW；

P_2——变压器的二次侧输出功率，kW；

P_1——变压器的一次侧输入功率，kW。

从变压器有功平衡方程中看到，变压器所消耗的铁损和铜损以及低压侧输出有功功率，构成了变压器高压侧输入有功功率。

2. 变压器无功平衡方程

变压器无功平衡方程为

$$Q_1 = \Delta Q + Q_2$$

由 $$\Delta Q = Q_0 + \beta^2 K_t Q_F$$

$$Q_1 = (Q_0 + \beta^2 K_t Q_F) + Q_2 \quad (5\text{-}14)$$

式中 Q_1——变压器一次侧输入的无功，kvar；

Q_2——变压器二次侧输出的无功（用户无功），kvar；

Q_0——变压器自身的空载无功损耗，kvar；

Q_F——变压器自身满载无功，kvar。

从无功平衡方程可以看到，变压器所消耗的无功与用户所消耗的无功，累加起来向电网侧索取交换。

3. 变压器的效率 η

变压器的效率反映了变压器不同电压电能等级之间的转换效率，是变压器经济运行及质量的一个主要指标，变压器的效率与变压器的负荷率有关，过低的负荷率及过重的负荷，都不是变压器的经济运行区域。变压器效率达到最高时，其负荷率在80%左右。其变压器的效率为

$$\eta = \frac{P_2}{P_2 + \Delta P} \times 100(\%) \quad (5\text{-}15)$$

或 $$\eta = \frac{P_2}{P_1} \times 100(\%)$$

式中 P_1——变压器一次侧的有功功率（输入功率），kW；

P_2——变压器二次侧的有功功率（输出功率），kW；

ΔP——变压器的有功损耗，kW；

η——变压器效率，%。

再次指出，变压器的有功损失是一种真实的损失。输入变压器的有功功率一部分变成热能、噪声、振动损失，另一部分为变压器的输出有功功率。变压器的有功损失与无功损耗是完全两个不同的概念。变压器的高压侧的功率因数，就是变压器输入视在功率转换为输入有功的比，与变压器自身无功功率有密切关系。

三、变压器等值电阻、电抗

1. 变压器的等值电阻 R_B

变压器的等值电阻 R_B 计算公式为

$$R_B = \frac{\Delta P_F U_e^2}{S_e^2} \times 10^3 \qquad (5\text{-}16)$$

式中　R_B——变压器等值电阻，Ω；

　　　ΔP_F——变压器满载时有功损耗，kW；

　　　U_e——变压器一次侧额定电压，kV；

　　　S_e——变压器额定容量，kVA。

式（5-9）可写成

$$\Delta P = \Delta P_0 + K_t \frac{P_2^2 + Q_2^2}{U_e^2} R_B \times 10^{-3} \qquad (5\text{-}17)$$

式中　U_e——为一次侧额定电压，kV；

　　　R_B——变压器等值电阻，Ω。

把 $\dfrac{P_2^2 + Q_2^2}{U_e^2}$ 看作是电流的平方，单位为 A，把 R_B 看作是等值电阻，单位为 Ω，ΔP 运算单位为 kW，注意单位换算。

2. 变压器的等值感抗 X_B

变压器的等值感抗 X_B 计算公式为

$$X_B = \frac{U_d \times U_e^2}{100 \times S_e} \times 10^3 \qquad (5\text{-}18)$$

式中　X_B——变压器等值电抗，Ω；

　　　U_e——变压器一次侧额定电压，kV；

　　　S_e——变压器额定容量，kVA；

　　　U_d——变压器的短路电压，%。

式（5-8）可写成

$$\Delta Q = Q_0 + K_t \frac{P_2^2 + Q_2^2}{U_e^2} X_B \times 10^{-3} \qquad (5\text{-}19)$$

把 $\dfrac{P_2^2 + Q_2^2}{U_e^2}$ 看作电流，由此，可以把 $\dfrac{U_d \times U_e^2}{100 \times S_e} \times 10^3$ 称作变压器的等值电抗 X_B。

3. 变压器二次侧补偿后铜损的降低

变压器二次侧补偿后，流过变压器绕组的电流下降，所以铜损也相应减少。其减少量的公式为

$$\Delta P_\mathrm{u} = K_\mathrm{t} \frac{2Q - Q_\mathrm{c}}{S_\mathrm{e}^2} Q_\mathrm{c} \Delta P_\mathrm{F} \qquad (5\text{-}20)$$

式中　ΔP_u——变压器二次侧补偿后铜损的节约量，kW；

　　　Q_c——补偿无功功率，kvar；

　　　Q——补偿前二次侧的无功功率，kvar。

其余参数同上。还可以写成以下公式

$$\Delta P_\mathrm{u} = K_\mathrm{t} \frac{2Q - Q_\mathrm{c}}{U_\mathrm{e}^2} Q_\mathrm{c} R_\mathrm{B} \times 10^{-3}$$

四、变压器技术数据

变压器种类很多，常见的变压器技术数据见表 5-2、表 5-3。

表 5-2　10kV 级 S7、S9、S11 系列电力变压器技术数据

额定容量（kVA）	空载损耗（W）铁损			负载损耗（W）铜损			空载电流（%）			阻抗电压（%）
	S7	S9	S11	S7	S9	S11	S7	S9、	S11	S7、S9、S11
30	150	130	100	800	600	600	2.8	2.1	1.4	
50	190	170	130	1250	870	870	2.6	2.0	1.2	
80	270	240	180	1880	1250	1250	2.4	1.8	1.1	
100	320	290	210	2150	1500	1500	2.3	1.6	1.0	
125	370	340	240	2550	1800	1800	2.2	1.5	1.0	
160	460	400	270	3100	2200	2200	2.1	1.4	0.9	4
200	540	480	330	3600	2600	2600	2.0	1.3	0.9	
250	640	560	400	4100	3050	3050	1.9	1.2	0.8	
315	760	670	480	4900	3650	3650	1.8	1.1	0.8	
400	940	800	570	6000	4300	4300	1.7	1.0	0.7	
500	1100	960	680	7150	5100	5100	1.6	1.0	0.7	

续表

额定容量（kVA）	空载损耗（W）铁损			负载损耗（W）铜损			空载电流（%）			阻抗电压（%）
	S7	S9	S11	S7	S9	S11	S7	S9、	S11	S7、S9、S11
630	1330	1200	805	8500	6200	6200	1.5	0.9	0.6	
800	1600	1400	980	10400	7500	7500	1.4	0.8	0.6	
1000	1900	1700	1155	12200	1030	10300	1.3	0.7	0.5	4.5
1250	2250	1950	1365	14500	1200	12000	1.2	0.6	0.5	
1600	2700	2400	1650	17300	1450	14500	1.1	0.6	0.4	

注 1. 电力变压器 S9 与 S7 相比：空载损耗平均下降 10.25%，年运行成本平均下降 18.91%。

2. 电力变压器 S11 与 S9 相比：空载损耗平均下降 30%，年运行成本平均下降 11.68%。

表 5-3　　SCB10 干式变压器性能参数（优化）

额定容量（kVA）	电压组合			联接组标号	损耗（W）		空载电流百分数	阻抗电压百分数
	高压（kV）	分接范围	低压（kV）		空载损耗	负载损耗（F/H）		
30					190	710/760	3.2	
50					270	1000/1070	2.8	
80					370	1380/1480	2.6	
100					400	1570/1690	2.4	
160					540	2130/2280	2.2	
200	6、6.3 10、10.5	± 5% （ ±2× 2.5%）	0.4	Yyn0/ Dyn11	620	2530/2710	2.0	4
250					720	2760/2960	2.0	
315					880	3470/3730	1.8	
400					980	3990/4280	1.8	
500					1160	4880/5230	1.8	
630					1340	5880/6290	1.6	

147

续表

额定容量（kVA）	电压组合			联接组标号	损耗（W）		空载电流百分数	阻抗电压百分数
	高压（kV）	分接范围	低压（kV）		空载损耗	负载损耗（F/H）		
630					1300	5960/6400	1.3	
800					1520	6960/7460	1.3	
1000	6、6.3 10、10.5	±5%（±2×2.5%）	0.4	Yyn0/ Dyn11	1770	8130/8760	1.2	6
1250					2090	9690/10370	1.2	
1600					2450	11730/12580	1.0	
2000					3050	15960/17110	1.0	

第二节　变压器一次侧功率因数计算

本节以案例的形式进行分析。

以某台区为例，某台区 S9-315kVA 变压器一台，低压负荷侧功率因数为 0.9，负荷率为 50%。

一、变压器一次侧功率因数计算

如图 5-1 所示变压器二次侧功率三角形，图 5-2 为变压器一次侧功率三角形，变压器参数查表 5-2 和表 5-3，可得

$I_0 = 1.1\%$，$U_d = 4\%$。

$\Delta P_0 = 0.67$（kW），$P_F = 3.65$（kW）。

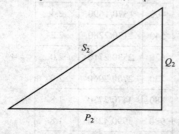

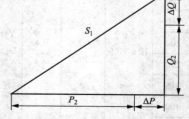

图 5-1　变压器二次测功率三角形　　图 5-2　变压器一次侧功率三角形

变压器空载无功，由式（5-2）得

$$Q_0 = S_e \times I_0 \times 10^{-2}$$
$$= 315 \times 1.1 \div 100$$
$$= 3.5 (\text{kvar})$$

变压器满载无功，由式（5-6）得

$$Q_F = \frac{U_d \times S_e}{100}$$
$$= 4 \times 315 \div 100$$
$$= 12.6 (\text{kvar})$$

变压器总无功，由式（5-8）得

$$\Delta Q = Q_0 + \beta^2 K_t \Delta P_F$$
$$= 3.5 + 0.5^2 \times 1.05 \times 12.6$$
$$= 3.5 + 3.3$$
$$= 6.8 (\text{kvar})$$

变压器总有功损耗，由式（5-9）得

$$\Delta P = \Delta P_0 + \beta^2 K_t \Delta P_F$$
$$= 0.67 + 0.5^2 \times 1.05 \times 3.65$$
$$= 0.67 + 0.96$$
$$= 1.6 (\text{kW})$$

变压器负荷侧有功，由式（5-11）得

$$P_2 = \beta S_e \cos\varphi_2$$
$$= 0.9 \times 315 \times 0.5$$
$$= 141.8 (\text{kW})$$

变压器负荷侧无功，由式（5-12）得

$$Q_2 = \sqrt{(\beta S_e)^2 - P_2^2}$$
$$= \sqrt{157.5^2 - 141.8^2}$$
$$= 68.5 (\text{kvar})$$

变压器的一次侧功率因数

$$\cos\phi_1 = \frac{P_2 + \Delta p}{\sqrt{(P_2 + \Delta p)^2 + (Q_2 + \Delta Q)^2}}$$

$$= \frac{141.8 + 1.6}{\sqrt{(141.8 + 1.6)^2 + (68.5 + 6.8)^2}}$$

$$= 143.4 \div 162.0$$

$$= 0.885$$

变压器空载时的功率因数

$$\cos\phi_1 = \frac{P_2 + \Delta p}{\sqrt{(P_2 + \Delta p)^2 + (Q_2 + \Delta Q)^2}} = \frac{\Delta p}{\sqrt{\Delta p^2 + \Delta Q^2}}$$

$$= \frac{0.67}{\sqrt{(0.67)^2 + (3.5)^2}}$$

$$= 0.67 / 3.56$$

$$= 0.188$$

由此可以得出，变压器空载时，一次侧的功率因数是极低的，仅有 0.188。且变压器空载时，无功消耗是有功消耗的 $3.5/0.67 = 5.17$ 倍。这与 20 年前变压器相比有了极大的进步。20 年前，变压器空载时，无功消耗是有功消耗的 10～20 倍。

二、利用变压器等值电阻、电抗计算变压器一次侧功率因数

变压器等值电阻为

$$R_{\mathrm{B}} = \frac{\Delta P_{\mathrm{F}} U_{\mathrm{e}}^2}{S_{\mathrm{e}}^2} \times 10^3$$

$$= \frac{3.65 \times 10^2}{315 \times 315} \times 10^3$$

$$= 3.68(\Omega)$$

变压器消耗总有功计算为

$$\Delta P = P_0 + K_{\mathrm{t}} \frac{P_2^2 + Q_2^2}{U_{\mathrm{e}}^2} R_{\mathrm{B}} \times 10^{-3}$$

$$= 0.67 + 1.05 \times \frac{141.8^2 + 68.5^2}{10^2} \times 3.68 \times 10^{-3}$$

$$= 0.67 + 0.96$$
$$= 1.6(\text{kW})$$

变压器等值电抗为

$$X_\text{B} = \frac{U_\text{d} \times U_\text{e}^2}{100 \times S_\text{e}} \times 10^3$$

$$= \frac{4 \times 10^2}{100 \times 315} \times 10^3$$

$$= 12.7(\Omega)$$

变压器消耗总无功为

$$\Delta Q = Q_0 + K_\text{t} \frac{P_2^2 + Q_2^2}{U_\text{e}^2} X_\text{B} \times 10^{-3}$$

$$= 3.5 + 1.05 \times \frac{141.8^2 + 68.5^2}{10^2} \times 12.7 \times 10^{-3}$$

$$= 3.5 + 3.3$$

$$= 6.8(\text{kvar})$$

变压器一次侧的功率因数为

$$\cos\phi = \frac{P_2 + \Delta p}{\sqrt{(P_2 + \Delta p)^2 + (Q_2 + \Delta Q)^2}}$$

$$= \frac{141.8 + 1.6}{\sqrt{(141.8 + 1.6)^2 + (68.6 + 6.8)^2}}$$

$$= 143.4 \div 162.0$$

$$= 0.885$$

两种计算所得结果完全一致，变压器一次侧功率因数完全相同。

三、按变压器一次侧功率因数 0.95 时补偿容量的计算

Q/GDW 212—2008《国家电网公司电力系统无功补偿配置技术原则》中规定：配电变压器的无功补偿装置容量可按变压器最大负载率的 75% 来配置，负荷自然功率因数为 0.85，补偿到变压器最大负荷时其一次侧功率因数不低于 0.95。

按此种功率因数标准如何计算补偿容量呢？

【例 5-1】某单位变压器型号为 S9-315kVA，二次侧自然功率因数为 0.85，求最大负荷率为 75% 时，一次侧功率因数为 0.95时的电容补偿容量？

解：负荷侧实际视在功率

$$S = S_e \beta$$
$$= 315 \times 0.75$$
$$= 236.25\,(\text{kVA})$$

二次侧负荷有功

$$P_2 = S\cos\phi_2$$
$$= 236.25 \times 0.85$$
$$= 200.81\,(\text{kW})$$

二次侧负荷无功

$$Q_2 = \sqrt{(\beta S_e^2) - P_2^2}$$
$$= \sqrt{236.25^2 - 200.81^2}$$
$$= 124.5\,(\text{kvar})$$

变压器自身消耗无功

$$\Delta Q = Q_0 + \beta^2 K_t Q_F$$
$$= 3.5 + 0.75^2 \times 1.05 \times 12.6$$
$$= 3.5 + 7.4$$
$$= 10.9\,(\text{kvar})$$

变压器自身消耗有功

$$\Delta P = P_0 + \beta^2 K_t \Delta P_F$$
$$= 0.67 + 0.75^2 \times 1.05 \times 3.65$$
$$= 0.67 + 2.16$$
$$= 2.83\,(\text{kW})$$

变压器的一次侧功率因数

$$\cos\phi_1 = \frac{P_2 + \Delta p}{\sqrt{(P_2 + \Delta p)^2 + (Q_2 + \Delta Q)^2}}$$

$$= \frac{200.81 + 2.83}{\sqrt{(200.81 + 2.83)^2 + (124.5 + 10.9)^2}}$$
$$= 203.64 \div 244.55$$
$$= 0.833$$

根据题目要求，原题变为高压侧功率因数从 0.833 提高到 0.95 时的补偿容量。

当变压器高压侧功率因数为 0.833 时，总有功 P_1 为
$$P_1 = P_2 + \Delta P$$
$$= 200.81 + 2.83$$
$$= 203.64 (\text{kW})$$

当变压器高压侧功率因数为 0.833 时，总无功 Q_1 为
$$Q_1 = Q_2 + \Delta Q$$
$$= 124.5 + 10.9$$
$$= 135.4 (\text{kvar})$$

当变压器高压侧功率因数为 0.833 时，总视在 S_1，为
$$S_1 = \sqrt{Q_1^2 + P_1^2}$$
$$= \sqrt{135.4^2 + 203.64^2}$$
$$= 244.5 (\text{kVA})$$

当变压器一次侧功率因数为 0.95 时，视在功率
$$S_{0.95} = P_1 \div 0.95$$
$$= 203.64 \div 0.95$$
$$= 214.36 (\text{kVA})$$

当变压器一次侧功率因数为 0.95 时，无功功率
$$Q_{0.95} = \sqrt{(S_{0.95}^2) - P_1^2}$$
$$= \sqrt{214.36^2 - 203.64^2}$$
$$= 66.94 (\text{kvar})$$

当变压器高压侧功率因数从 0.833 提高到 0.95 时，所需的补偿无功容量为

$$Q = Q_1 - Q_{0.95}$$
$$= 135.4 - 66.94$$
$$= 68.46(\text{kvar})$$

为简化计算，当负荷大于 20% 时，可以直接计算出负荷侧的功率因数从 0.85 提高到 0.95 时所需的容量，然后再加上变压器的无功即可。

通过此法计算出，功率因数从 0.85 提高到 0.95 时所需的补偿容量约为 58.5kvar，再加上变压器的无功为 10.9kvar，需要补偿的容量为 69.4kvar，与实际计算 68.46kvar 误差不大。

第三节 随器补偿容量计算与确定

一、变压器空载或轻载时随器补偿容量的计算与确定

1. 变压器空载无功功率与随器补偿的容量

随器补偿是一个既有的概念。随器补偿指的是随变压器的空载无功进行补偿，即在变压器低压侧固定补偿，固定电容的功率与变压器的励磁无功基本相等。这种补偿只能补偿变压器的励磁无功（空载无功），不能补偿变压器的漏磁无功。

在变压器有负荷的情况下，首先补偿用户无功，然后再补偿变压器无功。如果用户无功大于随器补偿电容输出的无功时，这种随器固定补偿就不能补偿变压器无功了，而是首先补偿用户无功。

也有在变压器低压侧固定一个较大的电容，补偿变压器轻载时的无功，这种情况容易造成变压器空载情况下的过补偿，会降低补偿的节能效果，甚至会造成新的损耗。这种固定补偿的实际运行情况也不会太好，电容使用寿命较短，主要原因是这种固定补偿没有保护，当然也有电压的问题。目前仍有地方应用这种固定随器补偿方式。当然如果能确切知道变压器的最低负荷率，并且知道负荷率下的最低无功，我们是可以把该负荷率下的无功与变压器无功一起考虑的，这就是轻载情况下的随器

补偿。

随器补偿需考虑电容的工作电压，由于变压器低压侧的电压变化较大，白天电压低，夜晚电压高，电容额定电压的确定，可根据电网系统实际运行的最高电压来决定。如变压器的低压侧最高运行的电压为 0.42kV，即可考虑电容的额定电压为 0.42kV，用来保护电容。

变压器的随器补偿也可以在 10kV 高压侧补偿，考虑 10kV 补偿的安全性、经济性，尤其是在农村配网，变压器容量较小，每个变压器都在高压侧加装补偿，在其经济性和安全性方面是不可行的，但对多个变压器统一进行高压随器补偿也是可行的。绝大多数都是在变压器低压侧进行无功补偿。

2. 随器补偿容量的计算

【例 5-2】某村有一台 S9-200kVA 台区变压器，变压器晚上的电压为 0.42kV，白天的电压为 0.39kV，变压器进行随器补偿时，该如何选择补偿容量？

解：经查表 5-2 和表 5-3 可知，S9 型变压器的空载电流为 1.3%，短路电压为 4%。

变压器的励磁无功

$$Q_0 = S_e \times I_0 \times 10^{-2}$$
$$= 1.3 \times \frac{200}{100}$$
$$= 2.6 \text{(kvar)}$$

变压器的满负荷时漏磁无功

$$Q_F = \frac{U_d \times S_e}{100}$$
$$= 4 \times \frac{200}{100}$$
$$= 8 \text{(kvar)}$$

变压器的负荷率按 10% 计算，$K_t = 1$（在此负荷率下，运行时间最长）

$$\Delta Q_{F\beta} = \beta^2 K_t Q_F$$
$$= \left(\frac{10}{100}\right)^2 \times 8$$
$$= 0.08(\text{kvar})$$

变压器的无功

$$\Delta Q = Q_0 + \beta^2 K_t Q_F$$
$$= 2.6 + 0.08$$
$$\approx 2.7(\text{kvar})$$

电容选择为 BCMJ0.42-5-3。

如果变压器负荷的最低无功为 1.9kvar，则应补偿 4.6kvar，即补偿变压器轻载无功的电容器容量为 4.6kvar，电容规格型号选择为 BCMJ0.42-5-3。也可更保守的选择电容容量为 6kvar，额定电压为 0.45kV。电容规格型号为 BCMJ0.45-6-3。

变压器夜晚的电压普遍会增高，此时，变压器自身无功和用户无功也会增高。电容的电压等级也不能选择太高，选择高了就不经济了，电容电压不能按白天的工作电压来确定，如选择 0.4kV，这样选择电容器容值会很快衰减，半年就会坏掉，不能使用了。电容电压一定要有测试数据支撑，并加以计算。

二、全无功随器自动补偿容量的计算

农村变压器的平均负载率只有 17%，山区和边远地区更低，而且用电量也少；有的地方线路很长，无功负荷大，电压又低，需要进行低压无功补偿，现在国家对于农村的变压器，普遍要求做无功补偿，那么在有负载的情况下，如何进行随器分组补偿呢？如何选择补偿电容器的容量才达到最好的节能效果和减少电容投切次数呢？首先要先确定变压器的无功，然后确定变压器最长时间下的运行负荷率。

【例 5-3】某村有一台 S9-100kVA 变压器，变压器晚上的电压为 0.42kV，白天的电压为 0.39kV，10% 以下负荷率为 18h。

30%负荷率为 4h，60%负荷率为 2h，功率因数均为 0.9，如何选择电容容量及分组？

解：查表 5-2，S9 变压器的空载电流为 1.6%，短路电压为 4%。

（1）变压器的励磁无功为

$$Q_0 = S_e \times I_0 \times 10^{-2}$$
$$= 1.6 \times \frac{100}{100}$$
$$= 1.6(\text{kvar})$$

（2）变压器的满载时负荷漏磁无功为

$$Q_F = \frac{U_d \times S_e}{100}$$
$$= 4 \times \frac{100}{100}$$
$$= 4(\text{kvar})$$

（3）变压器的负荷率分别按 10%、30%、60% 计算，$K_t = 1$（此负荷率下，运行时间最长）。负荷率为 10% 的变压器负载无功为

$$\Delta Q_{F\beta} = \beta^2 K_t Q_F$$
$$= \left(\frac{10}{100}\right)^2 \times 4$$
$$= 0.04(\text{kvar})$$

负荷率为 30% 的变压器负载无功为

$$\Delta Q_{F\beta} = \beta^2 K_t Q_F$$
$$= \left(\frac{30}{100}\right)^2 \times 4$$
$$= 0.36(\text{kvar})$$

负荷率为 60% 的变压器负载无功为

$$\Delta Q_{F\beta} = \beta^2 K_t Q_F$$

$$= \left(\frac{60}{100}\right)^2 \times 4$$

$$= 1.44 \text{(kvar)}$$

（4）变压器的无功分别按变压器负荷率的 10%、30%、60%
计算。

10% 的变压器无功为

$$\Delta Q = Q_0 + \Delta Q_{F\beta}$$

$$= 1.6 + 0.04$$

$$\approx 1.64 \text{(kvar)}$$

30% 的变压器无功为

$$\Delta Q = Q_0 + \Delta Q_{F\beta}$$

$$= 1.6 + 0.36$$

$$\approx 2 \text{(kvar)}$$

60% 的变压器无功为

$$\Delta Q = Q_0 + \Delta Q_{F\beta}$$

$$= 1.6 + 1.44$$

$$\approx 3 \text{(kvar)}$$

（5）变压器二次侧视在功率分别按变压器负荷率的 10%、
30%、60% 计算。

10% 负荷率的变压器二次侧的视在功率

$$S = \beta S_e = 100 \times 10 \div 100 = 10 \text{（kVA）}$$

30% 负荷率的变压器二次侧的视在功率

$$S = \beta S_e = 100 \times 30 \div 100 = 30 \text{（kVA）}$$

60% 负荷率的变压器二次侧的视在功率

$$S = \beta S_e = 100 \times 60 \div 100 = 60 \text{（kVA）}$$

（6）变压器二次侧有功功率分别按变压器负荷率的 10%、
30%、60% 计算。

10%负荷率的变压器二次侧的有功功率

$$P = S \times \cos\phi = 10 \times 0.9 = 9 \text{（kW）}$$

30%负荷率的变压器二次侧的有功功率

$$P = S \times \cos\phi = 30 \times 0.9 = 27 \text{（kW）}$$

60%负荷率的变压器二次侧的有功功率

$$P = S \times \cos\phi = 60 \times 0.9 = 54 \text{（kW）}$$

（7）变压器二次侧无功功率分别按变压器负荷率的10%、30%、60%计算。

10%负荷率的变压器二次侧无功

$$Q_2 = \sqrt{(\beta S_e^2) - P_2^2}$$
$$= \sqrt{10^2 - 9^2}$$
$$= 4.4 \text{(kvar)}$$

30%负荷率的变压器二次侧无功

$$Q_2 = \sqrt{(\beta S_e^2) - P_2^2}$$
$$= \sqrt{30^2 - 27^2}$$
$$= 13.1 \text{(kvar)}$$

60%负荷率的变压器二次侧无功

$$Q_2 = \sqrt{(\beta S_e^2) - P_2^2}$$
$$= \sqrt{60^2 - 54^2}$$
$$= 26.2 \text{(kvar)}$$

（8）变压器不同负载下一次侧总的无功功率分别按变压器负荷率的10%、30%、60%计算。

10%负荷率的变压器一次侧无功

$$Q_1 = 1.64 + 4.4 = 6.04 \text{(kvar)}$$

30%的变压器一次侧无功

$$Q_1 = 2 + 13.1 = 15.1 \text{(kvar)}$$

60% 的变压器一次侧无功

$$Q_1 = 3 + 26.2 = 29.2(\text{kvar})$$

根据计算结果，可以有 3 种补偿方案的电容容量配置，如表 5-4～表 5-6 所示。显然，60% 的变压器负荷率，可以覆盖30% 以下负荷的无功，仅考虑 29.2（kvar）即可。

表 5-4　　　　　　全无功随器分四组自动补偿

名称	第一组	第二组	第三组	第四组
电容容量（kvar）	2	5	10	18
电容电压等级（kV）	0.42	0.42	0.42	0.42

表 5-5　　　　　　全无功随器分五组自动补偿

名称	第一组	第二组	第三组	第四组	第五组
电容容量（kvar）	2	5	8	10	12
电压等级（kV）	0.415	0.415	0.415	0.415	0.415

表 5-6　　　　　　全无功随器分六组自动补偿

名称	第一组	第二组	第三组	第四组	第五组	第六组
电容容量（kvar）	2	5	8	10	12	15
电压等级（kV）	0.415	0.415	0.415	0.415	0.415	0.415

变压器空载时无功补偿的首只电容选择补偿变压器空载无功，补偿容量按变压器无功计算得到，第二组电容补偿 5%～10% 的负荷，按计算得到，以此类推。无功补偿分组越多，补偿越精细，装置及电容使用寿命就越长，效果越好。

随着监测技术的进步，无功负荷及功率因数都可以被时时监测，亦可以按监测的日平均无功负荷的变化来配置变压器随器补偿电容容量。

160

第四节 随器补偿的典型应用

供电公司的供电台区的随器补偿主要是为了节约线路损耗，台区变压器是没有无功力调电费的，但有功率因数考核。

对于专变用户，是有力调电费的，随器补偿的功率因数与供电公司的力调电费功率因数是一致的，变压器二次侧的功率因数与变压器一次侧的功率因数是不同的。

现在的无功补偿都是以变压器二次侧的功率因数为控制对象的，与供电公司的力调功率因数并不一致，因此常有功率因数的力调电费的产生。为避免力调电费的产生，亦可使用随器补偿控制器来彻底解决变压器一次侧功率因数与二次侧功率因数不一致的情况。

因变压器空载或轻载造成的力调电费是常见的，此类用户一般是生产不正常，变压器经常处于空载和轻载状态，造成功率因数极低，可以见到 0.4，有功电量极少，无功电量却极多，计量又在高压处，此类力调电费虽然用电量极小，但力调系数极大，一般为 0.85，即有功电量电费的 85%。而现有补偿装置没有对变压器的无功进行补偿，这样给企业造成极大的经济损失。

一、随器补偿解决变压器力调电费增加问题的案例

【例 5-4】某地一新建热压缩木板厂，由于是试验性生产，生产情况极不稳定，基本处于停产状态，变压器长时间空载。该厂 4 台变压器的容量分别为，2 台 S9-1600kVA，1 台 S9-1250kVA，1 台 S9-1000kVA，容量共计 5450kVA。力调电费高达 2.3 万元，功率因数为 0.4，如何解决力调电费高的问题？

解：经查表 5-2 和表 5-3 得知，S9-1000、S9-1600、S9-1250 压器的空载电流百分数为 0.7%、0.6%、0.6%

第一台变压器的空载无功

$$Q_0 = S_e \times I_0 \times 10^{-2} = 1600 \times 0.6 \times 10^{-2} = 9.6 \text{（kvar）}$$

第二台变压器空载无功

$$Q_0 = S_e \times I_0 \times 10^{-2} = 1250 \times 0.6 \times 10^{-2} = 7.5 \text{（kvar）}$$

第三台变压器空载无功

$$Q_0 = S_e \times I_0 \times 10^{-2} = 1000 \times 0.6/100 = 6 \text{（kvar）}$$

第四台变压器空载无功

$$Q_0 = S_e \times I_0 \times 10^{-2} = 1600 \times 0.6 \times 10^{-2} = 9.6 \text{（kvar）}$$

经计算，补偿空载变压器励磁无功为 32.7kvar，考虑电压对电容的影响，新换 4 个上述容量的电容，用于补偿 4 台变压器空载无功，同时更换原无功补偿控制器为全无功随器自动补偿控制器。运行一个月后，功率因数从 0.4 提高到 0.92 以上，变压器空载无功得到补偿，效果明显，第二个月时功率因数就高于国家要求标准，不仅节约力调电费 2.3 万元，还得到了供电公司的奖励。

变压器的空载无功问题，也可与负荷最少时的无功结合起来，采用随器补偿的方法，既可以解决投切振荡问题，又可以解决力调电费问题。

也有个别变压器的空载无功与理论的空载无功偏差较大的案例，例如，有 1 台 100kVA 的变压器，空载无功达到了 12kvar，而我们理论的空载无功仅为 2kvar，二者数值相差极大。后来通过调查发现，用户为了少交基础电费，私自修改了变压器标签容量造成的。

二、随器补偿与分区、分层平衡应用案例及计算

在没有进行随器补偿的时候，分层平衡是极难实现的，所以，采用分区平衡的方法来进行无功补偿，实现高压侧功率因数 0.95，这也是一种可行的随器补偿方式，尽管高压侧功率因数没有达到 1，但也是一种极为经济实用的补偿方法。下面用案例进行分析。

【例 5-5】某粮食仓库，有 1 台 35kV 主变压器，型号为 S9-6300kVA。计量点位于高压 35kV 进线侧，出线电压为 10kV，供给 10kV/0.4kV 不在同一地方的 5 台 S9 型变压器，单台变压器容量为 1000kVA。低压负荷率集中在 30%、70% 两个区间，负荷平均分配在 5 台变压器中，0.4kV 低压侧自然功率因数为 0.8，

考虑在高压 10kV 和低压 0.4kV 无功集中补偿，如何设计无功补偿容量和分组？（35kV 主变压器空载电流百分数为 0.9%，短路电压百分数为 7.5%，10kV 变压器空载电流百分数为 0.7%。短路电压百分数为 4.5%）。

解：我们可以把该系统可理解为区域平衡问题。区域由 1 台 35kV/10kV 变压器和 5 台 10/0.4kV 变压器及 5 条 10kV 线路组成。区域的上界为 35kV 无功控制界面，区域的下界包含 5 台变压器及所带的无功负荷，如图 5-3 所示。

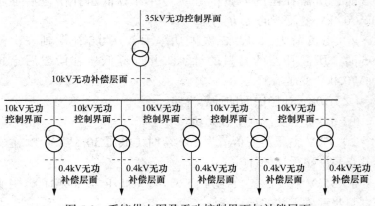

图 5-3　系统供电图及无功控制界面与补偿层面

1. 图 5-3 系统供电图中无功补偿层面和无功控制界面

（1）无功补偿层面。

1）10kV 无功补偿层面进行 10kV 集中补偿，补偿点位共计 1 处。该处补偿主要解决，35kV 主变压器空载无功，即当 $\beta=30\%$ 时或 $\beta=70\%$ 时，35kV 主变压器自身漏磁无功和 0.4kV 穿越无功。

2）0.4kV 无功补偿层面进行低压集中补偿，补偿点位共计 5 处。该处补偿主要解决，单台变压器负荷在 70% 负荷时，变压器二次侧功率因数从 0.8 补偿到一次侧 0.95 时，所需的无功。

（2）无功控制界面分别有：10kV/0.4kV 无功控制界面和

35kV 无功控制界面。

1）10kV/0.4kV 无功控制界面。理论上，此无功控制界面的功率因数应为1，我们放宽到国家要求，10kV 变压器一次侧功率因数为 0.95 时，有穿越的用户无功。

2）35kV 无功控制界面。在此控制界面功率因数为1。

2. 计算任务与计算思路

（1）0.4kV 补偿层面的计算思路。

1）当负荷为 30%，二次侧功率因数从 0.8 补偿到一次侧0.95 时，所需补偿的容量的计算。并计算低压补偿之后穿越10kV/0.4kV 变压器的无功。

2）当负荷为 70%，二次侧功率因数从 0.8 补偿到一次侧0.95 时，所需补偿的容量的计算。并计算低压补偿之后穿越10kV/0.4kV 变压器的无功。

（2）10kV 补偿层面的计算思路。

1）35kV 主变压器空载无功。

2）35kV 主压器变负荷为 23.8% 时（低压 30% 负荷），主变压器自身漏磁无功的计算。

3）35kV 主变压器负荷为 55.6% 时（低压 70% 负荷），主变压器自身漏磁无功的计算。

4）35kV 主变压器负荷为 23.8% 时，需要补偿的容量计算，即 35kV 主变压器空载无功 +35kV 主变压器自身漏磁无功 +30%负荷时 0.4kV 穿越无功。

5）35kV 主变压器负荷为 55.6% 时，需要补偿的容量计算，即 35kV 主变压器空载无功 +35kV 主变压器自身漏磁无功 +70%负荷时 0.4kV 穿越无功。

3. 计算过程

（1）0.4kV 补偿层面当负荷 30% 时，变压器二次侧功率因数从 0.8 补偿到一次侧 0.95 时的计算（共计 5 台）。

变压器无功的计算（$k_t = 1$）。

$$\Delta Q = Q_0 + \Delta Q_{k\beta}$$
$$= 11.05$$

变压器负荷侧有功的计算

$$P_2 = \beta S_e \cos\phi = 0.3 \times 1000 \times 0.8 = 240(\text{kW})$$

功率因数 0.8 时变压器负荷侧总用户无功的计算

$$Q_2 = \sqrt{(\beta S_e)^2 - P_2^2} = \sqrt{300^2 - 240^2} = 180\text{kvar}$$

功率因数从 0.8 补偿到 0.95 剩余无功的计算

$$Q_{21} = \sqrt{S_2^2 - P_2^2} = \sqrt{252.6^2 - 240^2} \approx 79\text{kvar}$$

补偿到一次侧功率因数 0.95 所需容量的计算

$$Q_{30} = 180 - 79 + 11 = 112\text{kvar}$$

（2）30% 负荷时穿越到 10kV 补偿层面的用户无功计算。负荷 30% 时，把功率因数从 0.8 补偿到 0.95，剩余无功 79(kvar)，就是穿越无功；共计 5 台，

则有

$$Q_{30cy} = 79 \times 5 = 395(\text{kvar})$$

变压器一次侧按 0.95 时的补偿容量计算，本章简化计算之。

（3）0.4kV 补偿层面负荷 70% 时，变压器二次侧功率因数从 0.8 补偿到一次侧 0.95 时的计算与上类同。

一次侧功率因数补偿刀 0.95 时所需的补偿容量计算

$$Q_{70} = 420 - 186 + 30 = 264\text{kvar}$$

70% 负荷无功穿越到 10kV 补偿层面的总无功计算

$$Q_{70cy} = 186 \times 5 = 930\text{kvar}$$

（4）10kV 补偿层面的无功计算。

主变压器空载无功

$$Q_{10c} = Q_0 = S_e \times I_0 \times 10^{-2} = 6300 \times 0.9 \times 10^{-2} = 56.7\text{kvar}$$

主变压器负荷率的计算（低压 30% 负荷）

$$\beta = \frac{5000 \times 0.3}{6300} = 23.8\%$$

主变压器漏磁无功计算（低压 30% 负荷）

$$Q_{30zb} = Q_{30F} = \beta^2 K_t Q_F = 0.238 \times 0.238 \times 472.5 = 26.76(\text{kvar})$$

主变压器负荷率的计算

$$\beta = \frac{5000 \times 0.7}{6300} = 55.56\%$$

主变压器漏磁无功：

$$Q_{70zb} = Q_{70F} = \beta^2 K_t Q_F = 0.5556 \times 0.5556 \times 472.5 = 145.85(\text{kvar})$$

需要总补偿容量（低压 30% 负荷）

$$395 + 26.76 + 56.7 = 478.46(\text{kvar})$$

需要总补偿容量（低压 70% 负荷）

$$930 + 145.85 + 56.7 = 1132.55(\text{kvar})$$

4．设计方案

（1）0.4kV 无功补偿层面。

1）仅考虑 70% 负荷即可，需要补偿的容量为 $Q_{70} = 264\text{kvar}$，取整数按 300kvar。

共 5 套 20 面柜体。

2）考虑变压器空载补偿时，补偿需要设计一组 10kvar 的电容。

（2）10kV 无功补偿层面。

1）投切分组与容量。10kV 无功自动补偿分三组。

第一组：主变压器空载时无功：$Q_0 = 60\text{kvar}$（35kV 主变压器空载）

第二组：30% 负荷率时：30% 负荷从 0.4kV 穿越上来的无功，和主变压器 30% 负荷的自身无功。

$$\begin{aligned}补偿容量为 &= Q_{30zb} + Q_{30yh} \\ &= Q_{cy30} + Q_{30zb} \\ &= 395 + 27.76 \\ &= 422.76(\text{kvar})\end{aligned}$$

即补偿容量可选取 400kvar 或 450kvar。

第三组：70%负荷率时：70%负荷从0.4kV穿越上来的无功，和主变压器负荷（70%）的无功。

$$补偿容量 = Q_{70zb} + Q_{70yh}$$
$$= Q_{cy70} + Q_{70zb}$$
$$= 930 + 145.85$$
$$= 1075.85(kvar)$$

即补偿容量可选取1100kvar，或1200kvar，实际补偿容量选取700～800kvar。

2）投切方式。

第一组：固定补偿。

第二组：自动补偿。

第三组：自动补偿。

图5-4所示为某粮食系统电力系统优化补偿方案图。

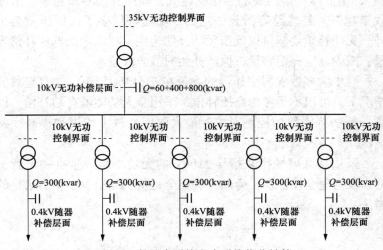

图5-4　某粮食系统电力系统优化补偿

设计亦可完全按随器补偿的思路解决。低压无功不再穿越，则高压补偿就可以简化为两组，第一组仍为60～80kvar，第二组为 100~140kvar。由于高压电容单只容量越大价格就越便宜，我们可以适当地增加高压电容器的容量，减少低压补偿的容量。

此类补偿问题的关键就在于高压电容分组的选择及容量的设计计算。分组的多少由变压器空载和负荷率决定。高压 10kV 自动补偿装置可以分为 3~4 组，每组可以满足负荷率正负 10% 变化的要求。尽量不设计分组电容容量相等，使分组电容容量满足不同负荷率下的无功。

即可以固定补偿、也可自动补偿，无论哪种补偿都不能频繁投切。在有串联电抗保护的情况下，电容每天的投切限制次数可以设定为 5 次。如果没有电抗保护，则电容投切次数控制在 5 次以下。

低压无功控制目标的设定值决定着高压侧的补偿容量、投资规模及节能效果。一般来讲，低压无功控制目标越高（功率因数高），则低压补偿需要的容量就越大，高压补偿容量越少，节能效果越好。补偿总容量是一定的，高压补偿多了，低压就会少补。无功补偿要坚持以低压无功补偿为主，尽量增加低压补偿容量，减少高压补偿容量，保证补偿的节能效益。

对于大多数农村变压器的容量在 315kVA 以下，并且轻载的情况下，可以不予考虑高压补偿，采用全无功随器自动补偿，以高压侧功率因数为控制对象。最大限度地减少线损和提高线路电压。

采用从区域平衡来指导 110kV 的无功平衡，是有一定意义的，没有完全按分层平衡的方法完全是从实际出发，实事求是的做法。

第六章

无功（随器）补偿装置

　　我国现有的无功补偿装置多是以开关柜形式存在，并以开关柜产品招标的形式走向市场，招标时无功补偿的技术标准，就是无功补偿装置的订货技术条件，招标时产品的经济性和技术指标均是功率因数，除此之外的节能经济性指标少有要求。无功补偿招标的技术条件，不能仅局限于功率因数这一个指标，更要与节能效果、电网系统的经济性和安全性紧密关联起来，只有这样，才能设计出对用户和电网全面有利的补偿产品，才能使无功补偿发装置挥出最大的使用价值。由开关柜组成的补偿装置是典型的经验设计，生产出来的补偿产品的不能完全适应用户现场的实际情况。

　　无功补偿装置一般分为无源补偿和有源补偿两大类。

　　由无源器件电容和电抗提供无功功率的装置即为无源补偿装置。目前市场上以无源补偿为主，以过零投切技术为特征的投切技术，是当今无源补偿装置技术的主要发展方向。近年来以复合开关、电子开关、晶闸管为代表的投切器件，带动了传统无功补偿装置的更新换代。以 SVG 动态补偿为代表的新型电力电子类无功补偿装置及 APF 类的谐波治理装置，具有响应速度快、时间短、使用便捷、无功电压特性优异、体积小等优点快速走向市场。

　　降低农网线路损耗是供电公司的工作重点。以技术降损为代表的各类补偿装置也得到了广泛应用和发展。补偿装置也从单纯的低压无功补偿箱到 JP 柜、全无功随器补偿装置；从高压集中固定补偿到高压线路补偿等，各类补偿装置成为节能降损的主要技术手段，对于农村线路的降损也发挥出重要作用。

全无功随器自动补偿装置是以补偿空载或轻载无功为特点，突出节能效果，目前已被国家电网公司列为推荐的新技术，它与低压集中无功补偿装置的结构、形式、安装位置都是一致的，作用也基本相同，不同的是控制功率因数的方式不同，随器补偿控制的功率因数与力调功率因数完全相同。全无功随器补偿装置是低压集中补偿装置的一种，无功集中补偿装置是市场的主力军。

本章主要介绍全无功随器补偿装置及其核心部件控制器的技术优势，并对其他形式的无功补偿装置在随器理论下的补偿作用进行了简单阐述。

第一节 补偿装置与系统的接入、投切保护方式

一、无功补偿装置的分类

无功补偿装置的分类主要有：按串、并联补偿分类；按有源、无源补偿分类；按补偿位置分类；按投切方式分类。

（1）无功补偿装置按串、并联方式分类。串联补偿常用于有谐波的地方和高压线路无功补偿。并联补偿更是常见的补偿方式。

（2）无功补偿装置按有源、无源分类。有源无功补偿一般是指静止无功功率发生器（Static Var Generation，SVG），它是由自换相的电力半导体桥式变流器来进行发生和吸收无功功率的无功动态补偿装置。有源、无源补偿主要有以下几种类型。

1）有源无功补偿，如 ASVG/SVG。有 0.4、10kV 和 35kV 等系列产品构成。

2）无源滤波补偿，如 APF 滤波装置。

3）SPC 三相不平衡补偿装置。

4）无源装置则是以电容电抗组成的补偿装置。

（3）无功补偿装置按补偿位置分类。0.4kV 集中（自动）补偿装置，10kV 集中（自动）补偿装置，110kV、220kV 集中补偿装置，500（300）kV 集中补偿装置，其补偿位置在分层补偿

位置处，500（300）kV 变电站处或在第三低压绕组出线处。

低压 0.4kV 补偿装置是以开关柜的形式出现，与开关柜的型号相同，如 GGD\GCS\PGL\MNS 补偿柜。

补偿装置的命名与补偿位置相关。如线路补偿、集中补偿、分支补偿、就地补偿。

（4）按投切开关分类。

1）电磁场旋转无功补偿，有调相机、发电机。

2）静止型无功补偿装置（SVC）（无旋转电磁场），有固定电容 - 晶闸管控制电抗型（FC-TCR SVC），晶闸管投切电容 - 晶闸管控制电抗型（TSC-TCR-SVC），机械开关投切电容 - 晶闸管控制电抗型（MSC-TCR-SVC）。

低压无功补偿基本上是以（TSC）的投切形态来完成电容投切的，其类型更加丰富，有分相无功补偿装置、晶闸管投切装置、复合开关投切装置、电子开关投切装置。

3）静止型无功发生器，有以 SVG 为代表的有源分类。

4）调压型无功补偿，多以变压器分接头的改变来实现电容电压的改变，改变电容的无功输出。

5）自饱和型电抗补偿分为自饱和电抗器和可控饱和电抗器两种。具有自饱和电抗器的无功补偿装置是依靠电抗器自身固有的能力来稳定电压，它利用铁心的饱和特性来控制发出或吸收无功功率。可控饱和电抗器无功补偿通过改变压器绕组中的工作电流来控制铁心的饱和程度，从而改变工作绕组的感抗，进一步控制无功电流的大小。

磁饱和电抗器组成的静止无功功率补偿装置属于第一代SVC。这种装置是 1967 年在英国制成，后来美国通用电气公司（GE）也制成了这样的 SVC。

二、集中补偿装置的接线方式、投切保护方式及容量选取

1. 10kV 及以下的农村配网无功补偿装置补偿位置、补偿容量、接线方式

农村馈线架构下 10kV 及以下的农村配网无功补偿装置，如

图 6-1 所示，补偿装置是以补偿位置来命名的，其无功补偿的对象是用户无功、变压器无功及线路无功。容量极易确定，补偿位置和接线方式较为简单。

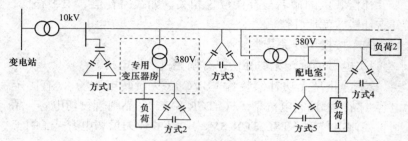

图 6-1　位置不同与补偿的名称关系

　　方式 1 为 110kV 变电站 10kV 集中补偿。补偿接入变电站 10kV 母线，主要补偿变压器本身无功，及通过线路穿越来的无功。补偿容量按主变压器容量的 8%～10% 配置。

　　方式 2 为 0.4kV 台区低压集中（随器）补偿。补偿容量按变压器容量的 30% 配置，补偿节点在变压器的低压侧。

　　方式 3 为 10kV 高压线路补偿。补偿方式为异地补偿，补偿容量分为两部分，一部分是变压器无功，另一部分为用户无功。接线位置及补偿容量均需优化后再确定。

　　方式 4 为 0.4kV 就地补偿。就地对负载补偿，需要多少，补偿多少。补偿位置在负载附近。

　　2. 110kV 以上变电站无功补偿装置接线方式及保护连接

　　（1）容性并联补偿装置直接并联变电站的母线，此类，接入常见于 110kV 及以下电压变电站，如图 6-2 所示。

　　（2）并联补偿所有分路后，采用专用电容器母线并接于变电站低压母线，如图 6-3 所示。

　　500kV 变电站采用 35kV 和 66kV 电压等级的无功补偿装置。

　　220kV 变电站采用 10kV 和 35kV 电压等级的无功补偿装置。

　　（3）并联补偿装置保护连接，如图 6-4 所示。

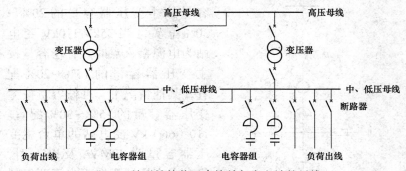

图 6-2　并联补偿装置直接并与变电站的母线

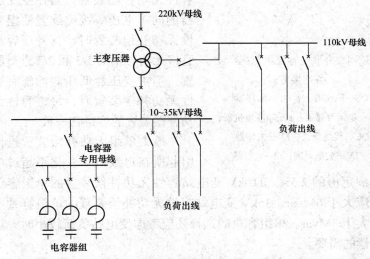

图 6-3　并联补偿装置专用线与变电站连接

3. 变电站无功补偿容量的选取

（1）35kV/110kV 变电站的容性无功选取。35kV/110kV 变电站的容性无功补偿装置，以补偿变压器无功损耗为主，适当兼顾负荷侧的无功（变压器和用户无功）。容性无功补偿容量的配置，应满足 35kV/110kV 主变压器最大负荷，高压侧功率因数不低于 0.95。当 35kV/110kV 变电站内配置了滤波电抗时，补偿

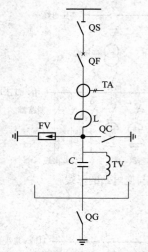

图 6-4　并联电容器组与配套设备连接方式

QS—隔离开关；QF—断路器；
TA—电流互感器；L—串联电抗器；
QC—接地开关；FV—避雷器；
TV—放电线圈；C—电容器

容量按主变压器容量的 20%～30% 配置，当 35kV/110kV 变电站为电源接入点时，补偿容量按主变压器容量的 15%～20% 配置，其他情况下，补偿容量按主变压器容量的 15%～30% 配置。110（66）kV 变电站的单台主变压器容量为 40MVA 及以上时，每台主变压器配置不少于两组的容性无功补偿装置。当在主变压器的同一电压等级侧配置两组容性无功补偿装置时，其补偿容量宜按无功容量的 1/3 和 2/3 进行配置，当主变压器低压侧均配有容性无功补偿装置时，每组容性无功补偿装置的容量宜一致。

最大单组无功补偿装置投切引起所在母线电压变化不超过申压额定值的 2.5%。110kV 变电站容性无功补偿装置的单组容量不应大于 6Mvar，35kV 变电站容性无功补偿装置的单组容量不应大于 3Mvar。单组容量的选择还应考虑变电站负荷较小时无功补偿的需要。

（2）220kV 变电站无功容量选取。220kV 变电站的容性无功补偿以补偿主变压器无功损耗为主，适当补偿部分线路及兼顾负荷侧的无功损耗。容性无功补偿容量应按下列情况选取，并满足在主变压器最大负荷时，其高压侧功率因数不低于 0.95。

满足下列条件之一时：220kV 枢纽站；中压侧或低压侧出线带有电力用户负荷的 220kV 变电站，变比为 220/66（35）kV 的双绕组变压器；220kV 高阻抗变压器。容性无功补偿装置应按主变压器容量的 15%～25% 配置。

174

满足下列条件之一时：低压侧出线不带电力用户负荷的 220kV 终端站，统调发电厂并网点的 220kV 变电站；220kV 电压等级进出线以电缆为主的 220kV 变电站，容性无功补偿装置的单组容量，按主变压器容量的 10%～15% 配置。在满足各电压等级后变电站补偿装置的分组容量应根据计算确定。

最大单组无功电容投切引起所在母线电压变化不宜超过电压额定值的 2.5%，接于 66kV 电压等级时不宜大于 20Mvar，接于 35kV 电压等级时不宜大于 12Mvar、接于 10kV 电压等级时不宜大于 8Mvar。

（3）330kV 及以上电压等级变电站无功容量选取。330kV 及以上变电站容性无功补偿的主要是补偿主变压器无功损耗以及输电线路输送感性无功较大时电网的无功缺额。容性无功补偿容量应按照主变压器容量的 10%～20% 配置。或经过计算后确定。

330kV 及以上变电站感性无功补偿的主要作用是限制工频过电压和降低潜供电流、恢复电压以及平衡高压输电线路的充电功率。其补偿电抗应根据上述要求或最优经济潮流确定。

330kV 及以上电压等级变电站内配置的电容器单组容量最大值，在满足最大单组无功补偿装置投切引起所在母线电压变化不超过电压额定值的 2.5% 的情况下，按以下原则取得。

高压侧 330kV 时，补偿侧为 10kV，单组容量为 10Mvar；补偿侧为 35kV 时，单组容量 28Mvar。高压侧 500kV 时，补偿侧为 10kV，单组容量为 60Mvar；补偿侧为 35kV 时，单组容量 60/80Mvar。高压侧 750kV 时，补偿侧为 66kV 时，单组容量 120Mvar。

4. 并联无功补偿装置的接入投切方式选择

（1）固定接入式电容器组。电容器组或者电抗器组直接并接于线路，用于补偿平稳、没有变化的负荷。此类装置不能带电进行投切，一般需停电后操作。

（2）可投切式电容器组。电容器组在负荷高峰时投入，通过投切开关将电容器接入。在负荷低谷时，通过投切开关将电容器切除。这种投切方式可以使无功水平基本恒定，维持功率因数不变，减少低谷负荷时电压超上限，提高变电站母线电压合格率。

一般通过手动或自动方式进行投切。受制于微机保护。机械投切并联电容器组一般安装在负荷区域的主要变电站，或安装在大型变压器的第三绕组。主要有框架式电容器组，集合式电容器，电抗器。调压型无功补偿装置也有应用。

（3）静止无功补偿器 SVC。静止补偿装置的型式选择，应通过技术经济比较后确定。500（330）kV 变电站可采用晶闸管投切电容器（TSC）型、晶闸管控制电抗器（TCR）型和晶闸管投切电抗器（TSR）型。

一般宜采用晶闸管控制电抗器，配合断路器投切电容器和电抗器组，控制电抗器的容量可按电容器组的最大分组容量选择。

（4）静止无功发生器。35kV 和 110kV 变电站已经大量使用。与机械投切装置相比，可以快速补偿变化无功、抑制止电压的波动。

以上论述可以清晰地看到，各电压等级变电站的无功补偿容量的选取，和功率因数控制界面以及补偿位置的确定，均和随器补偿的方法一致。

三、补偿装置的作用

以表 6-1 为例，来说明低压无功补偿装置种类及作用。

表 6-1　　　　　　低压无功补偿装置种类及作用

序号	补偿功能	集中补偿	支路补偿	就地补偿
1	提高功率因数	√	√	√
2	释放变压器容量（增容）10%～35%	√	√	√
3	提高电压 3%～10%	○	√	√
4	降低电流 5%～35%	√	√	√
5	减少线损 20%～40%	○	√	√

续表

序号	补偿功能	集中补偿	支路补偿	就地补偿
6	减少电缆、变压器发热	×	○	√
7	解决电动机工作中出现的跳闸和烧毁	×	×	√
8	节约用电 5%～22%	○	○	√

注 √—补偿装置所起作用优良；×—不起作用；○—补偿装置所起作用一般。

10、35kV 以上的无功补偿装置一般除了提高功率因数外，装置还兼具系统电压的作用。

第二节 全无功随器自动补偿装置简介

一、全无功随器自动补偿控制器

全无功随器补偿的技术核心是控制器，补偿装置通过控制器把无功控制界面从低压侧改变到高压侧，从而与变压器的无功有机地联系起来。正是这种联系，使得随器补偿装置对配网无功的补偿更加全面。

1. 概述

全无功补偿随器控制器集数据采集、通信、电力监测和无功补偿控制为一体。控制器采用宽温点阵液晶显示，为保证液晶屏的使用寿命，在 15min 内无人操作的情况下，会自动关闭液晶显示和背光，进入屏保状态。判据严密，测量精度高。随器补偿控制器采用多重判据，既防止严重过补偿，又避免电容器电流过大影响电容器的使用寿命，同时还能够避免了电容器的误投切和频繁投切对电网稳定性的影响，及对无功补偿装置本身绝缘的逐步损坏。控制器多参量显示，大容量非易失性 RAM 存储空间，保证数据的完整性。

控制器特有的节电模式是在对电网无功进行系统分类的基础上，充分考虑电力系统自身的无功需求和无功特点而开发研制的，可大幅降低电力系统公共变压器的无功损耗，减少 10kV 线路的损耗。

随器补偿控制器主要用于各类低压集中无功补偿装置中，用以自动控制电容的投切，尤其适用于轻载变压器无功的补偿。亦可用于 AVC 控制系统，作为终端使用。

2. 控制器的功能

（1）电力参数实时监测。实时测量用户端的三相电压、电流、有功/无功功率、总有功/总无功功率、分相功率因数、三相电压谐波、三相电流谐波、总电压畸变率、总电流畸变率、电网频率及电容投切状态等。

（2）存储数据。可存储 15 天的各组控制器的投切次数及累计投入时间。

（3）设备输出路数：10～16 路。

（4）输出电压：12、380V。

（5）控制。控制器可共补（△）、分相补偿（Ｙ）控制 10～16 路电容器的投切，以基波无功功率为参考物理量，实时控制电容器的投切，跟踪补偿电网的无功功率。

（6）统计。统计电容器运行时间、投切次数。

（7）手动投切功能。此功能为调试补偿装置提供了方便。

（8）控制模式。分为普通模式和节电模式。普通模式是根据变压器低压侧的参数（功率因数和无功功率等）进行投切，该模式为传统模式。节电模式是根据变压器高压侧的参数（功率因数和无功功率等）进行投切。

（9）保护。有缺相保护、过压保护、欠压保护、电容器过流保护、电容器放电保护、电压畸变率超限保护、电流畸变率超限保护、零序电流超限保护。

（10）寻优投切。控制器根据电网实际无功需求，结合目标功率因数投切电容器，可保证以最少的投切次数达到最佳的补偿效果。

（11）数据传输。采用 485 通信方式和 modebus 通信规约与上位机进行通信，采用 GPR、DTU 无线采集方式，可以远程实现实时监测、参数设置、数据采集等功能。

（12）参数设置。可现场设置，也可通过上位机设置参数。可设置的参数包括保护电压上限值、保护电压下限值、电容投入门限值、电容切除门限值、电流互感器变比、目标功率因数上限值、目标功率因数下限值、电容投切延时时间、电流保护上限值、电压畸变率上限等。

3. 性能参数

（1）整机精度：0.5 级。

（2）通信接口：232、485 接口。

（3）运行环境：温度 $-40 \sim +80℃$，湿度 $\leqslant 90\%$，海拔 $\leqslant 1000m$。

（4）电源：$90 \sim 280V$ AC，$50 \sim 60Hz$。

（5）电磁兼容性：符合 GB 6833—1986 和 SJ/T 10541—1994 的要求。

（6）平均无故障时间：40000h。

（7）通信误码率：1.7。

4. 工作原理

新型控制器采用全新的控制模型，可保障变压器高压侧功率因数保持在 0.95 以上甚至达到 1。而普通控制器在理想情况下，通常也仅能达到 $0.9 \sim 0.96$。

5. 主要参数设置

（1）设备地址参数设置。设置通信唯一地址。

（2）控制器工作模式，包括工作模式，分为普通模式和节电模式；节电模式，即随器补偿模式。普通模式，即普通控制器模式。

（3）电容器配置。控制器共设计 $10 \sim 16$ 路输出，每路电容器的补偿形式可任意选择，即针对每路输出都有 A、B、C、△4 种补偿形式可供选择。

（4）电容器容量设置，必须按照实际电容器的容量配置逐一输入电容器的容量。

控制器具备根据线路的实际无功需求寻优投切电容器的功

能，如电容器容量设定与实际配置不符，将影响此功能，并对整套装置产生不利影响。

（5）电容器额定电流设定，必须按照电容器的铭牌数据逐一输入电容器额定电流。

控制器特有的电容器过电流保护功能，可在电容器电流过大、过小时使其退出运行，如果此参数设置错误，将影响此功能。

（6）TA变比设定，CT0为主回路外接互感器变比。

（7）手动投切。在此界面下，按确认键可切换操作电容器的序号，按▲键即可投入电容器，按▼键则切除电容器。

（8）时钟设置。在此界面，通过确认键移动光标位置，按▲键增加数字，按▼键减小数字。

（9）目标功率因数设置，控制器保持功率因数在此设定值以上。

（10）投入和切除门限，可根据装置电容的容值设置。

（11）延时时间，即电容器投切间隔，出厂预置30s，可以设置。

（12）过电压设置，电网电压超过此项时切除电容器，出厂预置440V。

（13）欠电压设置，电网电压低于此项时切除电容器，出厂预置360V。

（14）电流畸变率设置，电流畸变率超限保护，出厂预置15%；电压畸变率超限保护，出厂预置8%。

（15）设备初始化，设备初始化及参数设置恢复至出厂设置。

（16）变压器参数设置，按变压器铭牌或说明书找到下述参数，并依次按控制器说明键入：

变压器额定容量（kVA）。

变压器短路阻抗百分数（%）。

变压器空载电流百分数（%）。

变压器空载损耗（kW）。

变压器负载损耗（kW）。

180

在普通模式下次参数不用设置。

6. 面板显示

（1）采用宽温点阵液晶显示。

（2）在 15min 内无人操作情况下，自动关闭液晶显示和背光；在屏保状态下按任意键激活背光，并进入系统有功、无功、功率因数显示。

（3）按键功能：▲为数值增加或手动投入或向上翻页，▼为数值减少或手动切除或向下翻页，▶为翻页键，确认即移动光标位置，返回即返回主菜单。

7. 实时数据显示

操作▲▼键或▶键均可循环显示电网补偿节点前的实时电压、电流、功率因数、有功、无功、总谐波畸变率及谐波含量。

二、全无功随器自动补偿装置

此类的无功补偿一般用于电力公司公共变压器的无功补偿装置，其补偿目的主要是解决变压器无功，以及用户的无功。此类补偿装置一般以室外不锈钢箱体为主，安装于台区变压器的电杆上。

变压器以 315kVA 以下为主，一般可分城市和农村台区。随器补偿的器件与低压集中补偿的器件完全相同。

1. 主要功能

（1）补偿变压器无功、用户无功。

（2）自动寻优补偿设计，对总补偿容量进行不等量分组，大、小负荷时均能补偿，无投切震荡。

（3）$G+Y+\Delta$ 综合补偿方案设计，对三相平衡部分无功三相共补，对三相不平衡部分单相分补，对配电变压器无功进行自动补偿。

（4）特设补偿电流检测功能，使电容器的实际容值及主回路的缺相与否，变得一目了然。

（5）特设保护功能。主回路保险熔断，对电压及谐波超限等危及装置寿命和补偿效果的情况进行自动保护。

2. 特点

（1）节电模式下的运行方式。全无功随器补偿装置在对电网无功进行系统分类的基础上，采用了双模式控制，即传统模式和节电模式。

普通模式为现有集中补偿控制模式，节电模式为随器自动补偿模式。

（2）Ｙ-△自由转换的电容器配置形式。放弃传统的电容器配置只按系统设置的固定编码配置的形式，实现配置形式的自由转换，增强了装置的适用性。

（3）多重判据下的寻优投切形式。本控制器以系统无功为控制物理量，结合目标功率因数进行控制。控制器具备根据电网实时无功挑选最合适的电容器容量的能力，极大地减少投切次数，可大幅提高装置的安全性及运行效率。

第三节　主要补偿装置简介

一、高压 10kV 固定集中补偿装置 TBB10

根据 110kV 无功补偿层面和无功控制界面的理论，可知 10kV 无功补偿层面，其位置在 110kV 变压器的 10kV 低压侧。该层面的补偿主要是解决 110kV 变压器自身的无功；其次解决 0.4kV 穿越上来的用户无功；主变压器自身的补偿容量按变压器容量的 8%～10% 进行配置；用户无功容量配置亦可按负荷率计算。其无功补偿控制界面在 110kV 变压器的高压侧。

但在实际的补偿应用中，10kV 无功补偿层面的侧容量按变压器容量的 30% 配置，其补偿是以解决用户 0.4kV 穿越上来的无功为主。110kV 变压器的自身无功基本没有得到补偿。

此类无功补偿装置，一般安装在 110kV 变电站的补偿层面即低压侧。多为框架式室内（外）安装，电容器置于框架内，电容分为 1～3 组，每组容量不等，每相都有熔断器，手动控制投切。装置主要有刀闸、断路器、电容器开口保护，电容放电、电

图 6-5　10kV TBB10 固定补偿装置

容、电抗等器件构成。设计上考虑谐波治理或涌流时，串联电抗。户外以空心电抗器为主，户内以铁芯串联电抗为主。10kV TBB10 固定补偿装置如图 6-5 所示。

　　TBB10 主要技术参数如下：

（1）额定电压为 10kV。

（2）额定容量为 300～8000kvar。

（3）电容保护为三角形开口差压保护。

（4）开关机械寿命为 30 万～100 万次。

（5）电容分组为三组。

（6）工频主回路耐压为 42kV/min。

（7）二次回路耐压为 2.5kV/min。

（8）雷电冲击耐压为 72kV/min。

（9）空心电抗率为 4.5%、5%、7%（可以选择）。

（10）电容量偏差为 0～5%。

（11）允许稳态过电压为 $1.1U_\mathrm{n}$。

183

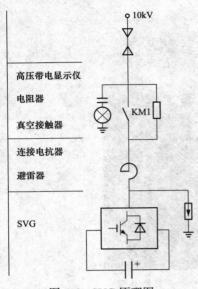

图 6-6　SVG 原理图

（12）允许稳态过电流为 $1.35I_n$。

二、10kV 高压 SVG 有源补偿装置

此类补偿装置多以室内屏柜形式，SVG 模块置于柜内，可以自动控制无功输出，用以补偿变电站的快速变化的负荷无功，可以稳定电压。其优点是控制方便、控制精度高；缺点是 SVG 发热严重，需要降温处理，价格昂贵，损耗大 2%～3.5%。其原理图见图 6-6。

1. 补偿响应性能

装置可动态跟踪电网电压变化及负载变化，快速补偿冲击性无功功率。有效抑制无功冲击带来的电压闪变与系统电压波动，动态响应时间不大于 10ms，稳定系统供电电压。

2. 冷却方式

成套装置采用强制风冷，技术先进、运行安全可靠，适应现场环境。

3. 运行效率

装置运行过程中，SVG 总有功损耗不大于装置额定输出容量的 4%。

4. 阀组（IGBT）技术要求

（1）装置采用先进的全控型器件 IGBT，开关频率不低于 500Hz。装置主回路元器件应留有足够的电压、电流裕度，元件有良好的 dv/dt，di/dt 特性，有效提高系统可靠性，减小维护量。

（2）系统主电路采用链式串联结构，星型连接，每相由若干个换流模块组成。

（3）功率单元采用模块化的结构设计，采用 H 桥结构拓扑，使功率单元结构紧凑。

（4）装置大功率电力电子元器件，应具有完善的保护功能，包括但不限于以下类型：

直流过压保护，电力电子元件损坏检测保护，过流保护，触发异常保护，过压击穿保护等，IGBT 过温保护。

5. 装置控制及保护技术特点

控制柜采用柜式结构，具备抗强电磁干扰能力。主控制器安装于控制柜中，由主控机箱和触摸屏等几个主要部分组成。动态无功补偿装置采用综合保护策略，以提高装置可靠性。

保护包括母线过压、母线欠压、过流、速断、直流过压、电力电子元件损坏检测保护、触发异常、过压、超温、保护输入接口、保护输出接口控制和系统电源异常等保护功能。

三、10kV 变压器调压型无功补偿装置

调压型无功自动补偿装置，通过电压调节器（调压装置）改变电容器的工作电压，分级调节电容器补偿容量，实现无功自动补偿。原理框图见图 6-7。该装置主要由断路器、调压器（有载分接开关和自耦变压器组成）、电抗器（可选，主要用于滤波）、补偿电容器、快速熔断器、放电线圈、氧化锌避雷器、电压互感器、电流互感器等部件组成。

调压型无功补偿适用于无功变化稳定，波动不大的应用场合。装置的核心部件为自耦型变压器和有载分接开关。根据现场无功波动情况，装置通过有载分接开关，调节变压器输出不同等级的电压加到电容

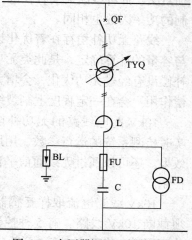

图 6-7 变压器调压型补偿装置

185

器两端，调节电容的端电压，改变电容器的无功输出，现场实际使用时，调节挡位通常设计成 4～10 个挡位。

调压型无功补偿相比其他无功补偿，采用电阻过渡有载分接开关改变电容器端电压。调节无功输出容量时，电容器端电压不突变，不脱离电源，因而不需要考虑电容器放电延迟时间。无投切涌流和过电压，始终保证电容器的工作电压在额定电压以下，延长其使用寿命，提高系统和电容器运行的安全系数。

该类型无功补偿装置调节电容器无功输出的器件是通过有载分接机械开关实现。投开关切换次数有限，平均寿命为 20 万～30 万次，且开关切换速度较慢，目前国内最快速度为 1s/挡，不适用无功变化快速频繁的场合。

四、10kV 线路补偿装置

1. 装置概述

高压线路自动补偿装置是近几年发展起来的一种安装于线路上的无功补偿装置。安装位置并不在规定的电压无功补偿层面。其主要补偿作用在于补偿 0.4kV 穿越上来的负荷无功和变压器无功是一种异地无功补偿。它具有安装方便的特点，具有一定的减损意义。此种线路无功补偿的控制界面一般与补偿层面相同，控制的功率因数也相同。

线路无功补偿存在着优化计算的问题，其补偿的优化即位置与容量的计算确定，是此类无功补偿经济性的决定性因素。此种补偿没有经过无功优化，会增大线损，或者根本起不了的应有补偿作用。会在一定程度上割裂线损与补偿的关系。

10kV 配电线路的无功补偿，采用高压电容器自动控制器，实时检测系统的运行参数，用最少的投切次数，达到最佳的投切效果。还可以通过无线通信平台与后台管理系统联网，实现远程控制。

10kV 线路电流取样互感器为开启式电流互感器，安装时无须截断 10kV 线路。有 5 种控制方式（电压、时间、时间电压、功率因数、电压无功），可适应不同线路特点的需要。它具有过流、过压、欠电压、过流速断、缺相，拒动及电容器放电时间保护。穿墙套管具有电容电流取样功能（专利技术），能监测电容容值，亦可作为过流保护。

该装置安装调试和操作维护方便，可现场选择控制方式，修改控制定值。整套装置采用集合型箱式、电容器外置型箱式或积本式结构。采用通用金具，安装方便。

具有投切状态显示，故障报警功能，有多种通信抄表方式可供选择。

2. 性能参数

（1）额定电压 10kV。

（2）控制器工作电压为 220V+20%。

（3）额定容量为 100～900kvar。

（4）雷电冲击耐压（峰值）为 72kV/min。

（5）控制方式为电压、时间、时间电压、功率因数、电压无功。

（6）工频主回路耐压为 42kV/min，二次回路耐压为 2.5kV/min。

（7）允许稳态过电压为 $1.1U_n$，允许稳态过电流为 $1.3I_n$。

（8）接触器机械寿命为 30 万～100 万次，数据保存周期为 62 天。

（9）电容量偏差为 0～10%，防护等级为 IP 33。

3. 控制方式

（1）电压控制：当电压低于投入门限时，投入电容器；当电压高于切除门限时，切除电容器。

（2）时间控制：在可投时段内，投入电容器；在切除时段内，切除电容器。

（3）时间电压控制：在不可动作时段，不投电容器；在可动作时段，当电压低于投入门限投电容器，电压高于切除门限时切除电容器。

（4）功率因数控制：当功率因数小于功率因数下限时，投电容器；当功率因数大于功率因数上限时切电容器。

（5）电压无功控制：当电压小于下限或电压正常，而无功小于无功下限时，投电容器；当电压大于下限或电压正常，而无功大于无功下限时，投电容器。

补偿装置经计算和优化后安装于 10kV 户外线路上。箱体为室外结构，单杆或双杆安装。

4. 自动控制

自动控制分为：一级、双级、三级控制。

5. 开机寿命

开关机械寿命：30 万～100 万次。

6. 主要器件

主要器件有：高压接触器、高压电容、开口式电流互感器、电压互感器、电容互感器式套管，高压线路无功控制器、计算机后台软件。

五、低压 SVG 有源补偿装置

1. 产品特点

有源无功补偿，一般以配电柜屏的形式安装于配电房。SVG补偿模块以 50kvar 或 100kvar 为单位，累加于屏柜内。有源无功补偿的特点是快速补偿。亦可用于三相不平衡的场合，负荷快速变化，以及有谐波的地方。

2. 主要性能

SVG 系列静止无功发生器，可以补偿基波无功电流，也可同时对谐波电流进行动态实时补偿。主电路主要包括控制系统，IGBT 功率变换器和滤波电抗器三部分，其补偿原理图见图 6-8。LBSVG 首先通过软启动用接触器和软启动用电阻进行软启动，再经过 PWM 调制，使电容电压升至额定值，而 FPGA 控制器提取出所有的谐波或无功电流，使 LBSVG 吸收或发出满足需求的无功电流，实现动态无功补偿的目的。

SVG 采用电子元器件（电路板）与功率器件（电感、电容、IGBT 散热片）分层设计，并且电子层全封闭，防护等级达到IP54，不惧怕粉尘、高温、潮湿、盐碱等恶劣的工业环境。

188

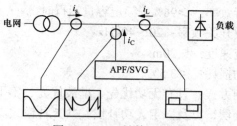

图 6-8　SVG 补偿原理图

SVG 的技术发展取决于更先进的 IGBT。目前已应用到英飞凌第 5 代 IGBT，主要是进一步提高 IGBT 的开关频率，降低 SVG 的大量损耗。另外，采用 FPGA 主控芯片替代多片 DSP。FPGA 使用硬件逻辑门编程，绝无堆栈溢出等风险，具有极高的可靠性，SVG 内部电路结构如图 6-9 所示。

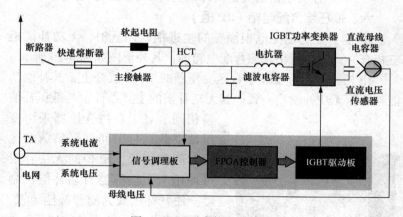

图 6-9　SVG 内部电路结构

3. 典型低压 SVG 性能参数

（1）额定容量：50kvar，单模块最大 100kvar。

（2）额定电压：380V（−20%～+20%）。

（3）供电系统频率：50Hz ± 10%。

（4）滤波范围：额定容量的 50% 可以补偿 2～13 次谐波。

（5）运行效率：≥96%（额定容量运行时）。

（6）等效开关频率：20~40kHz。

（7）响应速度：≤20ms。

（8）有功损耗：<3.5%。

（9）控制方式：具有无功优先、谐波优先、不平衡优先、电压为目标的补偿，以及固定无功补偿，共5种模式。

（10）限流能力：限流在100%装置容量，不会发生装置过载。

（11）通信接口：RS485通信接口，Modbus通信协议。

（12）噪声水平：额定功率输出时≤60dB。

（13）IP等级：IP20。

（14）制冷方式：强制风冷。

（15）扩容功能：模块化设计，支持多机并联扩容。

六、低压综合配电箱（JP柜）

JP柜主要是把配电柜涵盖的主进柜、计量柜、无功补偿柜三柜合一，统一简化到综合配电箱内，其外形图如图6-10所示。

JP柜一般室外安装于台区变压器的10kV线杆上，其补偿功能与低压无功补偿箱一致。其无功补偿的主要器件也与低压补偿箱相同。对于农村变压器来讲变压器空载运行时间和轻负载的运行时间都很长，JP柜的无功补偿可使用全无功随器自动补偿控制器。使其补偿成为随器补偿装置，降低线路损耗。技术参数如下。

1. 产品特点

JP系列户外综合配电箱，可具有配电、补偿、计量三种基本功能。

2. 主要性能

响应及时迅速，补偿效果好，

图6-10　JP箱

工作可靠，也可根据用户需求加入漏电保护器。

保护功能：过压、过载、欠压、欠流、短路、缺相、零序超限等功能。

自动运行功能：停电推出、送电后延时 10s 自动恢复。

可提高电网功率因数达到 0.95 以上。

3. 运行条件

（1）环境温度：−40～+55℃。

（2）空气相对湿度：≤90%（相对环境温度为 20～25℃）。

（3）海拔高度：不超过 2000m。

（4）环境条件：适用于箱体内安装，不适用于有火灾、爆炸危险、严重污秽、化学腐蚀及剧烈震动的地方。

（5）安装位置：与地面垂直的倾斜度不超过 5º。

4. 技术参数

（1）额定电压：0.4kV。

（2）额定频率：50Hz。

（3）配用变压器容量分别为：30、50、63、80、100、125、160、200、250、315（kVA）。

（4）电容分组：一般分 4-12 级（路），如用户有特殊要求，按用户要求配置。

（5）馈（配）电回路：一般分 3 路，每路按所配变压器总容量的 40% 进行配置。

（6）补偿方式：寻优投切。

（7）控制物理量：无功功率或无功电流，功率因数。

（8）最快响应时间：≤20ms。

七、就地补偿装置

此类补偿以补偿设备无功为主，是就地补偿，也是最为优化的补偿方式。

1. 支路补偿装置

支路补偿装置一般安装于车间总进线旁。对车间产生的无功进行补偿，位于集中自动补偿装置的下一级车间，补偿装置与集中补偿装置基本一致，一般容量比集中自动补偿容量要小。

但补偿作用与集中补偿有所不同，支路补偿有利于用户的利益；可以提高车间的电压，减少电缆的损耗，减少电缆的发热。

2. 就地补偿装置

其补偿目的主要是补偿，用户用电设备的无功，是国家提倡的补偿方式，也是最经济的无功补偿。就地补偿装置也是用户和电网都受益的补偿形式（用户受益为主），不仅能提高末端电压、减少无功电流，减少线路损耗，而且能减少电机及用电设备的损毁。

就地补偿装置较为简单，但保护与负荷形式相关，由于用电设备的复杂性，就地补偿的保护也需要一现场结合。

就地补偿是补偿效果最好的补偿，但往往因为补偿的管理和资金问题，只能对部分设备负载进行就地补偿。但很多时候，工厂并没有开展就地补偿工作，这就进一步加剧了低压集中补偿的难度。所有用户的无功都集中起来，使得补偿容量变大，过多的无功穿越计量点就变得不可避免。

（1）时间继电器就地补偿装置，主要用于补偿电机运行的无功。补偿装置接于电机的主进线开关的下端头，用时间继电器避开启动的瞬间，等到启动完成后，接通时间继电器，使补偿装置接导通。起到补偿的作用。这样的就地补偿可以避开接通瞬间的涌流，保护电容。

（2）TSC快速动态就地补偿装置主要用于电焊机，点焊机、冲压机，油田抽油机。

针对快速变化的负荷，使用晶闸管投入电容，可以在半个周波，投入电网。

（3）直接并联于设备的补偿。补偿电容直接并联于用电设备供电端，注意启动方式对电容的影响。此类装置没有任何保护。电容的短路保护，与被保护设备一致。

（4）各类设备的治理。一般配网产生的电压偏低、三相不平衡、谐波的情形都来自设备，应在发生这些原因的设备处进行治理，而不应在集中补偿处进行治理。不能本末倒置。

（5）就地补偿不能用于电机正反转的地方。

八、感性无功补偿装置——35kV 干式铁心并联三相电抗器补偿装置

35kV 以上的电缆线路，在轻载状态下存在大量的容性无功，多以电抗器为代表的感性设备来补偿线路充电无功。使用最多的就是干式铁芯电抗器。电抗器目前主要有空心电抗器（户外）铁芯电抗器、油浸电抗器。另外磁控（MCR）电抗器近几年也有一定的发展和应用。

现仅介绍 35kV 干式铁芯电抗器。

1. 35kV 干式铁芯并联电抗器技术要求

（1）海拔不超过 1000m。

（2）最大风速：35m/s（离地面 10m 高，10min 平均风速）。

（3）最高月平均相对湿度：90%（+25℃）。

（4）最高环境温度：+45℃。

（5）最低环境温度：−25℃。

（6）最大日温差：25K。

（7）日照强度：0.1W/cm^2（风速 0.5m/s）。

（8）降雨量：年最大降雨量为 2400mm，日最大降雨量为 200mm。

（9）覆冰厚度：20mm。

（10）耐地震能力：见表 6-2。

表 6-2　　　35kV 干式铁芯并联电抗器耐地震能力

烈度 加速度	地震烈度 9 度地区	地震烈度 8 度地区	震烈度 7 度地区
地面水平加速度	0.4g	0.25g	0.2g
地面垂直加速度	0.2g	0.125g	0.1g

试验的地震波为正弦波，持续时间三个周波，安全系数为 1.67。

（11）污秽等级：按安装地点的污秽等级并留有一定的裕度，一般选用高一等级。

（12）安装位置：户内或户外。安装场所无严重影响绝缘的气体、蒸汽、灰尘及其他爆炸性、导电性和腐蚀性介质；户内安装的应有足够的通风，一般每千瓦损耗应有不小于 $2mm^3/min$ 的空气通风。

（13）特殊使用条件。

1）当运行环境温度超过 +40℃时，则线圈的允许温升应按下述情况分别降低：当在 +40～+45℃（含 +45℃）时，应降低 5K；当在 +45～+50℃（含 +50℃）时，应降低 10K；当高于 +50℃时，应由制造厂与用户协商确定。

2）当运行地点海拔超过 1000m 时，超出的部分以每 500m 为一级，温升按 2.5% 减少，额定工频耐受电压一级增加 6.25%。

2．技术参数

（1）系统标称电压和最高运行电压。系统标称电压和最高运行电压见表 6-3。

表 6-3　　　　　　　　系统标称电压和最高运行电压

系统标称电压 （kV，方均根值）	最高运行电压 （kV）	额定工频耐受电压 （kV 方均根值干 / 湿）	额定雷电冲击全波耐 受电压（kV，峰值）
35	40.5	95/80（85）	200

（2）系统额定频率：50Hz。

（3）并联电抗器。

1）相数：三相。

2）额定电压不低于系统额定电压。

3）最高运行电压不低于系统最高运行电压。

4）额定频率：50Hz。

5）额定容量：由安装点的需要确定。

6）额定电抗：由额定电压和额定容量确定。

（4）电抗允许偏差。对于有分接抽头的并联电抗器，若无其他规定，允许偏差值只适用于主分接。在额定电压和额定频率下，电抗的允许偏差为 +5%。

对于三相并联电抗器或单相并联电抗器组成的三相组，若连接到具有对称电压的系统上，当 3 个电抗偏差都在 +5% 允许范围内时，每相电抗与 3 个相电抗平均值间偏差不应超过 +2%。对具有非线性磁化特性的电抗器，在额定电压下测得的电抗 +5% 偏差值，应能适用于订货方规定的极限电压。

（5）额定电流：由额定电压和额定容量确定。

（6）损耗：用损耗（kW）与额定无功容量（kvar）的百分比来要求，不超出表 6-4 中的数值。

表 6-4　　　　　　　　并联电抗器损耗百分比

额定无功容量 （kvar）	空心电抗器 （75℃）	铁芯电抗器 （120℃）	半芯电抗器 （75℃）
5000	0.5%	0.5%	0.37%
10000	0.4%	0.4%	0.29%
20000	0.3%	0.35%	0.2%
30000	0.28%		
40000	0.22%		

注　非上表中容量的电抗器的损耗要求按表中数值进行插值推算。

（7）损耗的允许偏差：按照有关标准测得的校正到参考温度的总损耗，不超过损耗保证值的 +15%。

（8）声级：A 计权声压级不应超出表 6-5 中的数值。

表 6-5　　　　　　　　并联电抗器声级

额定无功容量 （kvar）	空心电抗器 dB （A）	铁芯电抗器 dB （A）	半芯电抗器 dB （A）
5000	52	56	52

续表

额定无功容量 （kvar）	空心电抗器 dB （A）	铁芯电抗器 dB （A）	半芯电抗器 dB （A）
10000	55	59	55
20000	57	65	57
30000	60		
40000	62		

注　非上表中容量的电抗器的声级要求按表中数值进行插值推算。

　　振动要求实际运行时电流引起的振动频率不在电抗器的固有振动频率附近。对于铁芯电抗器，振动最大值不超过 100μm。

（9）绝缘耐热等级及温升限值，见表 6-6。

表 6-6　　　　　　并联电抗器绝缘耐热等级及温升限值

项目	绝缘耐热等级	最高运行电压平均温升限值（K）	最高运行电压最热点温升限值（K）
绕组	155℃（F 级）	65	75
	180℃（H 级）	90	100
铁芯及其他金属部件			100

注　导线股间、匝间和包封的绝缘耐热等级不低于 F 级。

（10）绝缘水平，标准绝缘水平见表 6-7。

表 6-7　　　　　　　　标准绝缘水平

系统标称电（kV，方均根值）	最高运行电压（kV）	额定工频耐受电压（kV，方均根值）干/湿	额定雷电冲击全波耐受电压（kV，峰值）
10	11.5	42/30（35）	75
20	23.0	68/50（55）	125
35	40.5	95/80（85）	200
66	72.5	165/140（140/160）	325

注　括号内数据只适用于户内安装的电抗器。

（11）过励磁能力。铁芯并联电抗器的过励磁能力见表 6-8。

表 6-8　　　　　　　　并联电抗器过激磁能力

过电压倍数（倍）	1.15	1.2	1.3	1.4	1.5
允许时间（min）	连续	20	3	1min	10s

第七章

随器补偿装置的抗涌流、谐波设计

经验和理论都表明，电容器投切过程中的暂态涌流和过电压是造成电容及补偿装置过早损坏的主要原因，这种涌流和过电压，可以造成开关绝缘过早的损坏及电容金属膜的击穿，从而引起补偿柜的爆炸、短路、燃烧等恶性事故的发生，因此，减少涌流是在设计补偿装置时的重点考虑的因素。减少暂态涌流和过电压，一般通过器件的选型来实现（如电抗器及没有涌流的晶闸管器件等），另外减少暂态涌流与隐含减少涌流的设计有关，通过科学的设计，减少电容投切次数，从而间接实现减少涌流，是电力设计师应该考虑的重要环节。

通过减少电容投切次数，来减少涌流的设计方法，不但补偿效果好，最为本质的是还不需增加投资成本，是优化补偿的最佳设计方法。而这种减少涌流的设计，往往在设计中被忽略。

减少投切次数和抗涌流的设计，需要设计人员对补偿的负荷有深刻理解与认识后，才能设计出与现场无功负荷的波动高度相符的补偿装置，才能科学配置电容容量及分组，使得电容的投入，一次即可满足负荷无功变动的需求，避免电容的多次投切，从而减少投切涌流。另一方面，可以通过投切技术的进步，来实现涌流的减少。

近十年来，减少涌流的投切技术发展迅速，这种技术以晶闸管过零技术为基础，开发有分相过零投切开关、复合开关、电子开关等新型减少涌流的新产品。减少涌流的投切技术代表了无源补偿技术的发展方向。

电抗器是最常见的抗涌流器件，电抗器串接于电容电路，可以有效地减少涌流，此时电抗的电抗率选择较为简单。电抗器的另一作用是调谐治理部分谐波。

如何选择电抗器的电抗率，确保电容和电网系统不放大谐波，使流入系统的谐波满足国家要求，也是本章阐述的内容。

第一节 无功补偿装置的保护

无功补偿装置是围绕对电容的各类保护和系统安全展开设计的。下面介绍高低压无功补偿装置的主要保护。

一、0.4kV 低压无功补偿装置的保护

1. 主回路短路保护

补偿装置短路电流保护，能迅速切断补偿装置的各种短路电流、过电流；以实现对补偿装置的安全保护，防止事故的进一步扩大；有时也会要求总保护有明显的断开点，以方便开关柜内其他部件的断电维护。

常用开关有：空气断路器（如 NM 系列空气开关系列）、刀熔开关 HR-5、刀开关 HD。

实际应用中，补偿装置也有选择刀开关或刀熔开关作为总开关。自动空气开关、断路器断开容性电流的技术并不完全成熟。

总开关的保护容量是以电容的总体容量来选择的，而实际上，电容的投入是不同的。因此，补偿的总保护电流与实际保护电流是有差异的，且差异极大。如投入一组容量为 20kvar、电流为 29A 的电容器，装置电容全部投入总容量为 400kvar，电流为 580A，电流相差 20 倍。

20 世纪 90 年代的低压开关工具书中曾指出；无功补偿装置的总开关的绝缘存在逐步破坏的现象，破坏引起的击穿恶性事故的概率发生为 0.1%～0.3%；有些绝缘事故，甚至会引起开关上端与母线的连接铜铝排被整齐割断。

补偿柜内的电容向短路处放电，是补偿柜特有的故障现象，由此引起补偿柜二次爆炸的恶性事件也有经常发生。

随着投切器件技术及开关技术的进步，涌流得到了一定的抑

制，由补偿装置内的总开关绝缘破坏引发的事故有所下降，但仍有发生。此类恶性事故是由总保护开关被暂态过电压逐渐破坏绝缘引起的，还是开关不能完全可靠切断所有容性短路事故电流引起的，至今仍有争论。

2. 电容分组短路、过流保护

每只（组）电容的过流及短路保护常用器件有：①小型塑壳断路器 DZ-47 系列；②圆柱熔断器 RT 系列、aM 系列；③快速熔断器 ag（AG）系列。

21 世纪初基本上都是使用的圆柱型 aM 系列熔断器。其优点是经济实惠，方便维护；缺点是会造成电容缺相运行。目前，电容柜基本上使用的是塑壳断路器，优点是安装便捷、维护方便、保护更全面。手动带电恢复断路器时会有极大的危险性，不可直接手动恢复。

此保护是补偿装置对短路电流的第一道防线，也是最容易忽及的地方。直到现在，此位置的保护元件都不是专门针对容性短路电流的。

3. 投切器件及其涌流保护

当在电容投切过程中，使用交流接触器和各类投切器件时，会出现涌流和暂态过电压。这些过电压和涌流对电容和补偿装置有着较大破坏性。为改进这些不足，人们以晶闸管过零技术为基础，发展了电子开关、复合开关等投切开关，极大地减少了投切涌流。由于器件不能完全在电流零时切断或投入，但仍有 4 倍的涌流出现。

常用机械投切器件有：CJ16、CJ19 电容专用接触器；常用投切过零器件有：电子开关、复合开关、晶闸管。

早前电容投切使用的是普通通用接触器，现在使用的都是电容专用 CJ19 接触器和复合开关（电子开关）。电容专用接触器可以使涌流降低到 $10\sim60I_e$，过电压的情况取决于概率，使用电容专用接触器是较为经济的。

在推广应用的初期，过零投切的复合开关、电子开关，都容易损坏，价格也较高。目前，复合开关无论从经济上，或是安全方面，都有了质的改变。复合开关对电容和补偿装置的安全有较大的益处，进一步提高了过零投切复合开关的质量及成本的降低，是此类投切开关普及应用的一个重要问题。

4. 谐波保护

一般用补偿控制器进行谐波保护，当补偿控制器检测到系统谐波值大于设定值时，控制器发出指令，电容退出运行，控制器不再发出投切命令。

在有部分谐波时，可以增加电容串联电抗器，同时增加电容额定电压，对电容进行保护。同时调谐部分谐波。

系统谐波超出标准时，会使电容过流、发热严重，电容会很快损坏。电容的总谐波电流不大于 $1.30I_e$。

当谐波治理时，补偿控制器不会出现谐波保护。

注意：补偿控制器在各种异常情况下需要强令电容器退出时，电容器应逐路退出，不能同时全部退出，如果将正在运行的电容全部退出，会造成较严重的事故。

5. 稳态过电压保护

一般使用补偿控制器进行稳态电压保护。当工作电压高于补偿控制器设定的电压值时，补偿控制器指令电容逐路退出运行。当系统电压过高时，控制器命令切除电容，电容逐一退出运行，形成对电容的保护。电容与其他用电设备一样，其寿命与电压的平方呈反比。国家规定的电容电压标准见表 7-1。人们常用提高电容的工作额定电压的方法来选择电容，但这是用牺牲电容容值的方式来满足电容对运行电压的影响，并是非经济的。

表 7-1　　　　电容电压运行标准（电容电压标准为 U_e）

运行电压（U_e）	最大运行时间（min）	运行电压（U_e）	最大运行时间（min）
1.1	持续	1.2	5
1.15	24h，5	1.3	1

当电容电压增加，超出其额定电压时，会造成电容无功出力急剧增加，导致电容严重发热，致使电容过早损坏。

6. 过电压保护

补偿装置在操作和雷电过电压下，保护器件释放过电压，保护电容及补偿装置和系统。

常用保护器件有：氧化锌避雷器。

避雷保护：避雷器用来保护雷击的过电压。常用氧化锌避雷器实现。

作者曾经历过一个补偿装置的避雷器爆炸事故。当时准备检修 1 个 200kvar 电容柜，首先将所有的电容脱离电网，随后在操作补偿主刀闸开关脱离断开母排时，避雷器突然爆炸。经检查，补偿装置内 3 个避雷器炸了 1 个。

7. 温度保护

温度保护主要是对补偿装置及发热器件电容、电抗和晶闸管等投切器件的保护。

当补偿装置内温度或器件温度超限时，补偿装置退出运行，或强制干预，排风扇强制排风。常用器件有：温度计及其控制，热电偶（热电阻）及其控制，风机和散热器。

引起补偿装置温度上升的主要器件有：电容器（60℃）、电抗器（90℃）、晶闸管开关（80℃）。

补偿装置内部温度应控制在 60℃以内。

20 世纪 90 年代，补偿装置为保护电容的发热，曾将热继电器串联接于电容的主回路。当电容回路温度升高时，热继电器断开回路，由于热继电器与无功控制器的发出信号不一致，致使热继电器与无功控制器常常打架，造成事故，目前热继电器已经基本退出设计和应用。

8. 现场振动保护

要充分考虑现场的振动对触头器件影响。设计带触头的开关和接触器时，要考虑振动情况下对开关、接触器触头的影响。补偿装置在生产装配时，各个部件都需要弹簧垫来紧固。

对于振动较大的场合，尽量使用没有触头的器件。必要时选择晶闸管投切开关，短路电流保护可选择刀熔开关作为保护。

9. 放电保护

目前，补偿装置有放电电阻内接于电容，以及放电指示灯外接两种放电形式。主要器件有 ND-11 系列放电指示灯。如果放电指示灯坏了，应及时更新。

国家对于电容放电是有要求的，低压电容的放电标准：1min内，电容两端电压降至 70V。电容本身是有放电电阻的。指示灯的放电保护是与电容内设电阻并列的放电保护。

补偿电容切除后或停电时，电容向放电回路放电，直至电容两端的电压为 0，此时，电容不会伤及人身是安全的。当充分放电后的电容再次投入系统时，对电容本身和补偿装置都是安全的，对补偿装置起到了保护的作用。

放电事故是补偿柜常见的特有的恶性事故，一般由电容电流尖端放电引起。常见于开关柜短路之后的电容向系统的放电，也被也称为二次放电事故。这种事故可以烧毁整个电容柜，是最为严重的恶性事故。

10. 串联电抗涌流保护

串联在电容上的电抗一般有以下 3 个作用：

（1）降低电容投切涌流，保护电容。

（2）抑制调谐部分谐波的作用，并防止并联谐振。

（3）无源串联滤波使用，其电抗通过计算获得。

二、10kV 高压无功补偿装置的保护

1. 高压无功补偿装置主要保护为电容（组）电压不平衡保护

当电容器采用星形接线时，如电容有一相损坏，电容中性点电压及其他两相的电压均会升高。因此，采用电压不平衡保护，对电容缺相进行保护。

电容（组）电压不平衡保护的工作原理是，利用电容器组的放电线圈，作为电容器的电压互感器；放电线圈的一次线圈与电容器并联，二次线圈接成开口三角形，在开口处连接 1 只低整定值的电压继电器。在正常运行时三相电压平衡，开口处电压为零，若电容器其中一相故障，三相电压就不平衡了，开口处出现电压差，利用这个电压差值来启动继电器动作，或给综合保护装置、控制器信号于开关跳闸回路，将整组电容器切除，以达到保护电容器组的目的。

主要器件有：放电线圈、电压继电器、无功 - 电压控制器、综合保护装置。

2. 电流不平衡保护（中性线电流不平衡保护）

电流不平衡保护用于电容的保护，以容值下降保护为主。

星形接法的电容器组分为容量相等的两份电容器，特殊情况下，两份星形电容器组的容量也可不相等。在两份中性点间装设小变比的电流互感器，即构成双星形中性点不平衡电流保护接线参见图 7-1。

主要器件有小变比互感器，控制器、电流继电器。

3. 电容电压差动保护

电容电压差动保护的原理是串联电容的分压原理，是通过测试同相电容器两串联段之间的电压来作比较。当设备正常时，电容器两段的容抗相等，各自电压相等，因此，两者的压差为零。

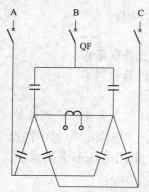

图 7-1　电容器双星形接线中心线电流不平衡保护原理

当某段电容器出现故障时，由于容抗的变化而使各自分压不再相等而产生压差；当压差超过允许值时，保护开始。从原理上可知，因电容器两段电容是串联在电路上的，电网电压的波动对电压差动保护几无影响。

10kV 系统的电容器补偿装置极少用电压差动保护，此保护多用于 35kV 系统的无功补偿。

主要器件有：电压互感器（放电线圈）、继电器、控制器、微保。

4. 电容过流及短路保护

用于高压电容的保护。主要通过测试电容的电流，传输给无功补偿控制器或 U-Q 控制器，当电容电流大于电流给定值时，控制器指令电容退出运行，参见图 7-2。

主要器件有：电流互感器、穿墙套管（套管内含有电流互感器）、继电器、控制器。

5. 电容器零序电流保护

电容器零序电流保护主要用于三角形接线电容的保护，见图 7-3。

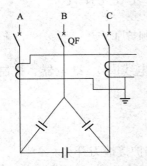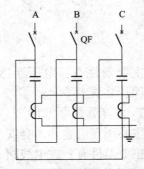

图 7-2　电容器过电流保护原理　　图 7-3　电容器零序电流保护原理

将电流互感器接于在电容器的每相中，接入 3 只互感器的 3 个二次绕组并联后，接入继电器或控制器。当电容有一相发生故障时，三相容值不等，有一相的电流变大，三相电流不平衡；零序电流产生，继电器或控制器、综合保护装置动作，断开电容开关。

主要器件有电流互感器、继电器、控制器、综合保护装置。

6. 零序电压保护

零序电压保护用于电容保护，适应于单星形的电容器组，参见图 7-4。

通常将电容器的中性点，与 3 台单相电压互感器二次线接成的中性点连接，当某台电容器击穿，由于中性点电压偏移，中性点产生电压，于是控制器和继电器动作。

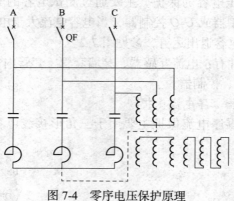

图 7-4　零序电压保护原理

主要器件有：电压互感器（放电线圈）、继电器、控制器、微机保护装置。

7. 电容器放电保护

主要用于电容和人身安全的保护。

主要器件有：放电线圈、电容维护接地刀开关。

8. 电容器组的短路保护（总开关）

电容器组的短路保护主要用于对固定电容和电容器组的短路保护，以及手动控制电容（组）的退出和投入。

此类断路器兼做投切电容的开关在 20 年前，经常有开关重燃的事故发生，使用开关时，一般要经过开关的老练化处理。经过十几年的攻关，目前真空开关的重燃率已经极低。而且投切电容的高压接触器，也有大规模应用，代替了投切电容的负荷开关。

主要有 VS1、ZN 系列真空断路器，DG-ZNT-12/1250YC 型电容器高压专用真空开关，LW3 系列六氟化硫断路器，FN3-10 负荷真空开关。

9. 熔丝保护

（1）外熔断器保护主要在构架式电容器中，容量较小的电容器中采用。电容器中完好元件的过电压倍数限制在 $1.1U_n$ 以下。如 BAM6.6，单台容量 100kvar 及以下，BAM11，单台容量 200kvar 及以下；BAM12，单台容量 417kvar 及以下。

（2）内熔丝保主要在构架式电容器中容量较大的电容器、集合式电容器内部小单元中采用。电容器中完好元件的过电压倍数限制在 $1.3U_n$ 以下。如：BAM6.6，单台容量 200kvar 及以上；

BAM11，单台容量 334kvar 及以上；BAM12，单台容量 500kvar 及以上。

第二节　投入电容时的涌流及过电压

电容的投切是一个暂态过程，投切时会出现涌流和暂态过电压。涌流和暂态过电压的幅值，与电容的残留电压有关，与投（切）时加在电容之间电网电压的相位有关，与电容已经运行的组数有关。涌流的最大幅值为 100Ie；其频率为 200～450Hz，出现的过电压一般是两倍的电源电压的幅值，可以造成电容补偿装置的过早损坏。

对于电容来讲，不断地操作暂态过电压和涌流，会使电容过早损坏。过大过多的涌流和暂态过压，会使电容器的自愈功能过早丧失，从而使电容容值逐步衰减。涌流和过电压将会使电容的局部放电加剧，促使对电容最薄弱的边缘绝缘，过早老化，致使电容容值的过早衰减。涌流也会使电容的喷金层与金属化层的接触状况变坏，甚至出现喷金层的脱落。喷金层脱落会使电容温度增高，温度的增高会加速电容的老化。因为自愈式电容的绝缘介质聚丙烯薄膜是高分子有机物，薄膜在电场与温度的共同作用下，会逐渐变质老化，直到完全丧失介质功能。工作温度越高，薄膜老化越快，电容寿命越短。电容的介质的工作温度每升高 8℃，其电容寿命就降低一半。

电容器质量再好，如涌流过大、过多，电容器也会很快损坏；而电容质量一般，没有涌流，电容器也不容易损坏。当然，电容过早损坏的原因，除了频繁投切之外，电容的寿命还与电网谐波、电压、室内温度等因素有关。

频繁投切的涌流不仅对电容的寿命有影响，也对装置内的所有器件的寿命都有负面作用，是装置过早损坏的主要因素。也是造成补偿装置不安全运行的罪魁祸首。频繁投切对装置绝缘的破坏，是目前补偿装置保护开关的主要研究对象。

我国低压电容器的投切标准是每年 5000 次，即每天 14 次不到。美国 IEEE 标准高压补偿则为每天 5 次以下。现有的无功补偿装置实际上是没有投切次数限制的，尤其是低压无功补偿装置。

我国补偿装置近几年来的技术发展，以投切方向的技术发展最快。从接触器、专用接触器到复合开关、电子开关，再到晶闸管投切技术，这些技术的应用消除了部分因为投切引起的暂态涌流，减轻了涌流对电容的损坏。

涌流不仅与分组的电容容量有关，还与电容已经投入的组数有关。

一、投入第一只电容时的涌流及过电压

1. 投入电容时产生的过电压计算

图 7-5 为单只电容投切示意图，图中 L 为线路电感，C 为电容器电容。

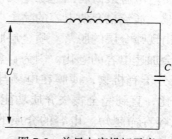

图 7-5　单只电容投切示意

若电路电压 $u = U_m\sin(\omega t + \phi)$，$\phi$ 为电压初相位角，U_m 为电压的峰值，则

电容投入瞬间的电压为 u_C，电感电压 u_L

$$u = u_L + u_C$$

$$u_L = LC(\mathrm{d}^2 u_C / \mathrm{d}t^2)$$

$$u = U_m\sin(\omega t + \phi)$$

列出电容电压 u_C 的微分方程为

$$U_m\sin(\omega t + \phi) = LC(\mathrm{d}^2 u_C / \mathrm{d}t^2) + u_C \qquad (7\text{-}1)$$

根据式（7-1）微分方程，可以得出

$$\begin{aligned} u_C &= U_m\sin(\omega t + \phi) + (U_0 - U_m\sin\phi)\cos(\omega_0 t) \\ &\quad - \omega U_m\cos\phi\sin(\omega_0 t) / \omega_0 \end{aligned} \qquad (7\text{-}2)$$

式中　L——电容器与电源线路之间的电感，H；

C——电容器电容，F；

u_C——电容电压的瞬时值、最大值，V；

U_m——电源电压峰值，V；

ϕ——电源电压相位角，°；

ω_0——电路固有角频率，$\omega_0 = \sqrt{\dfrac{1}{LC}}$；

U_0——投入前的电容 C 上的电压，V。

最大电容电压出现在 $\sin\omega_0 t = 0$，即 $\omega_0 t = \pi$，ω_0 远大于 ω，（L 极小），此时 $\omega t \approx 0$。

由（7-2）式可得电容最大电压 U_{cm}

$$U_{cm} = 2U_m\sin\phi - U_0 \qquad (7\text{-}3)$$

电容的残留电压的国家标准为，断电后 1min，残压不超过 70V。可以认为 $U_o = 0$，式（7-3）可以变为

$$U_{cm} = 2U_m\sin\phi$$

当投切为最大电源电压时，$\sin\phi = 1$

$$U_{cm} = 2U_m$$

电容投入时的最大电压为电源电压最大值的两倍。

2. 投电容器产生的涌流

（1）投入电容时的遗留。开关或接触器在投入电容时不仅会产生过电压，也会产生幅值很高、频率很高的涌流。电容的最大涌流及与最大过电源电压是同时出现的。补偿电容投入时，电源电压为最大值 U_m，$\phi = 90°$，则由式（7-2）得

$$U_c = U_m \cos\omega t + (U_0 - U_m)\cos\omega_0 t$$

此时，通过电容的电流为，则

$$i_c = C\frac{dU_c}{dt} = -\omega C U_m \sin\omega t - \omega_0 C(U_0 - U_m)\sin\omega_0 t \qquad (7\text{-}4)$$

式（7-4）表明，通过电容的电流是由工频和高频两部分涌流组成的。涌流出现的时间约为半个周波。

在高频及工频为最大值情况下，$\sin\omega t = -1, \sin\omega_0 t = 1$

电容器最大电流则 $I_{Cm} = \omega C U_m - \omega_0 C(U_0 - U_m)$

且若 $U_0 = 0$，则

$$\begin{aligned} I_{Cm} &= \omega C U_m + \omega_0 C U_m \\ &= I_{m0} + I_m \end{aligned} \qquad (7\text{-}5)$$

其中，$I_m = \omega C U_m$ 是最大工频电流，$I_{m0} = \omega_0 C U_m$ 是最大高频电流；

设 $K = I_{m0} / I_m = \omega_0 C U_m / (\omega C U_m) = \dfrac{\omega_0}{\omega} = \sqrt{\dfrac{1}{\omega^2 LC}} = \sqrt{(x_c / x_L)}$

$$(7\text{-}6)$$

式中　K——电容涌流的基波电流倍数；

　　　C——电容器容值，μF；

　　　L——电容与电网之间的电抗，H。

（2）接入电抗时的涌流。若接入电抗器 x_s，则有

$$K = \sqrt{\frac{x_c}{x_L + x_s}} \qquad (7\text{-}7)$$

比较式（7-6）、式（7-7），可以得出

$$\sqrt{(x_c / x_L)} > \sqrt{\left(\frac{x_c}{x_L + x_s}\right)} \qquad （7\text{-}8）$$

显然电容接入电抗 x_s 之后的涌流倍数将减少。

（3）涌流与短路阻抗的关系。由于 $x_c = U^2/Q_c$，同时 $x_L = U^2/S_K$

式中　Q_c——电容无功功率，kvar；

　　　S_K——该点处的短路容量，kVA；

　　　U——系统额定电压，V。

把 x_c、x_L 式代入（7-6）则有

$$K = \sqrt{S_K / Q_C} \qquad （7\text{-}9）$$

通过式（7-9），我们可以看到，涌流的倍数与电容补偿容量及该处的短路容量有关。

3. 单台电容器加电抗时的涌流计算

国家低压电容器标准指出，电容器每年可以承受 5000 次的投切，且涌流不超过 100 倍的电流额定值。在电容的回路中增加电抗来减少涌流对补偿装置和电容的损坏。

一般，单纯的抗涌流设计，即采用串联电抗器。单纯的抗涌流电抗容量可以按（0.1%～1%）X_C 来考虑。如加装电抗器的容量为 $0.1\%x_c$，加装电抗远大于连线电感，则有

$$K = \sqrt{\frac{x_c}{x_L + x_s}} = \sqrt{x_c / (0.1x_c \times 10^{-2})} \approx 32 \text{ 倍}$$

实际 33 倍，完全能满足国家标准要求。

如加装电抗器的容量为 $1\% X_C$，不考虑连线电感

$$K = \sqrt{\frac{x_c}{x_L + x_s}} = \sqrt{x_c / (x_c \times 10^{-2})} = 10 \text{ 倍}$$

即实际是 11 倍，满足电容使用寿命的要求。

值得指出的是，0.1% 的低压串联电抗是已经定型化的产品，可以直接买到。其他电抗率的抗涌流的电抗器，需要定制。

二、投入第 $n+1$ 个电容时的涌流及过电压

1. 多组电容器最大涌流计算

与单台电容器投入时呈现涌流不同，主要考虑已经投入的 $n-1$ 组电容，对新投入的第 n 组电容的放电影响。新投入的电容是一个短路的暂态，系统电网和已经运行的电容器会向新投入的电容器大量放电，系统及已经运行的电容器的电流会流入新投入的电容器组，业已证明；再次投入电容的合闸涌流可达电容器额定电流的 20～250 倍，其频率可高至 15000Hz；同时产生操作过电压，其过电压比单只电容合闸时的过电压低，约为相电压。

图 7-6 为 $n-1$ 组电容运行时，再次投入第 n 组电容的等效电路图。

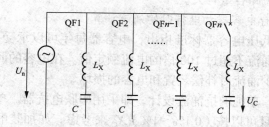

图 7-6 多只电容投切等效电路

C_{n-1} 为已经运行的 $n-1$ 组并联电容器，C_n 为即将投入的电容器，我们简化为在 C_n 投入的瞬间，$n-1$ 组电容会对 C_n 放电的充电。

电源电压为最大值 U_m 时投入 C_n，C_n 上的电压方程为

$$U_m = L_e C_e (d^2 u_C / dt^2) + u_C \qquad (7\text{-}10)$$

式中　　$L_e = L_x + \dfrac{L_x}{n-1} L_e$ ——电路的等效电感；

$C_e = \dfrac{1}{(n-1)C} + \dfrac{1}{C} C_e$ ——电路的等效电容。

解式（7-10）微分方程

$$u_C = U_m \frac{n-1}{n} [1 - \cos(\omega_0 t)]$$

可得
$$I_c = C\frac{dU_c}{dt} = \frac{n-1}{n}\sin(\omega_0 t)\omega_0 C U_m$$

$$= \frac{1}{\sqrt{X_c X_L}}U_m\frac{n-1}{n}\sin(\omega_0 t) \tag{7-11}$$

$$X_L = \omega_0 L_X$$
$$X_c = 1/(\omega_0 C)$$
$$\omega_0 = 1/\sqrt{CL_X}$$

式中　ω_0——电路固有频率，Hz；

L_X——并联电容器组与再投入电容器组连线的电感，H；

X_L——并联电容器组与再投入电容器组连线的电抗，Ω；

X_c——再次投入电容器的容抗，Ω；

C——单相电容的容值，F；

I_c——第 n 个电容投入时的涌流，A。

当最大放电电流出现时

$$\sin(\omega_0 t) = 1$$

$$I_{dmax} = \frac{1}{\sqrt{X_c X_L}}\frac{n-1}{n}U_m \tag{7-12}$$

由此可见，最大放电涌流与电压、电容器容量，及连接线的电抗有关。由于电容器之间的连线非常短，即 L_X 很小，因此，涌流是非常大的。

2. 涌流限制计算

设每组电容、电抗的容量都相等，每相串接 $N\%X_c$ 的电抗，不考虑连接线的电抗，此时串接电抗代替连线的电抗，则有

$$I_{dmax} = \frac{1}{\sqrt{X_c X_L}}\frac{n-1}{n}U_m$$

$$= \frac{1}{\sqrt{N/100}}\frac{n-1}{n}I_e \tag{7-13}$$

式中　n——依次投入电容的序数；

I_e——电容的额定电流，A；

N——电抗与电容的比值。

当 $n=2$ 时，$N=1\%$，即当第二个电容投入时

$$I_{\mathrm{dmax}} = \sqrt{100}I_{\mathrm{e}}\,\frac{n-1}{n} \approx 5I_{\mathrm{e}}$$

接入 1% 的电抗，当 $n=5$ 时

$$I_{\mathrm{dmax}} = \sqrt{100}I_{\mathrm{e}}\,\frac{n-1}{n} \approx 8I_{\mathrm{e}}$$

接入 1% 的电抗，当 $n=10$ 时

$$I_{\mathrm{dmax}} = \sqrt{100}I_{\mathrm{e}}\,\frac{n-1}{n} \approx 9I_{\mathrm{e}}$$

接入 0.1% 的电抗，$n=5$ 时

$$I_{\mathrm{dmax}} = \sqrt{1000}I_{\mathrm{e}}\,\frac{n-1}{n} \approx 26I_{\mathrm{e}}$$

接入 0.1% 的电抗，当 $n=2$ 时

$$I_{\mathrm{dmax}} = \sqrt{1000}I_{\mathrm{e}}\,\frac{n-1}{n} \approx 16I_{\mathrm{e}}$$

通过以上计算和公式推导可以清楚地看到，电容在没有电抗保护的情况下投入到电网，是有浪涌和过电压存在的，它是电容和补偿装置寿命缩短的主要因素，同时也是补偿配置设计时要考虑的主要因素。

第三节　减少投切次数的设计方法

通过减少投切次数，减少电容器的投切涌流对补偿装置的影响，可从以下几个方面入手

（1）优化选择和配置电容。

（2）采用新型随器补偿控制器。

（3）使用过零投切无涌流器件。

（4）使用与电容配合使用的电抗器。

一、配置合适的电容与电容分组

造成频繁投切的一个很重要原因，与装置设计的电容分组和

容量配置有关。科学地设计电容容值和分组，这是一种减少涌流的基本设计方法。

一般认为，电容分组越多，电容越小，可以补偿得更加精细，但会增加成本，过度的分组，也会导致投切次数增多。电容分组越少，电容适应的无功场合越少，也会增加投切次数。

在设计补偿配置之前对系统的负荷进行测试、计算；了解负荷的性质，认识负荷的规律，根据用户实际负荷来设计补偿分组容量，可以大大减少电容的投切次数。配置不等容量的电容来满足变压器在不同负荷率下的无功需要。这一点对于无功补偿装置的设计至关重要。

上述设计可以有效地减少电容器的频繁投切次数，提高补偿装置的使用寿命。

农网补偿及工业场合下补偿电容配置情况见表 7-2。

表 7-2　　农网变压器及带有工业用户补偿电容配置

序号	变压器容量（kVA）	电容、路数配置	单位（路数）	电容容量占变压器百分数（%）
1	30	$1+3+6Y_0=10\text{kvar}$	5	33
2	50	$2+3+5+5Y_0=15\text{kvar}$	6	30
3	80	$2+5+10+6Y_0=23\text{kvar}$	6	29
4	100	$3+8+12+10Y_0=33\text{kvar}$	6	33
5	160	$5+8+10+15+10Y_0=48\text{kvar}$	6	30
6	200	$6+10+15+20+10Y_0=59\text{kvar}$	6	29.5
7	250	$7.5+15+18+25+10Y_0=75.5\text{kvar}$	7	30.2
8	315	$10+15+16+20+25+10Y_0=96\text{kvar}$	8	30.5
9	100	$7.5+12+16+16+10Y_0=61.5\text{kvar}$	7	61.5
10	160	$10+12+15+20+20+10Y_0=87\text{kvar}$	8	54
11	200	$12+15+18+20+20+20Y_0=105\text{kvar}$	8	52.5

续表

序号	变压器容量（kVA）	电容、路数配置	单位（路数）	电容容量占变压器百分数（%）
12	250	$12+15+15+18+20+20+10Y_0=110\text{kvar}$	9	44
13	315	$12+15+16+18+18+20+20+10Y_0=129\text{kvar}$	10	41

注 $6Y_0$ 表示分补，每相 2kvar，共三路。

二、采用全无功随器自动补偿控制器

（1）将变压器参数、电容容量预先输入补偿控制器内。控制器根据测试，计算需要的无功容量，再根据已经输入的电容量，控制器选择一个最接近的电容投入，使电容一次补偿到位，可以极大地减少投切次数。

如果控制器通过测试计算的无功功率小于最小的一组电容的容量，则控制器保持不变。只有当控制器计算无功容量大于等于最小电容，才执行相应的投切。这种控制器的补偿方法最为简洁直接，极大地优化减少补偿时投切次数，使装置的投切次数被控制在最小的范围内，极大地延长了装置和电容的寿命。

（2）利用控制器适当增加投入或切断电容时间。即装置运行时，如果随器控制器监测到无功不足或过补时，需要等待一段时间再投入或切除电容，等待的时间是可以优化的，可以减少投切次数。

（3）利用控制器适当改变投入或切除无功门限。

（4）更改功率因数目标值。即调整控制器的功率因数预定目标值，改变控制目标。

三、采用减少涌流投切器件

采用专用电容投切接触器，过零投切开关，如晶闸管、复合开关、电子开关。具体投切器件介绍如下：

1. 专用电容投切接触器

此类接触器有主回路和限流回路组成。接触器投入电容时，通过电磁线圈通电，利用线圈电磁力驱动弹簧吸合接触器触头，接触器限流回路先于主回路接通，从而达到抑制涌流的作用，限流回路完成吸合后断开复位，主触头正常工作。切除电容时，利用电磁线圈失电，利用线圈电磁力消失，弹簧驱动动触头分离。

2. 晶闸管及固态继电器

晶闸管在外围电路控制下，当电流过零时，晶闸管断开，切除电容；当电容电压零为时，晶闸管接通，投入电容。

固态继电器控制投切，已经不再使用。

3. 复合开关

复合开关由晶闸管回路与机械开关（接触器）回路组成。无论投入还是切除电容，都是在外围电路控制下，晶闸管回路先动作。在电容电压过零时接通电容，再投入机械回路，接入电容。晶闸管回路在电流零时断开，机械开关（接触器）接触器回路在晶闸管接通后电流零时断开接入电容。

复合开关的优点是，投入时利用晶闸管的优点，避免涌流；接通后利用机械开关接触器的优点，减少发热现象。

4. 电子开关

与复合开关不同的是，晶闸管变成电子开关，利用电子开关先期将电容接入电网，再投入机械开关接触器。各类电容投切器件的技术参数见表 7-3。

5. 采用电抗器

在补偿电路里，串联 0.1%～1% 电抗器，可以使投切电容的涌流限制在一定范围内。如果串联大于 1% 以上的电抗，可以治理部分谐波，并保护电容。此时，电抗有双重意义。

四、防止投切震荡的方法

电容投切震荡是电容频繁投切中最恶劣的情形，是最为频繁的投切，是造成补偿装置过早损坏的主要原因。本节介绍常见的解决投切震荡的方法。

表7-3　　　各类投切电容器件的技术参数

项目 \ 类别	专用电容交流接触器		晶闸管管件		复合开关	
	CJ19	CJI16	晶闸管	固态继电器	电子开关	复合开关
环境温度（℃）	$-5\sim+40$	$-5\sim+40$	$-40\sim+80$	$-40\sim+80$	$-30\sim+80$	$-5\sim+40$
形式	AC	AC	DC	DC	DC	DC
控制信号　电压（V）	$0.85\sim1.1U_e$	$0.85\sim1.1U_e$	12V	$5\sim36$V	12V	12V
控制信号　输出容量（VA）	$20\sim30$	$20\sim30$	$0.05\sim0.18$	$0.1\sim1$	$0.1\sim1$	$0.1\sim1$
投切最大电容　电容（kvar）	$2\sim40$	$2\sim40$	50	20	30	30
电流（A）	60	60	75	30	43	43
涌流	$10\sim20I_e$	$10\sim20I_e$	$1\sim2I_e$	$5\sim10I_e$	$1\sim1.4I_e$	$1\sim1.2I_e$
操作过电压	$\leqslant3U_e$	$\leqslant3U_e$	$\leqslant0.5U_e$	$\leqslant0.5U_e$	$0.8U_e$	$0.5U_e$
触头接入延时（ms）	$2\sim4$ms	$2\sim4$ms	10ms	10ms	10ms	10ms
动作响应时间（ms）			20ms	20ms	20ms	20ms

续表

项目＼类别	专用电容交流接触器		晶闸管器件		复合开关	
	CJ19	CJ16	晶闸管	固态继电器	电子开关	复合开关
反向阻断电压（V）	无	无	1200	1200	1200	1200
本身震动	震动	震动	无震动	无震动	震动	震动
寿命（万次）	10	10	20	10	20	20
断电保护	自然同时关断	自然同时关断	后备电源保证控制器次序关断	后备电源保证控制器次序关断	后备电源保证控制器次序关断	后备电源保证控制器次序关断
现场震动	自身震动环境震动对接触器有影响	自身震动环境震动对接触器有影响	自身无震动抗震动	自身无震动抗震动	自身震动抗震动	自身震动环境震动对复合开关有影响
主电路功耗	触头接触电阻功耗	触头接触电阻功耗	PN结发热	PN结发热	触头接触电阻功耗	触头接触电阻功耗
产生谐波	无	无	有	有	无	无

1. 控制器参数设置不当引起的投切震荡

以无功功率或功率因数作为控制物理量来控制电容投切的无功补偿控制器，在没有优化补偿的功能下，其投切是按顺序的，首先投第一只电容，然后判断是否继续投入或切除；控制器的控制有两种可能，一是继续投入第二只电容，二是切除已经投入的第一只电容。

控制器的无功或功率因数的控制范围如果上下范围设置不当，都会造成"投切震荡"。如图 7-7 所示。

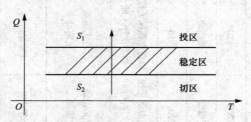

图 7-7　维持稳定区范围小示意

如图 7-7、图 7-8 所示，第一象限分为三个区域，投入区，补偿不足；切除区，补偿过多区；以及维持保持区。

切区实际补偿无功 Q（过多）在切区 S_2 点处，切除一组电容，电网实际无功缺额落在 S_1 处投入区，立即又投入第一只电容，电网实际无功缺额又落在了 S_2 点处，随机又切去第一只电容，这样无限循环，形成投切震荡，见图 7-8。

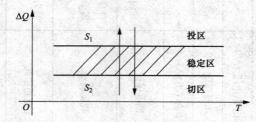

图 7-8　投入一只（组）电容引起的投切振荡示意

为解决上述问题，只需将功率因数或无功功率的控制目标上下限范围设置大于预置电容器组的容量，即可避免"投切震荡"现象的产生。如图 7-9 所示，电网实际无功缺额从切区 S_2 点切去一组电容后，S_1 落在了稳定保持区，由此不再震荡。

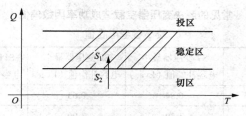

图 7-9 稳定保持区范围大（斜线加长）示意

2. 小负荷投切震荡

控制器在以功率因数为物理量控制投切目标时常有发生。通常发生在低负荷（如后半夜）或变压器负荷比较低的情况下。

假若无功补偿控制器设置的投入 $\cos\phi = 0.90$，切除 $\cos\phi = 1.0$。此时，如果控制器测量到的功率因数 $\cos\phi = 0.89$，而测试计算无功功率为 5kvar，而实际电容有 10kvar。此时按控制器命令投入一组 10kvar，投入后功率因数 $\cos\phi > 1.0$，多了 5kvar，控制器就命令切除 10kvar 电容，于是小负荷原因造成的投切震荡开始。

在解决此类问题的方案中，一般是通过小（欠）电流封锁。小电流的计算一般以最小补偿的电容为参考，通过欠电流封锁，轻负荷时补偿装置不工作，从而避免小负荷投切频繁。

现有补偿装置的电容容量一般是平均分配，很少考虑轻负荷的情形，基本上没有设计轻负荷时的电容补偿容量。在欠电流设置不好的情况下，就会产生频繁投切。用欠电流的方法，如果电流值调整过高，会影响补偿效果。

事实上，随器补偿是解决上述问题的根本方法，也就是把轻负荷无功与变压器空载无功一起解决。设计上考虑电容分组时，单独设计一个小电容，既能满足小负荷的无功需求，又能满足随器补偿的要求。

常见的解决变压器空载造成功率因数偏低最小电容值见表 7-4。

表 7-4 常见的解决变压器空载造成功率因数偏低最小参考电容值

变压器容量 （kVA）	S7 变压器最小 电容补偿值（kvar）	S9 变压器最小 电容补偿值（kvar）	S11 变压器最小 电容补偿值（kvar）
30	0.84	0.63	0.42
50	1.30	1.00	0.60
80	1.92	1.44	0.88
100	2.30	1.60	1.00
125	2.75	1.88	1.25
160	3.36	2.24	1.44
200	4.00	2.40	1.80
250	4.75	3.00	2.00
315	5.67	3.47	2.52
400	6.80	4.00	2.80
500	8.00	5.00	3.50
630	9.45	5.67	3.78
800	11.20	6.40	4.80
1000	13.00	7.00	5.00
1250	15.00	7.50	6.25
1600	17.60	9.60	6.40

注 在表中变压器空载无功基础上，根据电压和轻载负荷，决定补偿容量。

3. 频繁误投切

此种情况主要是由负荷无功的波动引起的，此种波动恰好在投入和切除的范围内，持续时间的周期刚好与投切时间间隔一致，此时会产生频繁误投切的现象，如图 7-10 所示。主要靠调整电容容量，控制器投切间隔及投切范围来解决，见图 7-11。

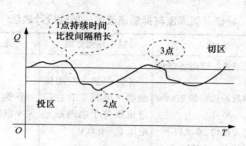

图 7-10　负荷波动在稳定区边沿形成的振荡

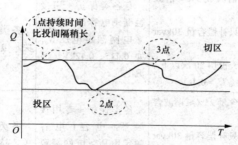

图 7-11　负荷波动全在稳定区

第四节　电抗器抑制涌流及谐波

一、电抗器抑制涌流、谐波的建议

单纯的未加涌流保护的补偿装置设计由于经济实惠，仍有极大的市场。

现在由于电网电能质量普遍的恶化，很多补偿装置考虑了抑制谐波的设计，来延长补偿装置寿命，提高补偿装置安全运行的时间。根据第七章第三节的计算，如果单纯地抑制涌流，抗涌流设计就是串联小于 1% 的电抗器。

近几年，由于投切器件的进步，补偿装置抗涌流与抑制谐波

全无功随器自动补偿技术

相结合，大大延长了电容的寿命，并提高了补偿装置的安全。补偿装置涌流与抑制谐波的一般性设计建议见表 7-5。

表 7-5 　　　 补偿装置涌流与抑制谐波的一般性设计建议

序号	条件	第一补偿方案	第二补偿方案
1	（1）无谐波、或谐波含量 $I_n \leqslant 5\%$ （2）单只补偿容量 20kvar 以下 （3）每天投切 20 次以下 （4）系统 $U_e = 0.4$kV	各类保护＋专用接触器＋电容（电容额定电压等于电网额定电压 $U_e = 0.4$kV）	各类保护＋复合开关＋电容
2	（1）无谐波或 5%≤谐波含量≤15% （2）单只补偿容量 30kvar 以下 （3）每天投切 20 次以下 （4）系统 $U_e = 0.4$kV	专各类保护＋用接触器＋电容额定电压＞电网额定电压 U_e，如 0.415、0.42kV＋涌流电抗	各类保护＋复合开关＋电容
3	（1）或含量 25%≤谐波含量≤60% （2）单只补偿容量 30kvar 以下 （3）每天投切 20 次以下 （4）系统 $U_e = 0.4$kV	各类保护＋专用接触器＋电容（电容额定电压＞电网额定电压 U_e，如 0.45kV、0.48kV）＋调谐电抗器	各类保护＋复合开关（晶闸管）＋电容＋调谐电抗
4	谐波含量超≥60%	各类保护＋晶闸管复合开关＋谐振电容（电容额定电压等于 $U_e = 0.48 - 0.58$kV）＋谐振电抗器	各类保护＋复合开关（低压真空开关）＋谐振电容＋谐振电抗
5	以谐波设备容量 G_N 与总供电容量 S_e 之比来设计		
6	（1）$G_N/S_e < 15\%$。表示系统污染较少，推荐补偿方案为采用标准电压的电容器及接触器，不加电抗。 接近于 15% 的系统，可以用 0.415kV 的电容器。 （2）15%＜G_N/S_e＜25%。表示系统已经污染。推荐使用高一级的电压的电容器，如 0.4kV 系统可使用 0.42kV 的电容器。或使用抗涌流电抗器。		

224

序号	条件	第一补偿方案	第二补偿方案
6	（3）25%＜G_N/S_c＜60%。表示系统污染严重。推荐使用抗谐波调谐电抗器。可以根据测试情况和数据使用不同比率的电抗器。 （4）G_N/S_c＞60%。表示系统已经完全污染。调谐方案已经不能使用。必须进行滤波		

二、谐波时电容器的参数计算

1. 关于谐波及滤波

用电容器加电抗的办法来抑制和治理谐波。由于使用的电抗远大于抑制涌流的电抗，所以，补偿装置设计用电抗器抑制谐波的，涌流问题就自然解决了。但是由于谐波频率是不同的，因此，不同频率的谐波使用的电抗器是不同的，那么在什么样的谐波下用什么电抗，就是本节所要探讨的内容之一。

值得指出的是，抑制谐波与滤除谐波是有所不同的。治理谐波指的是由装置的电容和电抗组成的调谐电路的固有频率，接近于谐波频率，二者不等。因此，只有一部分谐波电流被 L-C 回路吸收交换，仍有一部分谐波电流流出计量点与系统交换，只是部分地解决谐波问题。但是治理后流出的谐波含量需要满足国家要求。当电容和电抗组成的电路的固有频率与谐波频率一致时，就是无源滤波。所有谐波被 L-C 电路吸收交换，这种以电容和电抗为主的滤波装置称为无源滤波，具有设计简单、结构简单，成本低等其他治理方式不可替代的优势。电抗与电容组成滤波电路的固有频率与系统中产生的谐波频率相等，系统产生的谐波与滤波电路（L-C）完全相互交换，交换的周期为 3 次谐波的是 6.67×10^{-3}s，为 5 次谐波的是 4×10^{-3}s，为 7 次谐波的是 2.86×10^{-3}s。从而使系统产生的谐波不进入电力系统，被称为滤波。

滤波是翻译而来的名词，如同数学上的函数一样，只是一个概念而已，并不能见字生意，见到滤就以为是真的滤去了谐波。谐波也是一种能量，是不会无缘无故消失的，它的消失必然满足物理学能量守恒定律。

2. 抑制谐波对电容参数的要求

设计治理谐波的装置，除了设计滤除通道外，一个主要任务就是保证电容的两项指标不能超出规定。即 $U_s < 1.1U_e$ 和 $I_s < 1.30$（1.35）I_e，电容的实际运行电压不超过 1.1 倍的额定电压。电容的实际运行的电流不超过 1.35 倍的额定电流。具体电容治理谐波时运行电压和电流计算如下：

（1）加入电抗，提高电容器电压的计算如下

$$U_{ds} = U_1 / (1-K)$$

式中　U_{ds}——由于电抗升高的电压，kV；

　　　U_1——电网系统实际电压，kV；

　　　K——电抗与容抗之比的百分数，%。

（2）3 次、5 次、7 次谐波电压下电压的计算如下

$$U_x = \sqrt{U_1^2 + U_3^2 + U_5^2 + U_7^2} \tag{7-14}$$

式中　U_{xs}——各次电压谐波引起的电容器电压，V；

　　　U_1——通过电容器的基波电压及 3 次谐波电压有效值，V；

　　　U_3——通过电容器的基波电压及 5 次谐波电压有效值，V；

　　　U_5——通过电容器的基波电压及 7 次谐波电压有效值，V。

谐波电压与电抗电压共同作用的电压为

$$U_{DS} = \sqrt{U_{XS}^2 + U_{ds}^2}$$
$$= \sqrt{U_1^2 + U_3^2 + U_5^2 + U_7^2 + U_{dS}^2} \tag{7-15}$$

这个电压是电容承受的实际电压。

实际电容额定电压 $U_e > 1.1U_{DS}$。国家要求允许电容器电压大于实际运行电压 1.1 倍。

（3）抑制谐波电流所用电容器电流的计算。通过电容器的电流包括两部分，一部分是基波电压引起的电流，即基波电流；另一部分是系统谐波电流流入电容器的电流。即

$$I_{xs} = \sqrt{I_1^2 + I_3^2 + I_5^2 + I_7^2} \tag{7-16}$$

式中　I_1——基波电流，A；

I_3——3 次谐波电流，A；

I_5——5 次谐波电流，A；

I_7——7 次谐波电流，A。

此时

$$I_{xs} < 1.30(\,1.35\,)I_e$$

式中　I_e——电容器给定额定电压下的额定电流值，A；

　　　I_{xs}——电容在谐波情况下的实际运行电流，A。

三、电容串联电抗器与谐波抑制

1. 系统谐波分析

图 7-12 为简化电力系统示意图，谐波电流流向电容和变压器。系统变压器与电容等值电路如图 7-13 所示。

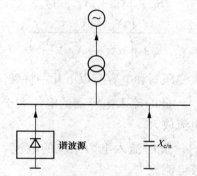

图 7-12　电力系统示意

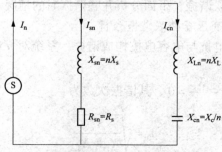

图 7-13　简化变压器与电容等值电路

谐波产生的谐波电流为 $\dot{I}_n$，进入电力系统的谐波电流为 $\dot{I}_{sn}$，进入电力电容器的谐波电流为 $\dot{I}_{cn}$，电力系统的基波等值阻抗为 $Z_s = R_s + jX_s$，n 次谐波的系统复数阻抗为 $Z_{sn} = R_{sn} + jX_{sn}$，$X_c$ 为电力电容器的基波容抗，X_s 为基波下的等效感抗，当谐波次数为 n 时，$X_{sn} = nX_s$，$X_{cn} = X_s/n$，$R_{sn} = R_s$

$$\dot{I}_{cn} = \frac{R_{sn} + jX_{sn}}{R_{sn} + jX_{sn} + jX_{Ln} - jX_{cn}}\dot{I}_n$$

$$= \frac{R_s + jnX_s}{R_s + j\left(nX_s + nX_L - \dfrac{X_c}{n}\right)}\dot{I}_n \quad (7\text{-}17)$$

$$\dot{I}_{sn} = \frac{jX_{Ln} - jX_{cn}}{R_{sn} + jX_{sn} + jX_{Ln} - jX_{cn}}\dot{I}_n$$

$$= \frac{jnX_L - jX_c/n}{R_s + j\left(nX_s + nX_L - \dfrac{X_c}{n}\right)}\dot{I}_n \quad (7\text{-}18)$$

谐波电流流入变压器和电容有以下几种特殊情况：

（1）$\left|\dot{I}_{cn}\right| > \left|\dot{I}_n\right|$。此时流入电容器的电流大于谐波电流本身，就叫电容器谐波电流放大。

（2）$\left|\dot{I}_{sn}\right| > \left|\dot{I}_n\right|$。此时流入电力系统的电流大于谐波电流本身，就叫系统谐波电流放大。

（3）$\left|\dot{I}_{sn}\right| > \left|\dot{I}_n\right|$，$\left|\dot{I}_{cn}\right| > \left|\dot{I}_n\right|$。流入电容和变压器的电流都变大，此时为并联谐振，下面分析并联谐振时的情况。

2. 电容与变压器并联谐振分析

系统等值电抗与电容电抗构成谐振，系统对 n 次谐波构成并联谐振。

$nX_s + nX_L - \dfrac{X_c}{n} = 0$，其谐振次数为

$$n_0 = \sqrt{\frac{X_c}{X_s + X_L}} \quad (7\text{-}19)$$

此时，并联谐振情况下流过电容的谐振电流为

$$\dot{I}_{cn} = \frac{jX_{Ln} - jX_{cn}}{R_{sn} + jX_{sn} + jX_{Ln} - jX_{cn}} \dot{I}_n$$
$$= (1 + j\varepsilon)\dot{I}_n$$

并联谐振情况下流入系统的谐振电流为

$$\dot{I}_{sn} = \frac{R_{sn} + jX_{sn}}{R_{sn} + jX_{sn} + jX_{Ln} - jX_{cn}} \dot{I}_n \qquad （7\text{-}20）$$

$$= -\frac{nX_s}{R_s} \dot{I}_n = -j\varepsilon \dot{I}_n \qquad （7\text{-}21）$$

式中 $\varepsilon = nX_s/R_s$ 为谐振电路的品质因数。也可视 ε 为电流的放大倍数，ε 与 R_s、X_s 有关。

系统的等值电阻越小，或谐波次数越高，则流过系统和电容的电流越大。极限情况下，$R_s = 0$，流入系统和电容的电流为无穷大。

并联谐振时，谐波电流 $\dot{I}_n$ 流过电容支路，谐振电流 $\varepsilon\dot{I}_n$ 在系统回路与电容回路交换振荡，大小相等，方向相反。

3. 串联电抗 L 与电容 C 的串联谐振

当 $nX_L - X_c/n = 0$，在串联的电抗与电容之间发生串联谐振（电压谐振）其谐振次数为

$$n_0 = \sqrt{\frac{X_c}{X_L}}$$

式中　X_L——电抗器的基波电抗，Ω；

　　　　X_c——补偿电容器的基波容抗，Ω。

将 $nX_L - X_c/n = 0$ 代入式（7-17）、式（7-18）中得

$$\dot{I}_{cn} = \frac{R_s + jnX_s}{R_s + j\left(nX_s + nX_L - \dfrac{X_c}{n}\right)} \dot{I}_n = \dot{I}_n \qquad （7\text{-}22）$$

$$\dot{I}_{sn} = \frac{jnX_L - jX_c/n}{R_s + j\left(nX_s + nX_L - \dfrac{X_c}{n}\right)} \dot{I}_n = 0 \qquad （7\text{-}23）$$

串联谐振时，电容支路的电容和电抗好像不存在了，谐波流过谐振电路，变压器回路没有谐波流过。

滤除 3 次谐波时，电抗与电容的比值就是 11.11%。此时，电容和电抗形成串联谐振，对应于 3 次谐波，电容和电抗好像不存在了。三次谐波被局限在此交换。谐振频率为 150Hz。

滤除 5 次谐波时，电抗与电容的比值就是 4%。此时，电容和电抗形成串联谐振，谐振频率为 250Hz。滤除 7 次谐波时，电抗与电容的比值就是 2.04%，谐振频率为 350Hz。

很多情况下，谐波治理并不采取完全滤波的形式，将谐波完全谐振于谐振频率，而只是将部分的谐波谐振。简单来讲，就是设计一定的电抗，使谐振偏离谐波频率，只完成部分谐波的交换治理，偏离越多，谐波流入变压器系统越多，偏离越少，谐波流入变压器得越少。总之谐波治理应使流入变压器（电网）的谐波满足国家要求。

四、电容串联电抗与电容不串电抗的谐波流入情况分析

式（7-17）和式（7-18）忽略 R_s 的情况下

$$I_{Cn} = \frac{nX_s}{nX_s + nX_L - \dfrac{X_c}{n}} I_n \tag{7-24}$$

$$I_{Sn} = \frac{nX_L - \dfrac{X_c}{n}}{nX_s + nX_L - \dfrac{X_c}{n}} I_n \tag{7-25}$$

式（7-23）和式（7-24）没有串联电抗 L 的情况下，有

$$I_{Cn} = \frac{nX_s}{nX_s - \dfrac{X_c}{n}} I_n \tag{7-26}$$

$$I_{Sn} = \frac{-\dfrac{X_c}{n}}{nX_s - \dfrac{X_c}{n}} I_n \tag{7-27}$$

　　我们以 S9-315kVA 变压器，已经接入系统的电容基波电流为 180A，其容抗为 2Ω，变压器系统电抗为 0.02Ω，电容未加串联电抗，其谐波流入系统和电容的情况如表 7-6 所示。

表 7-6　不同谐波下电容未加串联电抗时流入电容和系统的电流

谐波次数	谐波电流 (A)	变压器电抗 $X_s(\Omega)$	电容容抗 $X_c(\Omega)$	$\dfrac{nX_s}{nX_s-\dfrac{X_c}{n}}$	$\dfrac{-\dfrac{X_c}{n}}{nX_s-\dfrac{X_c}{n}}$	注入电容电流（A）	注入系统电流（A）
1	—	0.02	2	—	—	—	—
3	57	0.06	0.67	−0.1	1.1	−5.7	62.7
5	35	0.1	0.4	−0.33	1.3	−11.6	45.5
7	15	0.14	0.29	−0.93	1.93	−14	29
11	9.5	0.22	0.18	5.5	-4.5	52.3	−42.8

　　从表 7-6、表 7-7 可以看到，串接 6% 的电抗，流入电容的谐波电流普遍大幅度下降，而流入系统的谐波电流，也有减少。接入电抗的本质就是保护电容，不让更多的谐波电流流入电容，造成电容过负荷。

五、串接电抗的选择

1. 串联电抗可以减少并联谐振

如果电容回路没有加装电抗，$X_L=0$。

谐振次数 $n_0=\sqrt{\dfrac{X_c}{X_s}}$。

加装电抗后 $n_0=\sqrt{\dfrac{X_c}{X_s+X_L}}$。

由于 $\sqrt{\dfrac{X_c}{X_s+X_L}}<\sqrt{\dfrac{X_c}{X_s}}$，所以串联电抗越大，谐振频率越低，串联电抗器降低并联谐振次数，可以避免电容并联谐振，偏离谐振点，确保电容不放大谐波电流。

表 7-7　不同谐波下电容加 6% 串联电抗时流入电容的电流

谐波次数	变压器二次电流及谐波电流（A）	变压器电抗 X_s（Ω）	电容容抗 X_c（Ω）	0.06X_c 串接 6% 的电（Ω）	$\dfrac{nX_s}{nX_s + n0.06X_c - \dfrac{X_c}{n}}$	$\dfrac{n0.06X_c - \dfrac{X_c}{n}}{nX_s + n0.06X_c - \dfrac{X_c}{n}}$	注入电容电流（A）	注入系统电流（A）
1	350	0.02	2	0.12				
3	57	0.06	0.67	0.36	−0.24	1.24	−13.7	70.7
5	35	0.1	0.4	0.6	0.33	0.67	11.6	23.5
7	15	0.14	0.29	0.84	0.2	0.80	3	12
11	9.5	0.22	0.18	1.32	0.16	0.84	1.52	8

增加电抗 X_L，实际上就是避免并联谐振，避免电容对谐波电流放大。

在忽略 X_s 时 $n_0 = \sqrt{\dfrac{X_c}{X_L}}$ 就是并联谐振次数，即 $\dfrac{X_L}{X_c} = 1 / n_0^2$。

2. 串联电抗的电抗率

我们一般通过选择电抗器的电抗率来调谐某次谐波的频率。来达到满足电容和系统的需要。

一般我们用串联电抗器的感抗与电容器容抗之比的百分数 K_L，为电抗率

$$K_L = (X_L / X_C)(\%) \tag{7-28}$$

以此为主要指标来选择电抗。

电抗率 K_L 主要有两种，一种是抑制涌流用的，其电抗率 0.1%、0.5%、1%。可以订制。1% 以下的电抗主要用于限制电容器的合闸涌流。电容自带有不大于 0.1% 的电抗，兼做放电电阻，任何电抗率的电抗器都能满足对电容的涌流保护。

另外一种是调谐谐波或治理谐波用的，其电抗率 5%、6%、12%，与电容串联后，分别谐振于 223.6、204.1、144Hz。电抗率也可根据需要订制。

施耐德低压无功补偿提供电抗率为 5.4%、6.92%、13.7%，分别谐振于 215、190、135Hz。

4.5%、6% 的电抗用于谐波 5、7 次谐波较大的情况。12% 的电抗用于 3 次谐波较大的地方。以上电抗我们可以称为调谐电抗器。

由于串并联的谐振与串联电抗 L 有关，若非完全的谐波治理的情况下，电抗应避免采用能致使串联谐振和并联谐振的情况发生。

串联谐振时

谐振次数 $\qquad\qquad n_0 = \sqrt{\dfrac{X_C}{X_L}}$ $\qquad\qquad$ （7-29）

第八章

随器补偿在 10kV 线路降损中的应用

降低农网 10kV 线路的损耗，提高线路末端电压，改善电压质量、三相平衡等这些都是县、市供电公司提高经济效益、改善供电质量的主要工作内容。降低线损是供电企业永恒的主题。无功补偿是降低 10kV 线路损耗的主要技术手段，并在技术降损工作中占有重要的地位。

农村配电网是由 10kV 线路和 10/0.4kV 变压器及低压供电线路构成。10kV 是供电公司供电的主要电压等级，是供电公司与用户的纽带。供电产权和计量点通常在 10kV 电压层面，10kV 线路更是配电输配线路的主要组成之一。农村配电网的 10kV 线路为馈电线路，与城市配网形成环状手拉手结构，与供电半径小的线路有所不同。

农村配电网 10kV 供电线路的特点是，供电线路长，半径大，线路数量众多。我国一个县的配电网平均有 50～100 条 10kV 线路，每条线路长度约为 10～20km，边远山区的线路甚至更长，每条 10kV 线路带有几十台或上百台变压器不等。每条线路供电总容量约为 10000kVA 左右，年（条）供电量约为 1000 万 kWh。县供电公司 80% 以上的电量都是通过 10kV 线路售出的。

农村 10kV 线路损耗较大，平均损耗约在 5%～10%，偏远山区和边疆地区的线损则更大，可高达 20%。其损耗占到县全网配电总损耗的 40%～70%。10kV 线路不仅线损大，而且电压下降损失也大，电压可低至 9.5kV。

10kV 线路该如何补偿才能收益最佳？补偿的容量和补偿的位置该如何确定？人们围绕着 10kV 线路无功优化内容及方法做了大量的研究，这些研究多以微增损原理为理论，无功优化计算非常冗繁，编制了诸如计算机软件的优化成果，但研究成果与实际应用有一定的差距。

10kV 线路每段的功率因数都不相同，线路首末端的功率因数与整条线路的线损几乎无关联。线路降损工作，不能以线路首、末端的功率因数为依据进行无功补偿。线路的无功补偿与厂矿的无功补偿方法不完全相同。

降低 10kV 线路线损必须从解决变压器的空载无功开始。事实证明，随器补偿的思路和方法是解决 10kV 线路损耗的关键所在，是 10kV 线路降损的出发点和落脚点。

本章就 10kV 线路无功优化的理论及经典线损计算方法做了详细的阐述。然后介绍随器补偿在 10kV 线路的降损中的思路及方法。

第一节 等网损微增率准则和最优网损微增率准则

一、等网损微增率准则

设电网在没有补偿时，由无功负荷引起的有功损耗为 P，补偿后无功引起的有功损耗为 P_1，则有功损耗变化为 $\Delta P = P - P_1$。我们可以认为，有功损耗 ΔP 的降低是某节点 i 无功功率补偿 Q_{ci} 的函数，即

$$\Delta P_{\Sigma(Q_{c1}, Q_{c2}, \cdots, Q_{cn})} = \Delta P_{\Sigma(Q_{ci})} \tag{8-1}$$

无功补偿的最终目标是无功造成的有功损耗最小，式（8-1）的目标函数为

$$\mathrm{Min}\, \Delta P_{\Sigma(Q_{ci})}$$

式中　　Q_{ci}——第 i 个节点实际补偿容量，kvar；

$\Delta P_{\Sigma(Q_{ci})}$——各个点补偿后总的有功损耗的减少，kW。

目标函数还应满足等式约束，还要满足不等式要求条件

$$\Sigma Q = \Sigma Q_{Li} - \Sigma Q_{ci} \tag{8-2}$$

$$Q_{cimin} < Q_{ci} \leqslant Q_{cimax} \tag{8-3}$$

$$U_{cimin} < U_{Ci} \leqslant U_{cimax} \tag{8-4}$$

式中　ΣQ——补偿后电网的无功总损耗，kvar；

ΣQ_{Ci}——i 到 n 点无功补偿设备发出的无功功率之和，kvar；

ΣQ_{Li}——i 到 n 点无功负荷发出的无功功率之和，kvar；

Q_{cimin}——第 i 个节点补偿的最低容量，kvar；

Q_{cimax}——第 i 个节点补偿的最高容量，kvar；

U_{cimin}——第 i 个节点允许的最低电压，kV；

U_{cimax}——第 i 个节点允许的最高电压，kV；

U_{Ci}——第 i 个节点允许的实际电压，kV。

构造拉格朗日函数

$$C = \Delta P_{\Sigma(Q_{ci})} - \lambda(\Sigma Q - \Sigma Q_{Li} + \Sigma Q_{ci})$$

式中　λ——拉格朗日乘数。

在给定的负荷补偿点之间的最优分布成为拉格朗日的极值问题，则有

$$\frac{\partial C}{\partial Q_{Ci}} = \frac{\partial \Delta P_{\Sigma(Q_{ci})}}{\partial Q_{Ci}} - \lambda = 0$$

$$\frac{\partial \Delta P_{\Sigma(Q_{ci})}}{\partial Q_{Ci}} = \lambda \tag{8-5}$$

式（8-5）就是等网损微增率准则，它的基本数学物理意义是指：

（1）当电力网各补偿点的网损微增率相等时，全网的无功补偿容量具有最优分布。

（2）优的无功补偿就是应补尽补。即当所有无功负荷都完全补偿时，就是最优的补偿分布，此时 $\lambda = 0$。

二、最优网损微增率准则

电网中所有的无功负荷都得到补偿，即就地补偿，补偿后电网内没有无功流动，从而可以获得最大的降损效益。但此时的无功补偿容量也为最大，投资也是最大的。

考虑投资的回收和补偿装置的年运行费用问题，从总的经济

效益来考虑，无功补偿容量又受到一定限制。综合分析补偿节能
效益与费用支出，即按年经济效益最优，可推导出最优补偿容量
的计算公式，即"最优网损微增率准则"。构造的目标函数为

$$\text{Max}[C_e(Q_{Ci}) - C_0(Q_{Ci})] = C \tag{8-6}$$

$$\beta[\Delta P_{\Sigma(Q_{co})} - \Delta P_{\Sigma(Q_{ci})})]T_{max} = C_e(Q_{Ci})$$

式中　$C_e(Q_{Ci})$——无功补偿带来的收益，它等于没有补偿时的
有功消耗 $\Delta P_{\Sigma(Q_{co})}$，减去补偿之后的有功消耗
$\Delta P_{\Sigma(Q_{ci})}$ 后的电量收益，元；

　　　　β——电费单价，元 /kWh；

　　　　T_{max}——年最大运行时间，h；

　　　　$C_0(Q_{Ci})$——投入无功补设备时的各种费用，包括两部
分：其一补偿设备年折旧费用，其二补偿设
备年运行维护费用。

$$C_0(Q_{Ci}) = (\alpha_1 + \alpha_2)K_C Q_{Ci} \tag{8-7}$$

式中　α_1——补偿设备折旧费率，%；

　　　　α_2——补偿设备年维护费率，%；

　　　　K_C——折和补偿单位容量投资，元 /kvar；

　　　　Q_{Ci}——实际补偿容量，kvar。

构造函数 $C = C_e(Q_{Ci}) - C_0(Q_{Ci})$

$$= \beta[\Delta P_{\Sigma(Q_{co})} - \Delta P_{\Sigma(Q_{ci})}]T_{max} - (\alpha_1 + \alpha_2)K_C Q_{Ci} \tag{8-8}$$

式（8-8）进行偏导，并令其等于零，则

$$\frac{\partial \Delta P_{\Sigma}}{\partial Q_{Ci}} = (\alpha_1 + \alpha_2)\frac{K_C}{\beta T_{max}} = \gamma_z \tag{8-9}$$

$$\Delta P_{\Sigma} = \Delta P_{\Sigma(Q_{co})} - \Delta P_{\Sigma(Q_{ci})}$$

式中　γ_z——最优网损微增率，kW/kvar。

根据式（8-9），当全网各补偿点的网损微增率相等时，全网
无功补偿具有最优分布，且这个网损微增率等于 γ_z，其补偿容量
具有最优经济效益。最优网损微增率 γ_z 的特点有：

（1）如果某一电网的电价、补偿装置的投资及其回收率、折旧率以及运行中的有功损耗已给定，则 γ_z 即可确定。

（2）各个点网损都相等，且都等于 $\gamma_z = (\alpha_1 + \alpha_2)\dfrac{K_C}{\beta T_{\max}}$ 时，补偿有最好的经济收益。

（3）$\gamma_z \leqslant 0$ 的含义是：当自变量 Q_{Ci} 有一正的微增量时，有功网损 ΔP_Σ 的微增率为负值，即网损微增率下降，补偿才有意义。

（4）当不计补偿装置的投资费用及运行损耗时，$\gamma_z = 0$ 时各点无功负荷得到全补偿。

以上准则实际上给出了无功优化补偿的理论基础，对大型无功电源的优化分布有指导意义，对于全网的无功优化、无功补偿及电网 AVC 的建设都有一定的意义。

对于具体 10kV 线路的无功优化补偿，人们用最优网损微增率和等网损微增率的方法进行无功优化，也有人用两者结合的方法优化线路补偿，但计算过于复杂，并没有得到推广应用。

最优网损微增率和等网损微增率这两个准则，是确定无功负荷位置和补偿容量的理论方法。

三、无功经济当量

网损微增率与最优网损微增率的单位都是 kW/kvar，实际上表示的意义是每补偿单位无功减少的有功损耗，这就是无功经济当量的概念。无论是网损微增率或最优网损微增率，其本质就是寻找单位补偿容量每千乏线损降低的最大量。

根据式（8-5）$\dfrac{\partial \Delta P_{\Sigma(Q_{Ci})}}{\partial Q_{Ci}} = \lambda$ 等网损微增率准则，我们知道，补偿的各点 λ 相等时，全网的无功补偿容量具有最优分布，$\lambda = 0$ 时，就是完全补偿后，线路损耗仅有有功电流造成的损耗，此时无功造成的线路损耗 $\Delta P = 0$。

实际上无功经济当量常用来计算补偿的节电量。

1. 无功经济当量

无功经济当量指电力网中每千乏无功补偿容量所减少的有功

功率损耗的平均值，其单位为 kW/kvar，常用 K 来表示。

$$K = \Delta P / Q_C \qquad (8\text{-}10)$$

式中　ΔP——电力系统中某点补偿前后所引起该点至电源之间
有功功率损耗的变化量，kW；

Q_C——电力系统中某点的无功补偿量，kvar。

参考第五章式（5-20）得出，由于补偿 Q_C 降低线路损耗为

$$\Delta P = \frac{2Q - Q_c}{U_e^2} Q_c R \times 10^{-3}$$

由此，无功经济当量可写为：

$$K = \frac{2Q - Q_c}{U_e^2} R \times 10^{-3} \qquad (8\text{-}11)$$

式中　R——补偿点与所联系统电源之间的电阻，Q；

U_e——补偿点的线电压，kV；

Q——电力系统中某点的无功功率，kvar。

无功经济当量 K 的物理意义是，当补偿容量为 0 时，具有最大经济当量；当补偿逐渐增大时，经济当量逐渐减少；当完全补偿时，经济当量最小，此时其损耗完全是由有功电流造成的。其最大补偿容量是 $Q_c = Q$。

但在实际应用中，经济当量的最大补偿容量是有限制的，是由实际需要决定的。这一点要引起初学无功补偿的读者的高度注意。不能将经济当量视作可以无限补偿的量，错误地认为补偿越多，节电收益越大，补偿容量最大为该点实际需要的无功。

2. 无功经济当量的实际应用

如图 8-1 所示，把供电局电量计量点作为电源，则计量点处的无功当量为零，实际上是无功当量的基准点，或 0 点，线损从基准点 0 点开始计算。

若节点 1 后任意一点装设补偿装置，使点 1 处的无功功率 Q_1 减少了 Q_{c1}kvar，所以 1 点的无功经济当量 K_1 为

$$K_1 = \frac{Q_1 - Q_{c1}}{U_{e1}^2} R_1 \times 10^{-3}$$

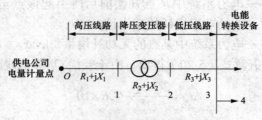

图 8-1 某一级供电系统

同理可得点 2、3 处的无功经济当量

$$K_2 = K_1 + \frac{2Q_2 - Q_{c2}}{U_{c2}^2} R_2 \times 10^{-3}$$

$$K_3 = K_1 + K_2 + \frac{2Q_3 - Q_{c3}}{U_{e3}^2} R_3 \times 10^{-3}$$

显然对于 n 点则有

$$K_n = \sum_{i=0}^{n} \frac{Q_i - Q_{ci}}{U_{ei}^2} R_i \times 10^{-3} \qquad (8\text{-}12)$$

$$K_n = \sum_{i=0}^{n} K_i$$

式中，$i = 0$ 时，$K_0 = 0$，为基准处的无功经济当量等于 0；Q_i、Q_{ci}、U_{ei}、R_i 分别为第 i 点的无功功率，补偿的无功功率，第 i 段的有功电阻。

对于单一电源来说，电力系统的经济当量，就是通过上述公式逐步计算出来的，k 值与基点位置有关，当在一点处，一级变压时，$K = 0.02 \sim 0.04$；二级变压时，$K = 0.05 \sim 0.07$；三级变压时，$K = 0.08 \sim 0.1$。

网损微增率 γ_z，实际上是经济补偿当量。

第二节 经典无功线损计算

一、无功负荷均匀的线路不同补偿时的线损计算

如图 8-2 所示,配电线路有 4 个无功负荷,每个无功负荷所需无功为 1j 个单位,负荷之间的电阻为 R,线路无功负荷之前的电阻亦为 R。未补偿前,线路无功的总损耗 ΔP 为

$$\Delta P = \Sigma I^2 R$$
$$= 4^2 R + 3^2 R + 2^2 R + R$$
$$= 30R$$

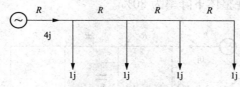

图 8-2 负荷均匀分布的线路

如图 8-3 所示,电容器 4j 安装在线路负荷首端,则无功损耗为

$$\Delta P = \Sigma I^2 R = 3^2 R + 2^2 R + R = 14R$$

无功损耗整体下降率为 53.33%。

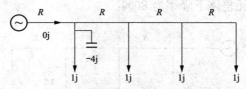

图 8-3 电容器安装在线路负荷首端

如图 8-4 所示,电容器 4j 安装在线路末端,则无功损耗为

$$\Delta P = \Sigma I^2 R = 3^2 R + 2^2 R + R = 14R$$

无功损耗整体下降率为 53.33%。

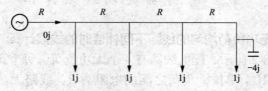

图 8-4   电容器安装在线路负荷末端

如图 8-5 所示，电容器 4j 安装在第二个负荷处，则无功损耗为

$$\Delta P = \Sigma I^2 R = R + 2^2 R + R = 6R$$

无功损耗整体下降率为 80%。

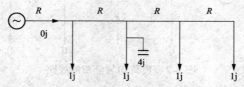

图 8-5   电容器安装在第二个负荷处

如图 8-6 所示，电容器 4j 安装在第三个负荷处，则无功损耗为

$$\Delta P = \Sigma I^2 R = R + 2^2 R + R = R + 2^2 R + R = 6R$$

无功损耗整体下降率为 80%。

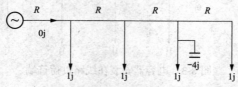

图 8-6   电容器安装在第三个负荷处

如图 8-7 所示，若电容器安装在无功负荷中心，建立以 0 为

原点的数轴，原点在距电源 1/2 处，数轴方向为 x 方向，与线路重叠，单位为 0.5R。则有

$$X_0 = \frac{\sum L_i Q_i}{\sum Q_i} = \frac{1 \times 0.5R + 1 \times 1.5R + 1 \times 2.5R + 1 \times 3.5R}{1 + 1 + 1 + 1}$$

$$= \frac{8}{4}R$$

$$= 2R$$

实际为几何中心处，无功损耗为

$$\Delta P = \Sigma I^2 R = R + \frac{4R}{2} + \frac{4R}{2} + R = 6R$$

无功损耗整体下降率为 80%。

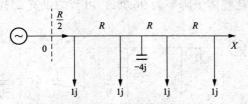

图 8-7　电容器安装在几何中心

如图 8-8 所示，补偿容量为应补容量的 1/2，则无功损耗为

$$\Delta P = \Sigma I^2 R = 2^2 R + 1 \times 3R = 7R$$

无功损耗整体下降率为 76.67%。可节约一半投资。

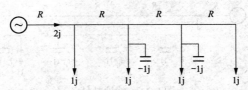

图 8-8　就地补偿 1（补偿容量为应补容量的 1/2）

如图 8-9 所示，若就地补偿补偿容量为应补容量的 1/2，则无功损耗为

$$\Delta P = \Sigma I^2 R = 2^2 R + 1^2 R = 5R$$

无功损耗整体下降率为 83.33%。可节约一半投资。

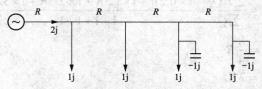

图 8-9　就地补偿 2（补偿容量为应补容量的 1/2）

如图 8-10 所示，若就地补偿补偿容量为应补容量的 3/4，则无功损耗为

$$\Delta P = \Sigma I^2 R = R$$

无功损耗整体下降率为 96.7%，可节约投资 25%。

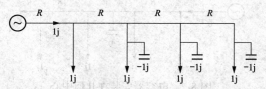

图 8-10　就地补偿 3（补偿容量为应补容量的 3/4）

如图 8-11 所示，全部就地补偿，即

$$\Delta P = 0$$

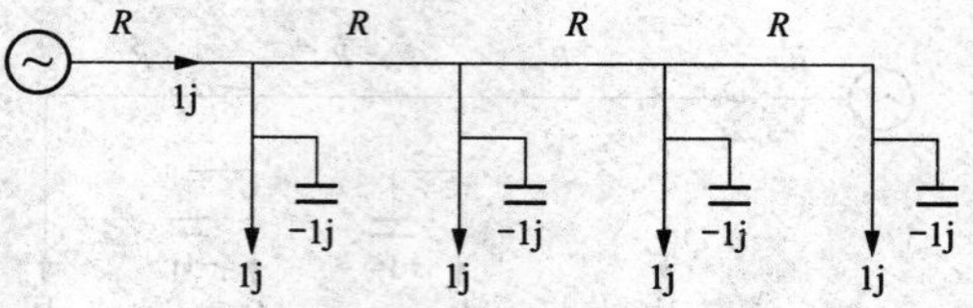

图 8-11　就地补偿 4

补偿的几点启示：

（1）只有就地补偿才能使无功造成的线路损失为 0。

（2）希望节约投资时或补偿容量不足、限制补偿容量和数量时，应采用就地补偿，补偿应从最末端的最大无功负荷补起。

（3）也可将电容器安装在负荷中心。

（4）集中补偿优化后补偿也能降低 80% 的线损。可以在一定程度上代替就地补偿。

二、无功负荷非均匀线路不同无功补偿时的线损计算

（1）如图 8-12 所示，配电线路有四个负荷点位，一个配电负荷所需无功为 1j 个单位，其余负荷依次为 2j、3j、4j，每个负荷之间的电阻为 R，则无功引起的总损耗为

$$\Delta P = \Sigma I^2 R = 10^2 R + 9^2 R + 7^2 R + 4^2 R = 246R$$

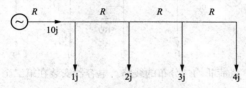

图 8-12 负荷非均匀分布的线路

（2）如图 8-13 所示，补偿电容的容量为 10j，电容器安装在线路负荷首端，则无功损耗为 $\Delta P = \Sigma I^2 R = 9^2 R + 7^2 R + 4^2 R = 146R$，无功损耗整体下降率为 40.65%。

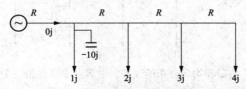

图 8-13 负荷非均匀分布的线路，电容器安装在线路负荷首端

（3）如图 8-14 所示，补偿电容的容量为 10j，电容器安装在线路末端，则无功损耗为 $\Delta P = \Sigma I^2 R = 6^2 R + 3^2 R + R = 46R$，无功损耗整体下降率为 81.3%。

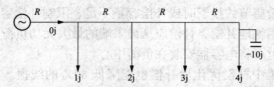

图 8-14　负荷非均匀分布的线路，电容器安装在线路负荷末端

（4）如图 8-15 所示，补偿电容的容量为 10j，电容器安装在二个负荷处，则无功损耗为 $\Delta P = \Sigma I^2 R = R + 7^2 R + 4^2 = 66R$，无功损耗整体下降率为 73.17%。

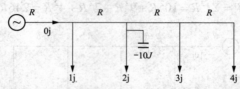

图 8-15　负荷非均匀分布的线路，电容器安装在第二个负荷处

（5）如图 8-16 所示，补偿电容的容量为 10j，电容器安装在第三个负荷处，则无功损耗为 $\Delta P = \Sigma I^2 R = 4^2 R + 3^2 R + R = 26R$，无功损耗整体下降率为 89.43%。

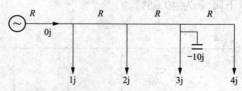

图 8-16　负荷非均匀分布的线路，电容器安装在第三个负荷处

（6）如图 8-17 所示，为就地补偿方式之一。

1）当就地补偿的容量为 1/2 时，则无功损耗为 $\Delta P = \Sigma I^2 R = 5^2 R + 4^2 \times 3R = 73R$

无功损耗整体下降率为 70.33%。节约一半投资。

2）如图 8-18 所示，若就地补偿（补偿容量为 7j）时，则无

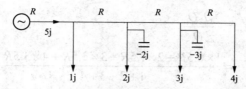

图 8-17 负荷非均匀分布的线路，就地补偿 1

功损耗为 $\Delta P = \Sigma I^2 R = 3^2 R + 2^2 R = 13R$，无功损耗整体下降率为 94.72%。节约 30% 的投资。

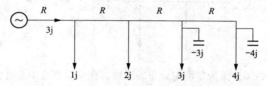

图 8-18 负荷非均匀分布的线路，就地补偿 2

3）如图 8-19 所示，就地补偿 3。则无功损耗为

$$\Delta P = \Sigma I^2 R = 6^2 R + 5^2 R + 3^2 R = 70R$$

无功损耗整体下降率为 71.54%。节约 60% 的投资。

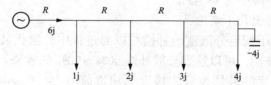

图 8-19 负荷非均匀分布的线路，就地补偿 3

（7）无功负荷中心位置的计算。无功负荷中心的计算实际上是以无功负荷为权重的无功负荷矩中心。以图 8-20 为例，以电源线路为 X 轴，以负荷 1 和电源之间的中心为 0 点，数轴方向为 X，与线路重叠，数轴单位为 0.5R。其无功负荷中心的坐标为 X_0，Q_i 为第 i 个无功负荷，L_i 为第 i 个无功负荷到 X 轴 0 点的距离。

247

$$X_0 = \frac{\sum L_i Q_i}{\sum Q_i}$$

$$= \frac{1 \times 0.5R + 2 \times 1.5R + 3 \times 2.5R + 4 \times 3.5R}{1 + 2 + 3 + 4}$$

$$= 2.5R$$

此时，无功负荷中心就在 3j 处。

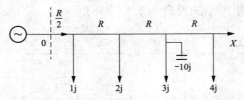

图 8-20   负荷非均匀分布的线路，在无功负荷中心补偿

在无功负荷中心补偿时的无功损耗为

$$\Delta P = \Sigma I^2 R = 4^2 \times R + 3^2 R + R$$

$$= 16R + 9R + R = 26R$$

此时，线路集中补偿的效果较优，即线路损耗为 26R。无功损耗整体下降率为 89.43%。

由此得出几个结论：

1）高压就地分散就地补偿可以通过集中补偿代替，经过优化的集中补偿，可以达到分散补偿 80%～90% 的效果。

2）最优的补偿位置应接近无功负荷中心。在实际工作中，以离负荷中心最近的电杆为安装位置，简化和方便该补偿装置的安装。

3）在资金充裕时，就地补偿效果最好，节能效果最优。

资金不足时，首先对接近末端的最大负荷点进行就地补偿，以此类推。

在实际工作中，可局部优化补偿若干个变压器空载无功，以及变压器负载无功，考虑线路的其他无功负荷。

248

上述几点对于 10kV 线路无功优化补偿是非常重要的参考依据，因为 10kV 线路所带的变压器空载或轻载无功可以认为是固定不变的无功，补偿的容量是可以计算的。先对线路的局部进行无功优化补偿，线路的局部优化补偿搞好了，整体的无功优化就解决了。

第三节　10kV 线路无功优化

10kV 线路最优的补偿方法是具体问题具体分析的结果，对于 10kV 线路及负荷特点的认识，是我们对 10kV 线路优化补偿的前提。

一、10kV 线路的分类及负荷

1. 10kV 线路的分类

（1）城市 10kV 线路。城市 10kV 线路的主要特点是：线路较短，约为 2~4km；负荷集中，电压多为正偏差；一般为环状结构或手拉手结构，供电可靠性高；当发生故障时，用户停电时间短。此类线路固定损耗大，可变损耗较农村线路小。变压器多为台架式安装，接入的变压器大且密集。

（2）农村 10kV 线路。农村 10kV 线路的主要特点是：一般是馈电线路，线路长，约为 5~20km；负荷分散，负荷点位多；变压器容量小且数量多，路架设以线杆架空线路为主，杆距 40~50m，电线为铝绞线或铜线。此类线路线损较大，变压器多为台架式安装。电压质量尤其末端电压偏低，是降损的重点。

（3）10kV 用户专用线路。10kV 用户专用线路的主要特点是：用电负荷稳定，关口计量表在变电站线路的首段，其线损由企业承担，无功负荷一般在线路的末端。

（4）城乡结合部线路。城乡结合部线路的主要特点是：一般为馈电线路，线路长；负荷比农村线路负荷集中，线损大；电压质量尤其末端电压更低。此类线路线损大，变压器多为台架式安装，是补偿优化的重点。

2. 农村电网的负荷及无功负荷

（1）农村负荷小且分散。农村变压器的负荷一般由以下负荷组成：生活照明、电动车充电、电磁炉、吹风机、电视机、音响、电热水器、小水泵、小鼓风机，以及小型榨油机、其他加工设备等。

（2）农村负荷季节性强。农村电网的负荷，每年可分为两个用电高峰时间段，一是每年的 4～9 月，这 6 个月是农忙时段；另一个是每年春节 20～30 天。每年的 10～12 月及 3 月为用电低峰期，在此段时间内，农村用电量迅速下降，变压器和线路处于空载和轻载状态。

在农村 7～21 点的负荷较为集中，负荷集中在三餐做饭时间。晚上 21 点后到第二天 7 点，变压器基本上是空载和轻载状态。

（3）农村台区变压器负荷率偏低。由于农村变压器的配置多是以农村的自然村或行政小组为台区，变压器容量设计过大，致使配电变压器在每天相当多的时间内都处于空载和轻载状态。

长期的降损实践和资料表明，农村线路的平均负荷率在 17% 左右；城乡线路变压器的平均负荷率在 20%～30%。

（4）农村负荷的自然功率因数高低不均。由于科学的进步，随着人们生活水平的提高，各种新的电气设备不断进入老百姓的生活之中。这些设备的自然功率因数都很高，都在 0.9 左右。使得台区变压器低压侧自然功率因数一般在 0.75～0.9 之间，配电变压器高压侧功率因数较低，一般在 0.1～0.8 之间。

（5）农村负荷存在谐波。由于非线性设备的大量应用，如电动车充电，空调（变频）、电磁炉、微波炉等的大量使用，使得系统产生谐波，经测试情况来看，一般以 3、5 次谐波为特征值，但谐波幅值高低不一。

二、10kV 线路线损居高的原因

农村配电网 10kV 线路的线损问题，一直是供电企业节能降损工作的主攻目标，但降损的效果不明显，一直困绕着供电企业，并直接影响着供电企业的经济效益，其主要原因如下。

1. 变压器空载无功是造成线损的主要原因

表4-4与表4-5相比可知，一个显著的事实是，变压器无功所占的比在逐渐减少，变压器无功从总配网无功的44%下降到25.2%，其中变压器空载占到24%。变压器的负载无功占比仅为0.7%。

现有用户的功率因数考核指标为0.9，也就是至少有7%的用户无功穿越到10kV线路中，加上变压器的空载无功24%，10kV线路的无功至少有31%，此时，10kV线路流过的无功70%是变压器的空载无功。

2. 存在本末倒置的情况

在实际操作上，重视变电站无功补偿及以塔杆式线路的无功补偿，轻视就地补偿和变压器的随器补偿。造成了大量无功穿越10kV无功控制界面。

3. 理论与实际情况不符，缺乏对总体无功认识

从大量10kV线路无功补偿优化降损的文献来看，10kV线路的优化补偿，多是用最优网损微增率原理来解决，在解决实际问题时，计算过于复杂，并没有给线路指明理论的解决方法。

4. 认识模糊

国家电网有限公司对10kV线路的功率因数有要求，有人认为线路的（首端）或平均功率因数提高到0.9，就能达到线损要求，线损就下降了，这是个误区。因为线路各处功率因数不一致，不能把线路某处的功率因数与线路降低线损相联系，更不能把线路综合的功率因数或其他功率因数（尤其首端）作为线路降损的指标。

三、10kV 线路的无功平衡方程

对于10kV线路来讲，其流过线路的无功 Q 为

$$Q = \Sigma Q_{bi} + \Sigma Q_{Yi} + \Sigma Q_{Xi} + \Sigma Q_{Li} - \Sigma Q_{Ci} \qquad (8-13)$$

式中　ΣQ_{bi}——线路所带变压器的无功，kvar；

　　　ΣQ_{Yi}——线路负荷用户穿越的无功，kvar；

ΣQ_{xi} ——线路及杂散无功，kvar；

ΣQ_{Li} ——用户负荷的谐波无功，kvar；

ΣQ_{Ci} ——线路补偿的容性无功，kvar。

在低压补偿情况下，10kV 线路流过的无功 60%～70% 是变压器的空载无功，因此，变压器空载无功是解决线损的关键之一，即在高压侧进行随器补偿。

四、10kV 线路优化补偿方法

10kV 线路的无功优化可分 3 步进行。

第一步对线路进行简化归并。

第二步首先进行 10kV 随器补偿，即补偿变压器空载或轻载无功，再根据无功负荷中心负荷确定无功优化随器补偿位置。

第三步对穿越上来的无功负荷进行针对性补偿或与随器补偿一起考虑。

当轻负荷时，以随器补偿为主，适当增加补偿轻载无功的容量，即可达到要求。

当重负荷时，需要对穿越上来的用户无功进行补偿。

补偿一般为两级。即对轻载空载无功进行固定补偿和平均负荷或最大负荷时的无功进行补偿。补偿为三级时，首先要对变压器空载轻载无功进行固定补偿，再对平均无功负荷进行补偿，最后对最大负荷进行补偿。

1. 10kV 线路的简化

为使 10kV 线路的补偿简单而便于操作，需要对线路的分支和主干做出定义分类并简化。

（1）主干线路。自然分支线路上所带变压器的容量大于该线路变压器总容量 30% 以上的，就是主干分支。一条线路可以有两个以上的并行主干，但最多不超过三个主干线路。此类主干分支的补偿和线路的无功优化补偿一样。

（2）归并分支线路。自然分支线路所带变压器的容量占该线路变压器总容量 5%～10% 以下的为归并分支线路。其负荷应归并到主干线路上，与主干线路的无功负荷一起参与进行无功优化。

（3）补偿分支线路。自然分支线路所带变压器的容量占该线路变压器总容量 10%～20% 之间的称为补偿分支线路，此分支需进行无功优化补偿。

（4）主干线路、分支线路、归并分支线路对线损的影响。根据线损公式

$$S = S_1 + S_2 + S_3$$
$$S_1 = (0.3I)^2 R_1 = 0.09\,I^2 R_1$$
$$S_2 = (0.2I)^2 R_2 = 0.04I^2 R_2$$
$$S_3 = (0.1I)^2 R_3 = 0.01I^2 R_3$$

式中　S——线路总损耗；

　　　S_1——线路主干损失；

　　　S_2——线路补偿分支损耗；

　　　S_3——线路归并分支；

　　　R_1——分别为对应主干线路、补偿分支、归并分支的电阻。

　　　　　一般 $R_1 > R_2 > R_3$；

　　　R_2——分别为对应主干线路、补偿分支、归并分支的电阻。

　　　　　一般 $R_1 > R_2 > R_3$；

　　　R_3——分别为对应主干线路、补偿分支、归并分支的电阻。

　　　　　一般 $R_1 > R_2 > R_3$。

一般认为线路主干流过最少 30% 的电流，线路补偿分支流过 20% 的电流，线路归并分支流过 10% 的电流，由此可以估计出，线路归并分支的损耗，占总线路损耗的 7% 以下，线路分支损耗占线路总损耗的 28% 以上，路主干损耗占线路总损耗的 64% 以上。线路的损耗主要由主干和补偿分支的构成，两者损耗之和占总线损的 90% 以上。

2. 10kV 线路随器补偿容量、轻负荷的补偿容量的确定

（1）变压器随器补偿容量的计算。即

$$Q_{BK} = \Sigma Q_{bi} = \Sigma (I_{0i} S_{ei}) \times 10^{-2} \tag{8-14}$$

式中　I_{0i}——第 i 个变压器的空载电流，%；

Q_{bi}——第 i 个变压器的空载无功，kvar；

S_{ei}——第 i 个变压器的容量，kVA。

（2）变压器轻载无功的确定。

1）对于有计量记录的台区，可由日负荷无功曲线获得，取长期的最低无功负荷，为补偿容量。

2）由负荷率和功率因数计算获得轻载补偿容量，即

$$Q_{BF} = \sum \Delta Q_i = \sum(\beta_i \sin\varphi_i + \beta_i^2 U_{ki} \times 10^{-2})S_{ei} \qquad （8\text{-}15）$$

式中 β_i——第 i 个变压器负荷率，%；

ΔQ_i——第 i 个变压器的负荷无功，kvar；

$\sin\phi_i$——第 i 个轻载下的电压与电流相位角差的正弦，%；

U_{ki}——第 i 个变压器的短路电压，%；

S_{ei}——第 i 个变压器的额定容量，kVA。

3）变压器轻载无功的经验求补偿容量，即

由 $Q_{BK} = \sum Q_{bi} = \sum(I_{0i} \times S_{ei}) \times 10^{-2}$ 乘以系数 1.1～1.2。

变压器的轻载无功约等于每个变压器空载无功乘以系数。

4）利用变压器容量计算变压器轻载总补偿容量。变压器的空载无功正比于变压器的容量。用线路统计的变压器的总容量来确定总补偿容量

$$Q_{BK} = \sum S_{ei} \times K$$

一般考虑 $K = 0.015～0.05$。变压器的容量与变压器轻载时无功的关系为（0.015～0.05）× $\sum(S_{ei})$，适当考虑变压器型号的影响。变压器大于 200kVA 以上占比较多，就可以适当选择较小的系数如 0.02。变压器小于 200kVA 以上占比较多，就可以适当选择较大的系数 0.25。当然也要考虑变压器的型号，老式型号的变压器系数就大一些。

以上变压器轻载容量的确定可以互相对照。

用变压器容量乘以系数来确定无功可以极大低减少工作量。

3. 随器补偿安装位置的优化确定

可以通过无功负荷中心的计算获得，即负荷中心就是随器补

偿的安装位置。

（1）由无功负荷中心的计算获得。计算公式为

$$\begin{cases} X_0 = \dfrac{\sum L_{iX} Q_i}{\sum Q_i} \\ Y_0 = \dfrac{\sum L_{iY} Q_i}{\sum Q_i} \end{cases}$$ （8-16）

式中　L_{iX}——无功负荷 Q_i 到 X 轴的坐标；

　　　L_{iY}——无功负荷 Q_i 到 Y 轴的坐标。

需要注意，负荷点不能在坐标系原点，可以建立任意坐标系计算。

（2）通过经典优化补偿的方法获得。

（3）条件允许时，可以对线路较长、容量较大的分支线路进行优化。

4. 高压随器补偿的若干经验

（1）单只电容的最小补偿容量和最大补偿容量的确定。根据最优微增原则，每个变压器处都进行随器补偿是最优化的补偿方案。而实际上，考虑安全和经济性原因，是不允许这样补偿的。

10kV 线路补偿中，单台电容补偿容量越小，补偿点位越多，补偿效果就越好。但补偿电容费用高，安装费用高。集中线路补偿容量越大，补偿点位越少，补偿效果越差。

我们一般会对多台 10kV 变压器的无功统一起来进行补偿，但补偿的容量不宜超过 150～200kvar。

集中统一对多台 10kV 变压器的空载或轻载无功进行补偿时，在线路末端，最小补偿单元的容量，可按 30～100kvar 电容作为随器补偿容量（可以分得细一点）；在线路中段；可按 50～150kvar 电容进行分组补偿容量（可以分得粗一点）；在线路首段可以按最小补偿单元的容量 100～150kvar 电容进行分组。单只分组电容容量不宜超过 150～200kvar。

（2）随器补偿之间的距离。一般每个随器补偿之间的距离应

大于 1.5km。

（3）随器补偿不能与变压器公用熔丝保护，补偿装置应单独安装架设。

（4）对于线路较长的归并分支线路，可根据情况进行补偿。

（5）随器补偿一般用固定补偿方式。

（6）对于用户大负荷或平均负荷的补偿应采用自动补偿。

第四节　10kV 线路优化随器补偿降损实例

【例 8-1】10kV 线路优化随器补偿降损实例。

图 8-21、图 8-22 为某市城乡结合部 10kV 配电线路图，其变压器总容量为 5010＋7440＝12450（kVA）。少数专用变压器有无功补偿，变压器平均负荷为 30%。如何进行高压补偿？

解：由于低压只有少量无功自动补偿，用户无功穿越 10kV 变压器，高压补偿以补偿变压器的空载无功为重。由于负载率低，变压器空载无功、轻载负荷无功统一按变压器容量的 3% 考虑。

简化后的线路如图 8-23 所示。

其中，补偿分支一条，即大学城分支位于简化后杆数 63 杆。归并分支 28 条。

变压器统计及简化后线路补偿方式见表 8-1。

（1）高压线路随器优化补偿＋分支优化补偿。线路变压器总容量 12450kVA，只有一条分支线路变压器容量为 1500kVA，超10%，占总容量比例为 11.86%，需要进行分支优化补偿。其余均为归并线路。

1）分支优化补偿。优化分支线路属于大学城基建线，位于花京线 -30 杆（副杆），新编 63 杆分支线路。根据第八章第三节计算可以得到 63 杆支路的补偿优化的位置。

256

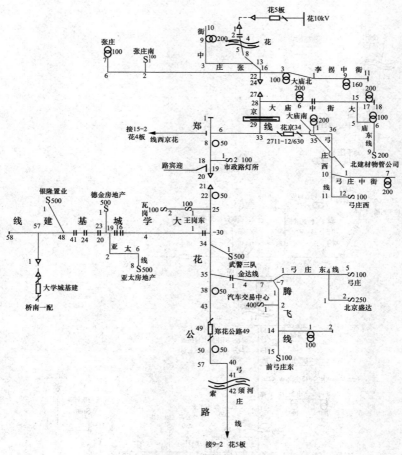

图 8-21　某市城乡结合部 10kV 配电线路 01

该优化分支共有负荷 3 处，其中 19 杆负荷 500kVA，20 杆 500kVA，48 杆 500kVA。建立坐标系，设 X 轴在原点在 18 杆处。则有

$$X_0 = \frac{\sum L_i Q_i}{\sum Q_i} = \frac{1 \times 500 + 2 \times 500 + 30 \times 500}{1500}$$

257

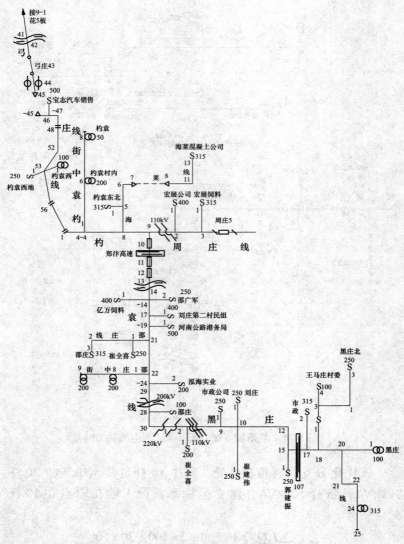

图 8-22　某市城乡结合部 10kV 配电线路 02

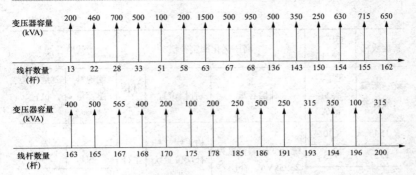

图 8-23　简化后的线路

表 8-1　　　　　　　变压器统计及简化后线路补偿方式

新编线杆	变压器统计	高压优化固定补偿			就地补偿	
统一新编线杆杆数	变压器容量（kVA）	补偿容量	补偿位置	补偿形式	就地补偿容量（kvar）	就地补偿位置（杆）
13	200	统计变压器容量为2160kVA，补偿容量为60kvar	花京线 28 杆补偿位置统一编排28 杆.	主杆优化	50	28
22	460					
28	700					
33	500					
51	100					
58	200					
63	1500	统计变压器容量为1500kVA，补偿容量为50kvar	大学城分支线 29 杆	分支补偿		
67	500	统计变压器容量为2550kVA，补偿容量为60kvar	郑花线 35 杆. 补偿位置统一编排68 杆	主杆优化	50	68
68	950					
136	500					
143	350					
150	250					

259

续表

新编线杆	变压器统计	高压优化固定补偿			就地补偿	
统一新编线杆杆数	变压器容量（kVA）	补偿容量	补偿位置	补偿形式	就地补偿容量（kvar）	就地补偿位置（杆）
154	630	统计变压器容量为2395kVA，补偿容量为60kvar	杓袁线 9 杆补偿位置统一编排155 杆	主杆优化	50	155
155	715					
162	650					
163	400					
165	500	统计变压器容量为1965kVA，补偿容量60kvar	杓袁线 22 杆补偿位置统一编排168 杆	主杆优化	50	167
167	565					
168	400					
170	200					
175	100					
178	200					
185	250	统计变压器容量为2080kVA，补偿容量60kvar	黑庄线 15 杆补偿位置统一编排191 杆	主杆优化	50	186
186	500					
191	250					
193	315					
194	350					
196	100					
200	315					

注　1. 整体分支优化补偿：每 2000kVA 左右为一个补偿单位，共计 6 个随器补偿点。补偿容量按统计变压器总容量的 3% 考虑，每点补偿 60kvar。总计 360kvar。补偿位置由简化后的杆数和变压器容量计算无功负荷中心获得。

　　2. 整体就地补偿：每 2000kVA 左右为一个补偿单位。共计 6 个随器补偿点。补偿容量按统计变压器总容量的 2.5% 考虑。每点补偿 50kvar。总计 300kvar。补偿位置由补偿单元最大变压器的杆数确定。

经计算整理，$X_0 = 11$ 杆。则负荷中心即位于补偿位置为 $18 + 11 = 29$（杆）。

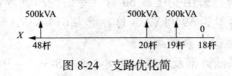

图 8-24 支路优化简

2）归并后主线路的无功优化补偿。

第一组：185～200 杆，共 15 杆，长度 750m，变压器总容量为 2080kVA，补偿容量 60kvar。补偿位置，统一编排 191 杆。优化位置的寻找与分支线路相同。

第二组：165～178 杆，共 13 杆，长度 650m，变压器总容量为 1965kVA，补偿容量，60kvar。补偿位置，统一编排 168 杆。

第三组：154～163 杆，共 9 杆，长度 450m，变压器总容量为 2395kVA，补偿容量 60kvar，补偿位置，统一编排 155 杆。

第四组：67～150 杆，共 83 杆，长度 4150m，变压器总容量为 2550kVA，补偿容量 60kvar，补偿位置统一编排 68 杆。

第五组：13～58 杆，共 45 杆，长度 2250m，变压器总容量为 2160kVA，补偿容量 60kvar，补偿位置统一编排 28 杆。

（2）就地补偿方案。就地补偿 5 处 + 分支优化补偿（一条分支线路）。

1）就地补偿。按变压器容量从线路最末端开始统计。每统计 2000kVA 左右为一组，每组补偿容量为 50kvar，共计 5 组电容，电容容量合计 250kvar。

就地补偿的容量按总变压器容量的 2.5%。位置安装于统计变压器中的最大容量变压器处。

2）分支优化补偿。

【例 8-2】低压随器自动补偿降损实例

某县辛 5 板低压随器无功补偿降损方案。

1. 线路及负荷情况

主干线全长 4.67km，线路所带变压器数量为 62 台，其中专用变压器 2 台、公用变压器 60 台，专用变压器容量为 200kVA，公用变压器容量为 5940kVA，总容量为 6140kVA。

2. 该线路基础数据及计算

该线路基础数据及计算见表 8-2、表 8-3。

表 8-2　　　　　　　　　　线路基础数据

年月	购电量（MW/h）	售电量（MW/h）	平均负荷（kW）	线损电量	线损率（%）	负荷率（%）
2012 年 1 月	724.5	676.4	1006	48.1	6.64	15.87
2012 年 2 月	805.4	754.7	1118	50.7	6.30	17.63
2012 年 3 月	763.6	716.9	1060	46.7	6.11	16.72
2012 年 4 月	859.1	842.6	1193	16.5	1.92	18.82
2012 年 5 月	568.0	498.6	788	69.4	12.21	12.43
2012 年 6 月	705.2	664.5	979	40.7	5.77	15.44
2012 年 7 月	666.6	572.1	926	94.5	14.17	14.61
2012 年 8 月	692.1	653.0	1040	39.1	5.65	16.40
2012 年 9 月	558.2	526.3	775	31.9	5.71	12.22
2012 年 10 月	763.6	716.9	1060	46.7	6.11	16.72
2012 年 11 月	447.7	422.1	621	25.6	5.72	9.80
2012 年 12 月	504.4	473.7	700	30.7	6.09	11.04
累计	8058.4	7517.8		540.6		
平均	671.5	626.5	938.8	45.05	6.71	14.8

表 8-3　　　　　　　　　变压器基本无功情况

变压器容量（kVA）	台数	单台变压器空载无功 Q_K（kvar）	变压器空载无功 Q_K（kvar）
30	6	0.63	3.8
50	17	1.0	17
80	3	1.3	3.9
100	25	1.6	43.2
160	2	2.3	4.6
200	4	2.6	10.4
250	5	3	15
合计	62		97.9

3. 线路无功分布

关口表处的无功平衡：平均无功负荷为 580kvar，其中变压器空载自身无功为 98kvar，用户无功为 482kvar。

4. 变压器随器补偿后线路线损的减少百分数的计算

变压器无功与用户无功之比：$k=98/261=0.2$，根据式（4-8）可知，仅把变压器空载无功随器补偿之后，线路线损下降 30.56%。月平均线损率从 6.71% 下降到 4.65% 左右。

5. 降损分析

辛五线平均月购电量约为 67 万 kWh，月平均线损率为 6.71%，月度纯线路损耗的电量近 4.5 万 kWh，线损率偏高。经过计算，仅把变压器的空载无功补偿了，就可使整条线路的线损下降 2.05%，减少电量 1.37 万 kWh，年节电量为 16.44 万 kWh。再加上随器无功补偿对变压器负荷无功的补偿，预计可以使线损率从现在的 6.71%，下降到 4% 左右。

6. 随器补偿方案

对辛五线 62 个配电变压器台区进行低压全无功随器补偿改造见表 8-4。

表 8-4　　　　辛五线 62 个配电变压器台区进行低压
全无功随器补偿改造情况

变压器容量（kVA）	台数	变压器轻载无功功率 Q_k（kvar）	补偿形式	补偿单台容量或首只补偿容量（kvar）	安装位置	分组容量配置（kvar）
30	6	0.6	随器自动	1	低压侧	$1+3+6+3Y_0$
50	17	1	随器自动	1.3	低压侧	$1.3+5+8+3Y_0$
80	3	1.3	随器自动	1.5	低压侧	$1.5+5+10+6Y_0$
100	23	1.6	随器自动	2.0	低压侧	$2+8+12+10Y_0$
160	2	2.3	随器自动	2.5	低压侧	$2.5+8+10+15+10Y_0$
200	4	2.6	随器自动	3	低压侧	$3+10+15+20+10Y_0$
250	5	3	随器自动	3.5	低压侧	$3.5+15+18+25+10Y_0$
总台数				60 台		

注　1. 给出了变压器的容量配置。

2. $10Y_0$ 是配置的星形电容器，用以分相补偿，分相补偿三相为三路。

3. 由于产权问题两台专用变压器没有补偿。

4. 电容电压选择在 0.415kV。

7. 改造投资

60 台进行随器自动补偿，每台平均 0.8 万元，共计 48 万元。

8. 改造效果

实际线损下降 3.8%，每月节约电量 2.5 万 kWh，约 2.7 年收回投资。

全无功随器补偿的方法避免了 10kV 无功位置优化的计算。

第九章
随器补偿在 110kV 线路补偿的应用

随着人们对电能需求的不断增加，用电规模越来越大，同时对电能的依赖程度越来越高，对供电的安全性、可靠性有更高的要求，10kV、35kV 电压供电等级已不能满足用户对用电安全的需要。

高速铁路、城市轨道交通（地铁）、通信数据基地等行业是近几年高速发展的行业，基本上都采用了 110kV 电压等级供电。这些行业对电力安全的要求极高，一般不能停电，停电会引起人们的人身安全和信息安全。对国家和社会造成不良影响。

110kV 的电网属于主主干电网，其安全等级高。直接供给特殊用户使用，可以增强用户用电的可靠性，减少停电事故，提高用户的电能质量。

上述行业项目建成投运以后，因为各种原因，供电系统功率因数过低，产生了大量的力调电费，年损失力调电费近千万元，给企业造成一定的经济损失。

研究表明，下述几个问题是造成力调电费的主要原因：

（1）110kV 供电的贸易结算仪表的位置位于供电公司 220kV 变电站，贸易结算仪表到使用方变电站的距离过长。如果供电公司的计量电表，则问题基本解决。

（2）由于地铁和通信的用电负荷多在城市内或郊区附近，从供电公司到使用单位的 35、110kV 线路不能架设空间走廊，而是大量使用地埋电缆，致使 35、110kV 电缆的充电容性无功，远大于 35、110kV 线路自身的感性无功，从而造成 35、110kV 线路存在大量过剩的容性无功，这是设计者没有考虑到的。

（3）过于超前保守的供电容量设计，变压器容量远大于实际运行容量。例如某市轨道交通主变压器运行初期的负荷率仅为

7%，实际运行时，系统无功负荷不足以抵消 110kV 线路电缆的容性无功。尤其是通信基站，使用大量的 UPS，在轻负载下为弱容性运行，更增加了治理的难度。

（4）由于轨道交通、通信数据基地、售电行业都是新兴行业，补偿设计缺乏历史数据；再者此类系统的无功控制界面发生了变化，无功控制界面与常规无功控制界面不同，致使项目投运后设计的补偿装置无法满足运行无功要求，造成考核计量功率因数极低，达不到国家要求。

（5）原设计的无功补偿装置，不能适用现有的负荷情况，起不到补偿的作用。

解决上述力调电费问题的关键，首先要了解 110kV 供电系统的特点，然后列出计量点处无功的平衡方程，分析系统无功的构成，计算各项无功，最后通过分层和随器补偿的理论，找出最优的无功补偿方式，使功率因数达到国家要求的标准。

第一节　110kV 输电线路的无功计算

本节介绍 110kV 输电线路的参数和容性无功计算。

一、线路的电阻

三相线路中的每相的电阻为 R，线路的电阻可以用式（9-1）表示

$$R = \frac{\rho L}{S} \tag{9-1}$$

式中　R——每相导线的电阻，Ω；

　　　ρ——不同金属导线的电阻率，$\Omega \text{mm}^2/\text{km}$；

　　　L——导线的长度，km；

　　　S——导线的截面积，mm^2。

参数 ρ 可以查表获得。常用金属铝的导线电阻率为 $31.5\,\Omega\,\text{mm}^2/\text{km}$（或 $0.0315\,\Omega\,\text{mm}^2/\text{m}$），常用金属铜的导线的电阻率为 $18.8\,\Omega\,\text{mm}^2/\text{km}$（或 $0.0188\,\Omega\,\text{mm}^2/\text{m}$）。

线路电阻是，线路有功损耗的主要参数，线路电阻越小，损耗越小；线路电阻越大，损耗也就越大。线路电阻产生的损耗是以线路发热形式损失的。

（1）导线发热引起电阻增加的计算方式

$$\Delta R = \frac{R_{20}\alpha(T_\alpha - 20)I_{jf}^2}{I_\alpha^2} = R_{20}\beta_1 \qquad (9\text{-}2)$$

式中　ΔR——导线温度引起的电阻的增加值，Ω；

　　　R_{20}——摄氏 20℃每相电阻的值，Ω；

　　　α——导线的温度系数，一般铝、铜为 0.004。

　　　T_α——最高允许温度，70℃；

　　　I_{jf}——均方根电流，A；

　　　I_α——周围温度为 20℃导线持续通过的电流，A；

　　　β_1——导线温度对电阻的修正系数。

（2）环境温度对电阻的影响，计算公式为

$$R_1 = R_{20}\beta_2 \qquad (9\text{-}3)$$

式中　R_1——环境温度相对于 R_{20} 电阻的修正值，Ω；

　　　β_2——环境温度对电阻的修正系数。

（3）考虑环境与导线发热两种情况下的电阻

$$R = (1 + \beta_1 + \beta_2)R_{20} \qquad (9\text{-}4)$$

二、线路的电抗和感性无功功率

线路的电抗与线路的感性无功相关联。线路的电抗是导线的内部及外部产生的交变磁场引起的电抗。与导线的空间布局、参数和自感有关。

（1）三相电路中的单相电抗可以表示为

$$X_0 = 2\pi f[4.6\lg(Dcp / r) + 0.5\mu] \times 10^{-4} \qquad (9\text{-}5)$$

式中　X_0——导线每公里的电抗，Ω/km；

　　　f——交流电的频率，Hz；

　　　Dcp——三相导线的几何均距，cm 或 mm；

　　　r——导线的半径，cm 或 mm；

　　　μ——导线的相对导磁系数，对于铜、铝 $\mu=1$。

如果把 $f = 50$，$\mu = 1$ 代入，即

$$X_0 = 0.1445\lg\left(\frac{Dcp}{r}\right) + 0.0157(\Omega / km) \qquad (9\text{-}6)$$

值得提出的是，线路中三相电缆的电抗远小于架空线路的电抗。三相电缆的电抗随着电压的升高而升高。

（2）线路的感性无功功率为

$$Q_L = \frac{(P^2 + Q^2) \times X_0}{U^2} \times 10^{-3} \qquad (9\text{-}7)$$

式中　P——线路流过的有功功率，kW；

　　　Q——线路流过的无功功率，kvar；

　　　U——线路线电压，kV；

　　　X_0——导线每千米的电抗，Ω/km；

　　　Q_L——导线每千米的无功功率，kvar/km。

三、线路的导纳和容性无功功率

线路导纳是导线间的电容及导线对地的电容所决定的，用 B 来表示。

每相导线每公里的等效电容为

$$C_0 = \frac{0.0242}{\lg(Dcp / r)} \times 10^{-6}(F) \qquad (9\text{-}8)$$

式中　r——每根导线的计算半径，mm；

　　　Dcp——三相导线的几何均距，mm。

线路每公里的导纳为

$$b_0 = \omega C_0 = 7.60 / \lg(Dcp / r) \times 10^{-6}$$
$$= \frac{7.60}{\lg(Dcp / r)} \times 10^{-6} \qquad (9\text{-}9)$$

当 $f = 50Hz$ 时，$\omega = 314$。一般可以认为 $b_0 = 2.7 \times 10^{-6}$(S/km)

导线的容性无功电流为 $I_C = U_\phi \times b_0 \times L$

式中　U_ϕ——线路相电压，kV；

　　　I_C——导线的容性无功电流，kA；

L——线路长度，km。

三相的无功

$$Q_{\mathrm{C}} = U_{\mathrm{L}}^2 \times B \times 10^3 \qquad （9-10）$$

式中　B——线路导纳，S；

　　　Q_{C}——线路无功，kvar；

　　　U_{L}——线路线电压，kV；

　　　L——线路长度，km。

四、架空输电线路的过剩无功功率

过剩的无功功率是该线路的感性无功与容性无功之和，即

$$\Delta Q = Q_{\mathrm{C}} + Q_{\mathrm{L}}$$

$$= \frac{(P^2 + Q^2) \times X_0 \times 10^{-3}}{U^2} - U_{\mathrm{L}}^2 \times B \times 10^3 \qquad （9-11）$$

式中　P——线路流过的有功功率，kW；

　　　Q——线路流过的无功功率，kvar；

　　　ΔQ——线路的过剩无功功率，kvar。

对于 110 线路，如果线路负荷较小，则可以忽略感性无功。

五、35kV 及以上电缆线路的充电功率

根据表 9-1 可查线路不同电压等级电缆每公里的充电功率。

表 9-1　　　　　35kV 及以上电缆线路的充电功率

充电功率（MWr/km）　　电压等级（kV）　　截面积（mm²）	35	110	220	330	500
100		1.07			
180		1.2			
270		1.23	3.25	6.5	
400	0.09	1.26	3.57	7.2	
600	0.1	1.52	3.9	7.77	
680		1.58	4.05	8.0	17.3
920	0.12	1.75	4.45	8.74	

六、输电线路的等值电路

高压输电线路用图 9-1 所示的 Π 形等值电路表示。

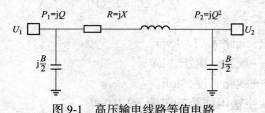

图 9-1　高压输电线路等值电路

第二节　地铁 110kV 供电系统无功补偿

一、地铁供电系统简介

1. 地铁系统构成

地铁供电由以下几部分构成：

（1）外部电源为整个地铁供电系统提供电源的 110kV 电源。

（2）主变电所将外部高压 110kV 电源变为地铁用中压 35kV 电源。

（3）中压网络是主变电所 35kV 电能传送至地铁变电站的载体。

（4）牵引变电所将交流电压 35kV 整流为机车使用的直流电压 1500V。

（5）降压变电站将 35kV 降为车站、场段内动力照明设备 0.4kV 供电。降压变电所分为一般降压所和跟随式降压所。牵引变电站和降压变电站一般在一个变电站内。

（6）接触网沿线路方向为电力机车供电的特殊形式输电线路。

（7）电力监控实时对各变电站、接触网设备进行远程数据采集和监控。

（8）杂散电流防护，即对钢轨泄露至地铁结构的杂散电流采

270

取防护措施。

2. 地铁主要负荷

地铁系统主要负荷为机车牵引负荷、地铁站点的照明负荷及动力负荷。

（1）机车牵引负荷。机车牵引负荷由 35kV 供电，变压器为整流变压器，供应地铁机车 1500V 的直流电。牵引负荷是地铁主要运行负荷，其负荷的大小与机车运行密度有关。而机车运行密度又与节假日有关，节假日人多，机车运行间隔时间短，牵引负荷相对就大，负荷较高。

牵引负荷的设计与机车远期规划有关，近期可能由于各种原因客流量较少，机车运行密度低，负荷就较小；地铁随着客流量的增大，牵引负荷也将增大。机车（牵引负荷）的自然功率因数一般在 0.95 以上。

（2）照明、动力负荷。照明、动力负荷是地铁各站台的照明灯及空调的负荷，电压等级为 0.4kV。其负荷与季节有关。一般夏季负荷较大，多出春秋季 1/3 的负荷；也与地铁运行时间有关，如节假日延长运行时间。地铁运行时间为 6～23 时，停运时间为 23 时至第二天早上 6 时，负荷是随着地铁的运行时间、季节而变化的。空调（动力）、照明负荷的自然功率因数在 0.75～0.9 之间。

（3）地铁除牵引负荷和动力、照明负荷产生了有功负荷和无功负荷之外，系统的供电线路、变压器也会产生无功负荷，有功负荷（损耗）。变压器是典型的感性设备，而 110、35kV 系统的电缆则是容性无功的提供者。（0.4kV 的电缆较短，在几十米之内，其感性和容性无功可忽略不计。）

（4）地铁负荷的特点。地铁系统典型日无功功率曲线如图 9-2 和图 9-3 所示。

从图 9-2、图 9-3 中，可以清晰地看到，机车（地铁）在夜间停运阶段，电力有功负荷及动力负荷基本没有，此时，系统的有功电能基本是有功损失。

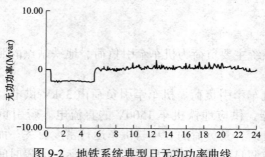

图 9-2　地铁系统典型日无功功率曲线

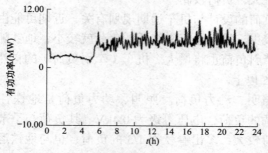

图 9-3　地铁典型日有功功率曲线

在夜间，计量点处（从计量点的界面上）有容性无功流出地铁供电系统，这是系统内 110kV、35kV 电缆的容性无功与系统内所有变压器感性无功共同作用的结果。流出的容性无功与地铁系统内各类电缆的长度、变压器的容量及数量有关。

计量点处地铁供电系统的功率因数与 35kV 以上电缆有关，这一情况与具体设备决定系统功率因数的情况有着根本的不同。

3. 地铁供电系统

例如某轨道交通公司的一座 110kV 变电站，采用 110kV 双回路进线。站内有两台 110kV 降 35kV 的变压器，变压器容量为 63000kVA。供电系统如图 9-4 所示。

该供电系统主要由 110kV 变 35kV 主变电站，以及若干个 35kV 变 1600V 及 0.4kV 变电站构成。两个电能计量点分别在供

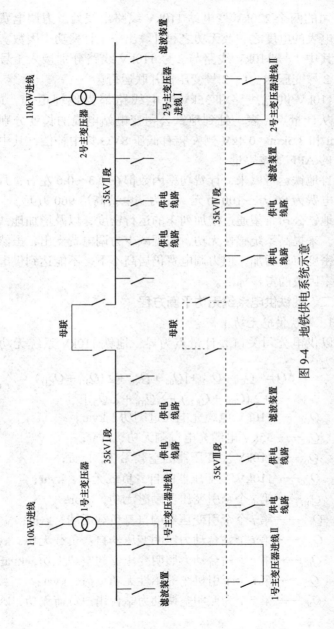

图 9-4　地铁供电系统示意

电公司的两个 220kV 变电站 110kV 线路出线处。力调电费是按两个电表的电度之和及无功之和计算出一个计费功率因数。

其中 1 号 110kV 线路与 2 号 110kV 线路分别接入 1 号变压器与 2 号变压器，1、2 号变压器并联运行。

110kV 供电线路和 35kV 配电线路都为地埋电缆，110kV 电缆从计量点（表）处到地铁公司变电站电缆的长度分别约为 1.5km 和 3.5km。0.4kV 侧安装有低压 SVG 集中补偿，其中含有 30% 的 APF 滤波容量。

自地铁运行以来，计费功率因数都在 0.3~0.6 左右，月平均力调电费为 80 万~100 万元，年力调电费高达 960 万元。

地铁公司希望通过增加列车的运行密度，以及增加地铁运行线路，来提高系统感性无功，实现减少力调电费支出，虽然列车运行密度有所增加，但力调电费仍居高不下，不能达到供电公司对功率因数的考核标准。

二、地铁供电系统无功平衡方程

1. 地铁供电无功平衡

以供电公司关口表计量点为界，地铁 110kV 系统无功平衡公式为

$$\Delta Q = -Q_{C1} - Q_{C2} + [Q_{00} + Q_{K0} + \Sigma(Q_{01i} + Q_{K1i}) \\ + \Sigma(Q_{02i} + Q_{K2i}) + \Sigma Q_{fDi} + \Sigma Q_{fJi}] \quad (9\text{-}12)$$

式中　Q_{C1}——110kV 电缆充电无过剩功，kvar；

Q_{C2}——35kV 电缆充电过剩无功，kvar；

Q_{00}——110kV 主变压器的空载无功，kvar；

Q_{K0}——110kV 主变压器的自身负载无功，kvar；

Q_{01i}——第 i 个牵引变压器励磁无功，kvar；

Q_{K1i}——第 i 个牵引变压器的自身负载无功，kvar；

Q_{K2i}——第 i 个站台动力照明变压器自身负载无功，kvar；

Q_{02i}——第 i 个站台动力照明变压器的空载无功，kvar；

Q_{fJi}——第 i 个牵引机车的感性无功负荷，kvar；

Q_{fDi}——第 i 个为照明空调动力站台用户负荷无功，kvar；

274

ΔQ——地铁系统 110kV 供电公司计量界面无功，kvar。

2. 地铁无功平衡分析

计量点处无功控制界面：

当 $\Delta Q = 0$ 时，感性无功与容性无功相等，不需要无功补偿。

当 $\Delta Q > 0$ 时，系统呈感性无功，即地铁系统产生的感性无功大于系统产生的容性无功，地铁供电系统呈感性。

当 $\Delta Q < 0$ 时，系统呈容性无功，即系统产生的容性无功大于系统产生的感性无功，地铁系统供电呈容性。

实际情况是 $\Delta Q < 0$ 时，地铁供电系统呈容性无功。即地铁系统 110kV 供电公司计量界面记录的容性无功 ΔQ 需要感性无功补偿。

3. 地铁系统无功优化分层分析

（1）无功控制界面与补偿层面。

1）地铁供电系统的无功补偿层面为 0.4kV 补偿层面、1500V 补偿层面和 35kV 补偿层面。

2）地铁供电系统的无功控制界面为 110kV 无功控制界面和 35kV 无功控制界面。

力调电费的界面为计量点处，此点处的功率因数应满足电力公司力调功率因数的要求。此点即为实际控制无功目标界面，如图 9-5 所示。计量点处界面功率因数，电力公司考核的标准为 0.90，当功率因数大于 0.90 时，可获得电力公司的奖励，即节省电费；当当功率因数小于 0.90 时，电力公司要加收费用，即企业增加电费。

特别注意的是，加收电费的原因是 110kV 实际无功控制界面与理论无功控制界面不一致造成的。

（2）理论上的地铁供电系统的分层补偿分析。

1）0.4kV 补偿层面。主要补偿地铁动力负荷和照明电负荷产生的无功，及 35kV 变 0.4kV 变压器的无功。补偿后 0.4kV 的负荷无功及变压器无功不再流向 35kV 电缆。

2）1500V 补偿层面。由于地铁机车是直流供电，几乎没有

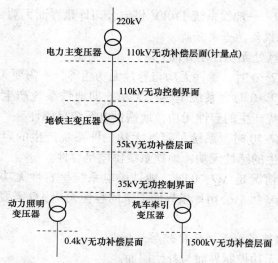

图 9-5　地铁无功分层和无功控制界面示意

无功，此层面无需补偿无功。

　　3）35kV 补偿层面。主要补偿地铁 35kV 电缆容性无功与 110kV 主变压器的感性无功。补偿后 35kV 层面的无功不再流向 110kV 层。由于 1500V 补偿层面不考虑补偿，整流变压器的无功需要在此层面考虑。

　　4）110kV 补偿层面。主要补偿地铁 110kV 线路过剩容性无功和 220kV 主变压器的无功（供电公司管理范围）。

　　由于地铁系统计量点的特殊性，110kV 层面的无功不能在 110kV 层面补偿（因为产权和安全的要求），只能在离 110kV 层面无功最近的地方补偿，即地铁变电站 110kV 主变压器 35kV 侧进行无功补偿。在此补偿层面的补偿，首先满足该层面的无功要求后，再补偿穿越 110kV 主变压器无功和 110kV 线路容性无功。

三、地铁供电系统无功负荷分析

　　从地铁公司 35kV 变电站来看，地铁自身的功率因数基本都能满足要求，功率因数大约在 0.8～1.0 之间。如果此时 110kV

线路较短，计量点在地铁系统侧，地铁的无功通过无功补偿设备就能足要求。

地铁的感性无功不能平衡 110kV 线路和 35kV 线路的容性无功。

尤其是在夜晚，由于地铁和设备的停运，没有用户设备感性无功，110kV 线路的容性无功严重过剩，这就是造成地铁系统功率因数过低的主要原因。

（1）夜间地铁系统的容性无功问题。

1）夜间容性无功最高。由于地铁系统夜间负荷感性无功为零，且后半夜电压偏高，线路容性无功呈最大值。因此，平衡夜间容性无功是地铁无功补偿问题的关键。当夜间容性无功平衡时，系统功率因数偏低现象也就解决了。

2）夜间的系统容性无功可视作固定的补偿容量。

（2）日间地铁系统的感性无功问题。日间感性无功负荷的来源。日间感性无功负荷来源于地铁机车、站点照明、站点空调、通风等。

（3）无功负荷是变化的。日间地铁系统的无功可视作为变化的无功，无功随着负荷变化而变化。这些无功负荷与季节、节假日、温度、天气有关，与每天的机车的运行密度有关。

日间的计量点处的功率因数，是容性无功与感性无功共同作用的结果。

四、补偿容量计算及补偿方案

地铁的无功补偿容量，就是关口表处记录的无功电量 ΔQ，或无功功率。补偿容量的计算有两个来源，一是通过每月供电公司电费清单计算获得 ΔQ，再通过 ΔQ 计算出平均无功功率，二是通过供电公司 110kV 监测数据直接获得。两者的数据可以作为比较。

1. 补偿容量确定

补偿容量可以分为两部分，一部分是固定补偿的，用以补偿夜间电缆的容性无功；另一部分是补偿变化的无功负荷，即动态补偿。

表 9-2 中的数据为电力公司侧的无功功率数据。单位为 kvar。每月取前三天的数据，每天有 96 个无功功率数据。

表 9-2   110kV 供电公司关口表处功率监控 15min 数据   （kvar）

无功功率 峰谷时段 日期	1 号 110kV 线数据				2 号 110kV 线数据			
	谷	峰	平	尖	谷	峰	平	尖
6 月 1 日	1320	660	1320	1320	3300	2640	2970	2640
6 月 2 日	1320	660	1320	1320	3300	2640	2970	3300
6 月 3 日	1320	1320	990	1320	3300	2640	2970	2640
7 月 1 日	1320	1320	990	1320	3300	2640	2640	3300
7 月 2 日	1320	1320	990	1320	3300	2640	2640	2640
7 月 3 日	1320	1320	990	660	3300	2640	2970	2640
8 月 1 日	1320	1320	990	660	3300	2640	2970	2640
8 月 2 日	1320	1320	660	1320	3300	2640	2640	2640
8 月 3 日	1980	660	990	660	2970	2640	2970	3300
9 月 1 日	1320	1320	990	1320	3300	2640	2970	2640
9 月 2 日	1320	1320	1320	1320	3300	3300	2970	2640
9 月 3 日	1320	660	1320	1320	3630	2640	2640	3300
10 月 1 日	1320	1320	990	660	3300	2640	2970	2640
10 月 2 日	1650	1320	990	660	3630	2640	2970	3300
10 月 3 日	1320	1320	1320	1320	3300	3300	2970	2640
11 月 1 日	1320	1320	1320	1320	3300	3300	3630	3300
11 月 2 日	1320	1320	1320	1320	3300	2640	2970	3300
11 月 3 日	1650	1320	1320	1320	3300	2640	2970	3300
12 月 1 日	1320	1320	1320	1320	3300	2640	3300	3300
12 月 2 日	1650	1320	1320	1320	3300	2640	3300	3300
12 月 3 日	1650	1320	660	660	3960	2640	2970	2640
1 月 2 日	1320	1320	1320	1320	3300	2640	2970	3300

续表

无功功率日期\峰谷时段	1 号 110kV 线数据				2 号 110kV 线数据			
	谷	峰	平	尖	谷	峰	平	尖
1 月 3 日	1320	1320	1320	1320	3300	3300	3300	3300
2 月 1 日	1650	1320	1320	1320	3300	3300	2640	3300
2 月 2 日	1320	1320	1320	1320	3300	3300	3300	2640
2 月 3 日	1320	660	990	1320	3630	2970	3300	3300

谷时负荷可以看作是地铁夜间的运行数据，有最大的容性无功。峰、尖、平时间可以视为白天运行时间。

以电力公司监测数据作为补偿容量的主要依据，参考月度计费数据。具体补偿容量如下：

1 号 110kV 线路固定补偿感性容量为 1.4Mvar，动态可调补偿感性容量为 0.6Mvar。

2 号 110kV 线路固定补偿感性容量为 3.3Mvar，动态可调补偿感性容量为 0.6Mvar。

电力公司电费清单，月度（12 个月）无功容量确定：

1 号线路补偿容量在 1143～1811kvar 之间，月平均无功最大差值为 668kvar。

2 号线路：补偿容量在 2959～4321kvar 之间，月平均无功最大差值为 1362kvar。

2. 补偿位置确定

补偿位置在轨道公司 110kV 变电站内，110 变压器的 35kV 侧。

3. 补偿方案

根据上述补偿容量分析制定出以下 3 种补偿方案：

（1）方案一。35kV 侧固定补偿 1.4Mvar＋0.4kV 低压随器自动补偿 0.6Mvar。35kV 侧固定补偿 3.3Mvar＋0.4kV 低压随器自动补偿 0.6Mvar。

35kV 侧加固定电抗补偿，主要补偿 110kV 线路和 35kV 电缆线路的容性无功；固定电抗以补偿夜间容性无功为主。0.4kV

全无功随器自动补偿技术

低压全无功随器自动补偿，主要补偿日间无功。不让低压侧无功穿越到 35kV 侧，影响 35kV 的固定电抗补偿效果。机车负荷的功率因数为 0.96，忽略其无功影响。具体方案见图 9-6。

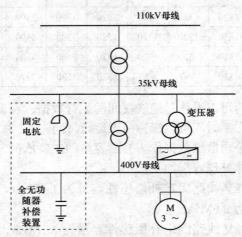

图 9-6   35kV 固定补偿 + 随器补偿示意

图 9-6 补偿方式，符合无功就地平衡原则，符合无功控制界面与分层界面的一致性，在满足功率因数的情况下，能最大程度地节约电量；但不足的情形是，补偿的站所较多，安装比较麻烦。

（2）方案二。35kV 固定电抗补偿 1.4Mvar + 35kV 侧 SVG 补偿 1Mvar。35kV 固定电抗补偿 3.3Mvar + 35kV 侧 SVG 补偿 1Mvar。

35kV 侧加固定电抗补偿；主要补偿 110kV 线路和 35kV 电缆线路的容性无功；固定电抗以补偿夜间容性无功为主。35kV 侧 SVG 用以补偿 0.4kV 穿越到 35kV 的感性无功；以及 35kV 机车的感性无功为主。

（3）方案三。35kV 固定补偿 1.4Mvar + 35kV 侧 MCR 补偿 1Mvar。35kV 固定补偿 3.3Mvar + 35kV 侧 MCR 补偿 1Mvar。

地铁主变压器 35kV 侧加固定电抗补偿，加磁控电抗器。磁控电抗器与 35kV 侧 SVG 作用一致。

4. 不同方案之间的比较及优化

三个方案的比较见表 9-3。

表 9-3 不同补偿方案比较

序号	项目比较	35kV 侧 SVG 补偿	MCR 补偿	固定电抗 +0.4kV 随器补偿
1	主要作用	满足补偿要求，有谐波产生	满足补偿要求有谐波产生	满足补偿要求无谐波产生
2	节电效果	节约 110kV 电缆的损耗，效果一般	节约 110kV 电缆损耗，效果一般	节约 110、35kV 电缆损耗，最好
3	功率因数	较高	较高	较高
4	产品寿命（年）	8	8	6~8
5	安全性能	链式直接接入，有故障率动态补偿在高压	35kV 侧有不可靠因素，维护量中等	成熟可靠，维护小补偿在低压，无风险
6	自身损耗	3%~5%	3%~5%	1.5%
7	施工难度	室内安装、施工量中	室外安装、施工量中等	施工量大
8	环境要求	发热、需要强制降温	发热	发热低
9	噪声	有	有	有
10	总费用（万 / 套）	10~0-150	80~140	50~80
11	先进性能	先进	较先进	国家电网推广新技术

五、地铁新增运营线路时的无功分析

地铁公司地铁路线的增加，必然会增加 35kV 线路电缆及

0.4kV 变压器和牵引变压器，电源依然利用现有的 110kV 变电站，为新的运营线路提供 35kV 的电能。

地铁系统的感性无功和容性无功都发生了变化，那么现有的补偿是否能满足未来新增线路的要求，现有的设计能否满足新增运行线路的无功需求呢？

地铁公司未来系统无功的变化是由新增 35kV 线路电缆的固定容性无功和变压器自身无功以及负荷感性无功共同作用的结果。下面分别计算新增的容性无功和感性无功。

1. 新增运行线路的主要内容

（1）新增 35kV、300mm^2 电缆，长度为 10km。厂家给出电缆容性功率为 90kvar/km。

（2）新增 6 个地铁站，每个站有 1 台 35kV/0.4kV、500kVA 动力变压器，1 台 3000kVA/1500V 整流变压器。6 个地铁站共计 6 台型号相同的动力变压器，6 台整流变压器。

（3）新增 35kV 电缆线路仍由 110kV 变电站供给电能。新增站点只是增加 35kV 电缆线路及牵引变压器和动力变，并不增加 110kV 线路。

2. 新增系统无功分析及计算

新增感性无功由以下 3 部分组成：① 动力变压器自身的无功；② 牵引变压器自身的无功；③ 新增负荷产生的无功。地铁在白天和夜晚增加的无功是不同的。白天增加的感性无功多，夜晚增加的容性无功多。

地铁白天新增的感性无功 = 动力变的无功 + 牵引变压器的无功 + 新增负荷的无功

地铁夜间新增的感性无功 = 动力变的空载无功 + 牵引变压器的空载无功 +0（此时变压器负荷无功为 0，负荷无功为 0）

计算过程略去。

3. 结论

（1）白天感性无功增多（97.4kvar）。

（2）夜间容性无功增多（675kvar）。

其主要原因是，由于地铁系统在白天工作时间内，负荷大感性无功增加；而在夜间地铁停运时，负荷减少，容性无功增加，因此，加剧了白天与夜间无功负荷的矛盾，同时也增大了无功控制的难度。

对于新增线路的无功，白天的无功增加不大，在可以控制的范围内。夜间容性无功增加较别大，但也在可以控制的范围内。

原有的补偿设计与新增容量没有根本性冲突。

第三节 某售电公司110kV输电系统无功补偿方案

一、系统简介

某售电公司自建两座110kV变电站，每个变电站有两台110kV变10kV的63000kVA变压器，分别从供电公司220kV的1号和2号变电站接入。输电线路由架空线和电缆组成，其电力系统供电示意图见图9-7。售电公司建在新开发区，变电站建成初期，业务没有开展，用电量极少，负荷在5%以下。

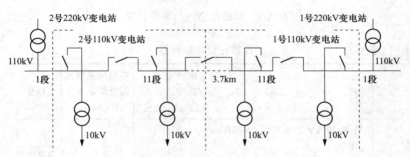

图 9-7　某售电公司110kV供电系统示意

（1）线路情况，见表9-4、图9-8。

（2）不同运行方式下电缆、架空线路长度下无功运行数据见表9-5。

表 9-4　　　　2 号变电站 110kV 架空线及电缆参数汇总

起始点	类别	长度（m）	型号
1 号 220kV 变电站至 1 号 110kV 变电站	架空线	2004	2 × JL/G1A-240/40
	电缆	1783	ZC-YJLW03-Z-64-110kV 1 × 1200mm^2
1 号 110kV 变电站至 2 号 110kV 变电站	架空线	1001	2 × JL/G1A-240/40
	电缆	2743	ZC-YJLW03-Z-64-110kV 1 × 1200mm^2
2 号 110 变电站至 2 号 220kV 变电站	架空线	3061	2 × JL/G1A-240/40
	电缆	4712	ZC-YJLW03-Z-64-110kV 1 × 1200mm^2

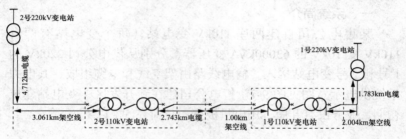

图 9-8　线路架空线与电缆长度

表 9-5　　　　　　　　　计算无功功率数据

序号	运行方式	电缆长度（km）	架空线路（km）	供电局电费所需补偿无功功率（Mvar）	备注
1	1 号 220kV 变电站到 1 号 110kV 变电站 1 号 110kV 到 2 号 110kV 变电站。2 号 110kV 到 2 号 22kV 关闭 只有 2 台变压器运行	4.526	3.005	4.529	月度电费表计算
2	2 号 220kV 变电站到 2 号 110kV 变电站 2 号 110kV 变电站到 1 号 110kV 变电站关闭。只有 2 台变压器运行	4.712	3.061	4.735	月度电费表计算

（3）投运以来功率因数仅为 0.2，月度力调电费在 30 万元。

二、无功分层及无功控制界面分析

（1）主无功控制界面。该项目的力调无功功率因数控制界面为 220kV 变电站 110kV 出线关口表处（电力公司侧），参见图 9-9。

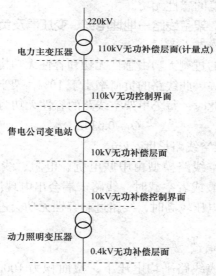

图 9-9 某售电公司 110kV 电力系统分层及无功控制界面示意

分层补偿分析与无功控制界面分析，与上述所讲一致。

（2）关口表处的无功平衡计算公式为

$$Q = -Q_C - Q_J + Q_B + Q_Y \qquad (9\text{-}13)$$

式中 Q——关口表记录的无功，需要补偿的无功（见表 9-5），Mvar；

Q_C——线路电缆过剩无功，Mvar；

Q_J——架空线路剩余无功，Mvar；

Q_B——变电站变压器无功，Mvar；

Q_Y——穿越变压器 110kV 无功控制界面的用户感性无功，Mvar。

如果关口表处为零，则有

$$Q_B + Q_Y = Q_C + Q_J$$

关口处为容性无功，则有

$$Q_C + Q_J - Q_B - Q_Y = Q \qquad (9\text{-}14)$$

Q 为应补偿的感性无功。

三、110kV 架空线路—地埋电缆、变压器及负荷无功计算

1. 110kV 架空线路

架空线路的过剩无功由感性无功和容性无功构成。感性无功与负载电流有关。此线路的负荷率小于 10%，架空线路的感性无功可以忽略。此时，每公里架空线路的容性无功为 0.034Mvar。

$$Q_J = 0.034L$$

式中　L——架空线路长度，km。

110kV 架空线路模型由串联电抗、电阻、线路电纳并联组成。当线路轻载或者空载时，线路末端会出电现压偏高的现象。如果系统自身电压较高时，线路过剩容性无功会进一步恶化系统电压。

2. 110kV 电缆

110kV 电缆线路平均电压下，截面积为 100m^2 的 110kV 电缆，充电功率为 1.07Mvar/km，其充电功率是同电压等级的 110kV 架空线路充电功率的 31.5 倍左右。

地铁电缆，厂家给出的容性无功为 0.95Mvar/km。而实际计算给出的为 1.05Mvar/km，偏差是由变压器空载和线路末端电压偏高引起。

$$Q_C = 1.05L$$

式中　L——电缆长度，km。

3. 变压器感性无功计算

已知变压器短路电流为 0.11%，短路阻抗为 16%，负载率按 5%。经计算可得变压器空载无功为 0.070Mvar，变压器负载无功为 0.025Mvar。

两台变压器运行无功为

$$Q_B = 0.070 + 0.025 \times 2 = 0.190\text{Mvar}$$

4. 负荷无功

在5%的负荷下，功率因数为0.9时，其负荷无功为0.137Mvar。

$$Q_Y = 0.137\text{Mvar}$$

5. 系统无功计算负荷

根据表9-6，可以求出架空线和电缆的近似无功功率。1号运行方式下电缆及架空线长度见表9-6，无功负荷计算为

$4.526 \times 1.05 + 3.005 \times 0.034 - 0.190 - 0.137 = 4.855 - 0.190 - 0.137 = 4.53\text{Mvar}$。

计算结果基本上与4.529Mvar相等。

2号运行方式下电缆及架空线长度见表9-6，其无功负荷计算：

$4.712 \times 1.05 + 3.061 \times 0.034 - 0.190 - 0.137 = 5.052 - 0.190 - 0.137 = 4.73\text{Mvar}$。

计算结果基本上与4.735Mvar相等。

由供电公司举出具的无功功率与计算出的无功功率，经复核计算，存在误差极小。以供电公司的无功缺口为准。

6. 系统的总无功需求

供电公司的无功缺口为即需要补偿的容量。

方式1运行时的补偿容量为4.53Mvar。

方式2运行时的补偿容量为4.73Mvar。

共计需要补偿容量为9.26Mvar。

四、技术方案

1. 补偿位置的确定

并联电抗器补偿装置的安装位置可以选择在110kV侧和10kV侧。

变电站内用于补偿输电线路充电功率的并联电抗器一般安装在主变压器低压侧。电抗补偿装置装设在110kV高压侧，其投资较大，不方便停电进行维护。110kV线路停电由供电公司

决定，企业难以控制。因此，电抗器补偿装置最佳安装位置在110kV变电站内变压器10kV低压侧。

2. 无功总容量及分组

（1）1号220kV变电站至1号110kV变电站，1、2号主变压器运行，再至2号110kV变电站2号变压器（运行方式1），补偿容量总计4.5Mvar。

（2）2号220kV变电站至2号110kV变电站1号主变压器运行（运行方式2），补偿容量总计4.7Mvar。

（3）实际确定容量。

1号110变电站：4Mvar（固定电抗）1Mvar（SVG）。

2号110变电站：3Mvar（固定电抗）+2Mvar（SVG）。

实际采用SVG，主要是考虑负荷的增长，以及可以控制和调压。

之所以容量选择放大的SVG，是因为高压SVG最小补偿容量就是1Mvar。

第四节 随器补偿在通信数据中心的应用

通信行业的数据交换中心是全球协作的特定设备网络，用来在因特网络基础设施上传递、加速、展示、计算、存储数据信息。数据中心大部分电子元件都是由直流电源驱动运行的。通信数据交换中心主要是由大型的计算机服务器组成，为保证通信数据交换中心的安全可靠运行，使用了大量的不间断UPS电源。

一、供电情况简介

例如，某数据中心采用110kV电压等级供电，双回路110kV进线，一路进线长度为5km，另一路进线长度为8km。数据中心变电站内两台63000kVA变压器，二次侧电压为10kV；10kV侧共计有40台1000～1600kVA的变压器，低压负荷均接入不间断电源。自数据中心建成后，功率因数一直在0.3左右，力调电费月高达100万。

288

二、基本数据

系统功率因数低，为 0.3，负荷率较低，仅为 7%，0.4kV 侧均为不间断电源，功率因数高到 0.98。

三、分层无功平衡

$$\Delta Q = -Q_{C1} - Q_{C2} + [Q_{00} + Q_{K0} + \sum Q_i + + \sum Q_{fDi}] \qquad (9\text{-}15)$$

式中　Q_{C1}——110kV 电缆充电无功，kvar；

$\quad Q_{C2}$——10kV 电缆充电无功，kvar；

$\quad Q_{00}$——110kV 变 10kV 主变压器的空载无功，kvar；

$\quad Q_{K0}$——110kV 变 10kV 主变压器的负载无功，kvar；

$\quad Q_i$——第 i 个 10kV 变 0.4kV 变压器无功，kvar；

$\quad Q_{fDi}$——第 i 个 10kV 变 0.4kV 变压器用户负荷无功，kvar；

$\quad \Delta Q$——计量界面处的无功，kvar。

当 $\Delta Q = 0$ 时，感性无功与容性无功相等，不需要任何无功补偿。

当 $\Delta Q > 0$ 时，系统呈感性无功，数据中心系统产生的感性无功，大于系统产生的容性无功，系统呈感性（在结算仪表处）。

当 $\Delta Q < 0$ 时，系统呈容性无功，系统产生的感性无功，小于系统产生的容性无功，系统呈容性（在结算仪表处）。

实际解决的办法，是在低压侧设计有无功补偿装置 SVC，设置 SVC 过补到 −0.78，就完全解决了力调电费的问题。

第十章

随器补偿在县域 AVC 上的应用

电力调度（人工干预）已经成为电网安全和经济运行的常用重要手段。电压与无功的人工干预管理早已形成了相应的电力调度管理制度，并已经成为电力调度工作的主要内容。而调度指令下的电压与无功调整的人工操作，必然会被智能化、自动化操作所取代。

若电网不断发生电压崩溃震荡事故并引起大规模停电，不仅造成社会的重大损失；也对国家的经济安全造成威胁。如我国 2007 年 7 月 1 日发生的华中电网震荡事件，造成大规模的停电及损失，至今令人记忆如新。虽然此次事故在人为调度的情况下，电网没有走向全面解裂和整个电网的崩溃，但局部停电和电压振荡给国家和社会带来的损失及影响是巨大的。类似事件已引起了国家有关方面的高度重视。坚强电网在某种程度上就是电压与无功的最优化智能化控制。

智能 AVC，即智能化的电网无功优化调度（Optimal Reactive Power Dispatch，ORPD）。ORPD 是在电网无功电源的优化布局下，通过发电厂、变电站及用户的无功补偿、变压器分接头的自动调控，使得电网的电压质量、线路损耗和电压稳定储备 3 项重要指标，逐步自趋优化运行，同时抵达最好状态。

智能电压控制 AVC（Automatic Voltage Control）是智能电网的重要组成部分。配电网智能 AVC 是全电网智能 AVC 的基础，没有配电网的智能 AVC，就没有全电网的智能 AVC，也就没有智能电网。因此，配电网智能 AVC 实用方法的研究具有非常重要的意义。

县域配电网 AVC 的最优控制是指，无功优化使电网无功保持分层平衡，电网同时有最好输配电效率，及最优的用户电能利用效率。县域 AVC 则又是整个电网 AVC 的重要组成部分，属于底层的无功电压控制，但受制于上层 AVC 的控制与约束。县域 AVC 建设好了，可为整体省网的 AVC 建设打下良好的基础。

随着"两网"的改造实施，国家对农村电网进行了大规模投资，农网配电设备得到全面更新，农村配电网计算机通信技术及调度自动化系统（SCADA）大规模的应用，配电网的无功补偿采用了自动补偿投切，具备通信功能。也给 AVC 建设创造了有利的条件。县域 AVC 直接通过调度自动化系统获取相关的电力历史数据和实时在线数据，使无功电压自动控制成为现实，并得到了推广应用，产生了一定的经济效益和社会效益。

第一节　电压—无功对电网经济运行、安全运行的影响

一、无功补偿与降低网损、提高电压、提高发电效率的一致性

1. 无功补偿减少无功功率、降低线路有功损耗

根据式（2-22）得出补偿前线路的有功功率损耗

$$\Delta P = \frac{P^2 + Q^2}{U_2^2} R \times 10^{-3} \qquad (10\text{-}1)$$

补偿后线路的有功功率的损耗

$$\Delta P_1 = \frac{P^2 + (Q - Q_c)^2}{U_2^2} R \times 10^{-3} \qquad (10\text{-}2)$$

式（10-1）和式（10-2）说明，进行无功补偿后，线路的有功损耗 ΔP 下降了。

2. 无功补偿降低线路无功损耗

根据式（2-24）得出补偿前线路的无功损耗

$$\Delta Q = \frac{P^2 + Q^2}{U^2} X \times 10^{-3} \qquad (10\text{-}3)$$

291

补偿后线路的无功损耗

$$\Delta Q_1 = \frac{P^2 + (Q - Q_c)^2}{U^2} X \times 10^{-3} \qquad (10\text{-}4)$$

式（10-3）和式（10-4）说明，进行无功补偿后线路的无功损耗减少。

3. 补偿前后电压损失的计算

根据式（2-26）得出补偿前线路的电压损耗

$$\Delta U = (PR + QX)/U \qquad (10\text{-}5)$$

补偿后线路的电压损耗

$$\Delta U = \frac{[PR + (Q - Q_c)X]}{U} \qquad (10\text{-}6)$$

4. 无功补偿与发电效率

系统补偿之后，视在功率下降；有功不变，电网的功率因数会随之提高，根据公式

$$\cos\phi = P/S \qquad (10\text{-}7)$$

由式（10-7）可知，视在功率 S 变小，功率因数提高；发电无功减少，有功增多，发电效率也会提高。

由上述得知，通过无功补偿，可以得到以下效益：

（1）降低了线路的无功功率。

（2）提高了线路的末端电压。

（3）降低了线路的有功损耗。

（4）提高了发电效率。

因此，无功补偿与提高电网电压，降低电网损耗，提高发电效率是一致的。无功补偿与输配电效率是一致的，也是与配网的经济运行是一致的。

5. 电网经济运行与电网安全

电网最优的经济、安全运行是指：电网同时拥有最小的线路损耗（输配电效率最高），最稳定的电压质量，以及最高的发电效率。

通过无功优化降低无功流动，不断提高和稳定电压。这个不断刷新并升高电压的过程，也是 AVC 的正向调节过程。

不断优化负荷侧无功，使得配电网线路损耗持续降低，系统电压持续接近最佳电压，使得电网的输配电效率最高，线路损耗最低。

不断刷新电压和无功的控制界面，使得发电侧的负荷电压持续优化，接近发电电动势。从而励磁电流变小，无功输出变小，有功输出能力变大，电压调节能力变大，这就是发电厂的 AVR。

电网的经济运行与电网安全性运行并非完全一致。电网安全运行是电网经济运行的前提。

二、配电网经济运行

一般认为配网经济运行只包括配电网的效率，并不包括用户的用电效率。实际上，用户的用电效率是配网经济运行不可或缺的部分。配电网经济运行应从追求单一的配电网效率转换到追求用户及配电网的共同效率上。这是供电公司应承担的社会责任，而决不是仅对电压标准有要求。用户的用电效率取决于配网电压，也取决于用户负荷的性质。

1. 配网效率

配网效率是配电网输配电效率。其公式为

$$\eta = \frac{G - G_1}{G} 100\% \qquad (10\text{-}8)$$

式中　　η——配电网效率，%；

G——输送电量，kW；

G_1——变压器和线路损失电量，kW。

2. 电压、无功与配电网效率的关系

通常负荷引起的配网线路损耗和变压器铜损与配电网电压的平方成反比，变压器的铁损与电压的平方成正比。由此可见，变压器的铜损耗在负荷高峰时远大于铁损，所以在负荷高峰时，提高电压可以降低损耗；而在负荷低谷时，配网中的有功负荷不重，所以电压较高，变压器的铁损占大比较大，变压器无功则随着电压的升高急剧增加，此时，增大的电流都是无功电流。

如表 10-1 所示，变压器轻载时，变压器电流随着电压的升高而升高，此时时变压器的有功损耗以铁损的形式消耗。变压器无功随着电压的升高而急剧增加，变压器功率因数急剧下降，由此可知，负荷低谷时调整配电网的电压有着极其重要的节电意义。配网电压某种程度上决定着配网的效率。

表 10-1　　　　7000kVA 有载调压变压器电压试验记录

电压（kV）	电流（A）	有功功率（kW）	无功功率（kvar）	功率因数	负荷率（%）
10.1	84.4	1004	1080	0.68	14.34
10.36	89.6	1066	1200	0.66	17.14
10.6	98.0	1129	1400	0.62	16.13
10.85	107.8	1170	1650	0.58	23.57

美国爱迪生公司也有相似的结果，见表 10-2。

表 10-2　　　　美国爱迪生公司降压运行测试数据

变电所线路名称	负荷性质	统计日数（天）	平均电压降低百分数	平均电度下降百分数	平均千瓦下降百分数	电压变更日期
柯文纳（Covina）	住宅占 98%，商业占 2%	549	2.43%	3.01%	2.98%	日
核桃市（Walunt）	住宅占 90%，商业占 10%	499	2.12%	3.41%	3.42%	周
Halu 12	商业占 100%	499	2.12%	3.59%	2.74%	周
Vevnon10 circuits	工业占 92%，商业占 8%	574	2.25%	1.03%	0.28%	日

3. 配网用户效率

配网的用户用电的效率，往往是经济电压的效率。

配电网的经济电压是指在该电压下，用户、供电系统及用户用电设备有着最好的电能利用率和最高的电能转换效率。配电网的经济电压不同于配网效率，它是以用户节电为特征的电能转换效率。而此，用户在最好电能利用效率下，有着最低的有功功率、无功功率。

最好的电能利用效率是与负荷—电压特性有关的。在低于额定电压时，绕组电机类设备有着最优的转换效率，这种情况与用电设备的电压保守设计有关，见图 10-1。

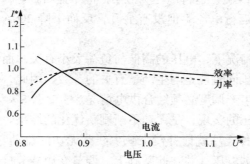

图 10-1　电机电流电压及效率示意

表 10-3 所示是 3 个不同用电厂家，电压调整后整体电能参数的变化情况，以表 10-3 中某印染厂为例可以清楚地看到，随着电压有限的下降，工厂的用电明显减少，无功也明显减少，功率因数却增高，其节电率却高达 7.18%。无功节约率更是高达42.8%。

表 10-3　　　　不同电压下运行的几个工厂实测数据

厂名	某印染厂			某丝绸厂			某纺织厂		
电压（V）	398	380	360	390	375	360	395	380	363
电流（A）	480	455	440	740	720	680	550	540	530
有功（kW）	331.5	307.7	292.7	510	474.3	432.2	391.5	372.9	359.8

厂名	某印染厂			某丝绸厂			某纺织厂		
无功（kvar）	300	245	210.5	180	150	102.9	67.8	42.1	27.35
cosϕ	0.74	0.78	0.81	0.92	0.95	0.97	0.99	0.994	0.997
有功节电率（%）		7.18	11.7		7.0	15.3		4.75	8.1
无功节电率（%）		18.4	30		16.7	42.8		37.7	59.6

再如，某食品冷冻厂有 2 台 1000kVA 变压器，主要设备为 130kW 的制冷机，运行电压为 0.41kV。同样的负荷在 0.39kV 电压下运行，运行电流不但没有上升，反而下降 200A；其节电率为 10.88%。

在通常情况下，电压的高低与负荷大小有关，而负荷与生产量有关。电压同时也是与生产量有关的参数，因此，企业想寻找经济电压，生产调度必须结合供电情况。

经济电压的实现，是无功不断刷新优化的结果。在实际过程中，通过各种无功就地补偿来减少线路无功的流动，降低线损，提高线路末端电压；并在此基础上，调节变压器分接头来降低系统整体电压，再通过合理的生产调度来保证经济电压的稳定性，实现系统设备在经济电压下安全运行。

经济电压对于绕组类负荷构成的系统有着极为明显的节电效果，应引起高度重视。经济电压与电网的安全性并不一致。

配电网和用户的最优电能利用效率取决于安全电压下的经济电压，经济电压的确定是一个极为困难和复杂的过程，原因在于，经济电压，取决于现有电网电压技术限制，而电网电压是波动的并非能够自由控制，电压的区域平衡是极难调节的，经济电压还取决于负荷，而负荷是复杂变化的，生产对电压也有影响，而这两方面都限制了配电网效率和用户效率的关联研究应用。

对灯光照明类负荷，系统的经济电压决定于光照度，而光照度是只有 10% 以下可见光，90% 以上不可见的光被浪费，由于灯光照明类负荷对电压的安全性没有绕组类负荷要求高，如市场上常见到降压节能灯类电能的产品。

　　配网用户的效率，与电网的经济运行是一致的，因为用户追求的最低有功功率和无功功率，配网才有最小的输电损耗。但站在交易的立场，用电越多，越有利于交易。

三、配电网安全运行

　　在相同电压等级下，电压越高意味着电网供电充足，电网抗干扰能力强，是电网稳定的象征。电压越高，电网越安全，但此时电网并不一定经济，用户也不经济。

　　配网经济电压与配网安全运行的电压是不一致的。配网经济运行只有建立在配网安全运行的基础上。在安全的基础上，寻找配网经济运行电压。

　　电压崩溃是电网的最大安全事故，电压崩溃造成的大规模停电，引起了全世界的重视。我国也出现了几次电压崩溃事故，造成了非常严重的影响。

　　1. 电压崩溃

　　对于配电网 0.4kV 的末端负荷来讲，降低电压就意味着负荷电流增大；持续的电压降低，意味着持续的无功电流需求增大，当电压下降到临界电压之后，电机漏抗无功剧增。另一方面，电压的持续降低，使得电容（无源器件）产生的无功严重下降，电容提供的无功不足，使得电机所需的无功电流进一步增大，致使线路的电压进一步下降，恶性循环开始，直至电压崩溃。

　　崩溃后的电压是非常低的，目前笔者遇到过的最低的低电压可以见到 0.14kV（0.4kV 系统）。崩溃后末端电压在 0.14kV 形成了新的电压平衡，但并没有造成变压器停电及变压器烧毁现象，变压器出口端电压正常 0.38kV，只是线路末端电压从临界电压进入了崩溃电压。

　　这种现象与电网的网架结构有关，即负荷与电源距离较远有关。也与线路末端大量感性负荷有关。

　　这种崩溃局部、线路末端的崩溃，涉及面就是变压器台区某个分支线路的末端电力用户。崩溃区域内，用户不能正常用电，如电灯不亮，电扇忽快忽慢或不转，空调停运；而对电网整体没有影响。只有大负荷三相不平衡时，会对电网及设备造成一定影响，变压器也会因单相过负载严重，会引起快速烧毁。

对于系统来讲，瞬间的有功不平衡，会造成频率崩溃；瞬间的无功不平衡，会造成电压崩溃，其主要负荷点的电压低至70%-80%时，就可能出现灾难性后果。

当电网持续的电压降低，无功需求持续增大，线路电压继续下降，发电机的励磁电流达到极限，电动机漏抗无功剧增，电压下降到无法恢复，有载调压引起更多的无功需求，电压进一步下降，负荷急剧增加，系统瓦解崩溃。

2. 电网振荡

对于更大范围内的电力区域来讲，如果并列运行的系统或发电厂失去同步，破坏了系统的稳定运行，于是出现了振荡，电力系统最为严重的情形随之发生。振荡后系统一般有两个走向，一种是在各种干预下重新走向平衡，终止振荡；另外一种走向，是发电机转子之间始终存在着相对运动，使得转子之间的相对角度随时间不断扩大，最终导致各发电机失去同步，电厂解列，系统瓦解。

如2016年7月1日19时，我国华中电网发生震荡。河南省电网一座500kV变电站，因与其相连的某双回线的第二回线路运行中发生差动保护装置误动作，从而导致两台断路器跳闸。随后，双回线的第一回线路差动保护装置"过负荷保护"动作，又导致该变电站另外两2台断路器跳闸。此后不久，河南电网多条220kV线路跳闸，1座500kV变电站及部分220kV变电站出现满载或过负荷，一些发电厂电压迅速下降。河南电网有两个区域的电网的潮流和电压出现周期性波动，电压急剧下降，系统电压出现振荡。

事故发生后，河南省电力调度中心紧急停运部分机组，迅速拉限部分地区负荷，稳定系统电压。国家电力调度中心下令华中电网与某相邻电网解列，华中电网外送功率迅速大幅降低。之后，电网电压振荡平息。

郑州电网震荡电压波动区域内，0.22kV 单相电压在 160～245V 之间波动。周期约 1s，波幅为 -60～+25V。测试时间为 19 时 5 分至 15 分。晚 19 时 15 分，郑州开始大规模停电，多个电厂在调度指令下解列。当晚 21 时，电网波动逐渐减少，晚 23 时电网逐步恢复正常并开始送电。此次震荡波及河北保定、湖北、安徽。

根据掌握的资料，此次事故应为国内最大的电力事故。震荡时间之长，在世界电力史上也属罕见。电压低频震荡的自然走向必定是电网的瓦解，但在强有力的人工调度指挥下，果断大规模、大面积切除负荷，解列电厂，使电网逐步趋于平稳和平衡，为电网恢复争取了时间和创造了有利的条件。

第二节 无功优化与电压调整

一、无功优化

1. 无功补偿的原则

根据第一章无功补偿的原则：一是补偿后的无功最少；二是线路的损耗最小（就地补偿），即 L 和 C 距离最短情形下的无功补偿。此时的无功补偿也可能仅是功率因数的要求，也可能是线损的要求；或者是电压和功率因数的共同要求。

2. 无功的分层平衡运行（随器补偿）

考虑到电网的整体性和电压等级不同，在宏观层面上，《国家电网公司电力系统无功补偿配置技术原则》指出："电力系统的无功补偿装置应能保证在系统有功负荷高峰和负荷低谷运行方式下，分（电压）层和分（供电）区的无功平衡。分（电压）层无功平衡的重点是 220kV 及以上电压等级层面的无功平衡，分（供电）区就地平衡的重点是 110kV 及以下配电系统的无功平衡。无功补偿配置应根据电网情况，实施分散就地补偿与变电站集中补偿相结合，电网补偿与用户补偿相结合，高压补偿与低压补偿相结合，满足降损和调压的需求。"

通过上述无功补偿原则，补偿后的系统，无功基本被就地平衡和分层分区平衡了，各分层的控制界面上没有无功的流动；此时，系统所特有的网架困难情况，清晰地呈现出来；在无功掩盖下的旧的平衡会被新的最优平衡所代替。

3. AVC 中的无功优化

AVC 中的电网无功优化是指电网在满足安全稳定运行的约束条件下，通过优化计算确定发电机的端电压、有载调压变压器的分接头档位和无功补偿的规模，达到系统有功网损最小和各个节点电压的最优化。其约束条件和方程与最优网损基本一致。

电力系统无功优化在数学上表示方式为，目标函数

$$\min F = P_{\mathrm{S}} C$$

式中　　P_{S}——网损计算值，通过计算获得，kWh；

　　　　C——有功网损电价，元 /kWh。

等式约束（各节点有功平衡和无功平衡约束）

$$P_{\mathrm{Gi}} - P_{\mathrm{Li}} = U_{\mathrm{i}} \sum_{j=1}^{n} U_{\mathrm{j}} (G_{\mathrm{ij}}\cos\delta_{\mathrm{ij}} + B_{\mathrm{ij}}\sin\delta_{\mathrm{ij}}) \qquad （10\text{-}9）$$

$$Q_{\mathrm{Gi}} - Q_{\mathrm{Ci}} + Q_{\mathrm{Li}} + Q_{\mathrm{Ri}} = U_{\mathrm{i}} \sum_{j=1}^{n} U_{\mathrm{j}} (G_{\mathrm{ij}}\sin\delta_{\mathrm{ij}} - B_{\mathrm{ij}}\mathrm{con}\delta_{\mathrm{ij}}) （10\text{-}10）$$

式中　　n——电网节点数；

　　　　U_{i}——节点 i 的电压，kV；

　　　　U_{j}——节点 j 的电压，kV；

　　　　P_{Gi}——节点 i 发电机的有功功率，MW；

　　　　P_{Li}——节点 i 发电机的负荷有功功率，MW；

　　　　Q_{Gi}——节点 i 发电机无功功率，Mvar；

　　　　Q_{Ci}——节点 i 发电机容性无功补偿容量，Mvar；

　　　　Q_{Li}——节点 i 发电机无功负荷，Mvar；

　　　　Q_{Ri}——节点 i 发电机感性无功补偿容量，Mvar；

　　　　G_{ij}——节点 i 和节点 j 之间的电导；

B_{ij}——节点 i 和节点 j 之间的电纳；

δ_{ij}——节点 i 和节点 j 之间的相位差。

不等式约束

$$U_{imin} \leqslant U_i \leqslant U_{imax} \qquad (10\text{-}11)$$

$$Q_{imin} \leqslant Q_i \leqslant Q_{imax} \qquad (10\text{-}12)$$

$$R_{imin} \leqslant R_i \leqslant R_{imax} \qquad (10\text{-}13)$$

上述不等式分别为节点 i 的电压约束、无功约束、变压器档位约束。

利用计算机对上述方程的求解是非常困难的，主要是方程自身是非线性的、离散的。因此，算法在计算无功优化时，是一个绕不过去的核心关键技术，目前已经有 20 多种算法。值得提出的是，无功优化的计算简化方法仍是目前 AVC 的前沿课题。

二、电压调整方法

电压调整指的是通过调整优化无功补偿设备，来满足无功的就地平衡（分层平衡）要求；通过改变变压器分接头的选择，满足给定的电压约束条件；同时满足变压器母线电压（末端电压）在允许范围内的运行。

我们提出的最佳配网运行电压 U_j，实际上增添了电压调整的难度。对这种电压的寻找和实现，既有理论上负荷数学模型多样性、复杂性、又有电网电压的不稳定性及电压控制的难度。

电压的调整对于变电站内母线电压是容易控制的，但对于变电站之外的电压调整控制是有难度的，因为涉及电网网架的因素、有功的因素、无功的因素、系统电压的因素。电压调整方法有以下几种：

（1）利用同步发电机调整电压。同步发电机在电力系统中起着最为重要的平衡调节作用，这是因为同步发电机不仅能发出可靠、可控的有功功率，也能发出可靠、可控的无功功率，而且还能通过发电机励磁电流的调整增大或减少发电机的电动势，来稳定整体电网电压。发电机产生的功率、电压及其线路电抗的公式为

$$P_G + jQ_G = U_G I = (U_G U_L / X)\sin\delta + j(U_G^2 - U_G U_L \cos\delta) / X$$

$$（10\text{-}14）$$

$$P_G = (U_G U_L / X)\sin\delta$$

$$Q_G = (U_G^2 - U_G U_L \cos\delta) / X$$

式中 P_G——发电机产生的有功功率，MW；

Q_G——发电机产生的无功功率，Mvar；

U_G——发电机输电端电压，kV；

Q_L——负荷端电压，kV；

δ——U_G 与 U_L 的相位差；

X——线路电抗，Ω。

AVR 是电厂发电机的电压调整系统，优点是调整速度快；缺点是由于发电厂的位置是固定的，在系统所起作用是有限的。

（2）利用变压器分接头档位调整电压。调整变压器分接头档位可以改变区域地区的电压。这种调整电压的本质是通过改变变压器的变比，也就是系统阻抗来改变发电机的无功功率的供给量。其优点是电压调整幅度大，可以对区域内的所有变压器进行调整，甚至可以做到细致的调压，而且容易控制；缺点是不能调整无功功率的供给，因为有一定的局限性。

变压器不能作为无功电源，相反，它是无功负荷的主要消耗者，属于无功感性负荷。我们可以利用变压器的分接头的调整，来改变变压器各侧的电压分布，同时也改变各侧的无功功率的分布。

一般来讲，变压器分接头上调后，变压器二次侧电压上升；同时，流过变压器的无功功率增加。变压器分接头下调后，变压器二次侧电压下降；同时，流过变压器的无功功率减少。

（3）利用电容器调整电压。利用电容器补偿对系统进行调压是最经济、最简单的调压方法，也是便于控制且行之有效的方法。调整范围为：

1）（不含变压器）线路末端补偿电压的升高。

2）变压器母线补偿时电压的提高。电网某点的短路电流是该点系统电抗的标志，对于不同的短路电流，投入相同的电容，母线提高电压的幅度不同，短路容量越小，无功功率对电压的影响就越大，电压上升幅度也越高。

$$\frac{\Delta U_{2Q}}{U_2} = -\frac{\Delta Q}{P_s}$$ （10-15）

式中 ΔU_{2Q}——并联电容器投入后的电压升高值，V；

ΔQ——并联电容器容量，kvar；

P_s——并联电容器节点处短路容量，kVA。

（4）利用电抗器调整电压。并联电抗器的性质与并联电容器的性质刚好相反。并联电抗器通常用来补偿高压线路的容性充电无功，限制高压线路轻负荷时引起的末端电压的升高。

（5）利用输电线路的充电功率调整电压。运行的高压线路是无功的产生者，其产生的充电无功功率与运行的电压平方呈正比。其消耗的感性无功功率与通过导线的电流成正比。当变压器轻载、空载情况下，110kV 以上线路末端电压高于线路首端电压。

（6）通过切除负荷来调整电压。这是紧急情况下的电压调整方式。当电压迅速下降或电压接近临界值时，可按预案或指令切除不重要的负荷，确保电网系统的安全运行。

（7）利用同步调相机调整电压。通过调相机发出的无功，来改变无功功率，从而调整电压。

（8）通过改善电网网架调整电压。电网网架结构是电压调整的基础条件。如果电网网架过长，会导致电压下降，如超出电压调整范围，则应首先调整电网网架结构。其次可以改变线路阻抗、质地、分裂导线等方法来改变线路参数，从而改变线路的电压。

第三节 电压自动控制 AVC

我国电网的 AVC 始于 20 世纪 90 年代，当时我国电网得到了长足的发展，发电机组容量不断提高，电网规模不断扩大，电压等级不断提升，省、市、县供电公司的电网管理体系逐步形成。尤其是县级电网，逐步从地方政府收回了管理权，打通了电网管理体系与电网的所有区域环节，形成了一个世界上最大的电网。

为了加强电网电压的管理，1996 年 8 月 12 日和 2001 年 10 月 24 日，原电力工业部发出的《电力工业部关于调度机构开展安全文明生产达标和创一流工作的通知》与《国家电力公司建设国际一流电网调度机构考核标准〈试行〉》的规范性文件中增加了考核电网 AGC 和 AVC 功能的规定。这些规定推动了 AVC 在我国电网中的快速发展。

20 多年来，AVC 在我国电网中得到了推广，尤其在农网改造之后，为 AVC 在配网的推广提供了良好的技术条件。AVC 最大限度地利用了现有的无功补偿装置和电力调度系统，得到了充分的应用与发展，在一定程度上稳定了电网电压，提高了电压合格率，也减少了电网中的电能损耗。

一、无功电压自动控制历程和现状

1. 基于变电站的电压无功控制

一般在变电站内部，根据无功电压原则，利用硬件、软件 VQC 来实现，并利用本站内的无功资源和电压调节设备来控制，比如并联电容器的投切，或者有载调压变压器分接头的调节，来进行变电站内的无功电压综合控制。在后来的应用当中，出现了基于基本的九区域图，引出模糊边界，演化出 17 区域图，用于更进一步精确控制，控制策略稍显复杂，这也是现今流行的控制方式。

九区域图法直观明了，简单易行，可以保证单台变电站的电压和功率因数的合格率，应用比较广泛。但是难以实现全范围的无功电压最优控制，在上级有载调压情况下，会出现电压频繁调整，容易造成电压调节不合理现象或者设备无谓动作。九区域图也存在着下述的问题：

（1）无法对省网关口（如 220kV 变电站高压端母线）功率因数进行校正。因为这种模式只采集本变电站的数据，也只能校正本变电站的母线调压和功率因数，不可能从全网的角度，优化无功电源，调度校正省网关口功率因数。

（2）每个变电站都安装有不同厂家的无功电压控制装置，通信协议完全不同，接入调度系统难度大，造成电压、无功控制数据送到调通中心的费用高、难度大，调度自动化系统无法轻易获得运行 V-Q 数据和下达指令。

2. 基于 EMS 优化潮流功能的电压 / 无功控制方案

此方案基于无功最优算法（如遗传算法），在全网网损最优计算的基础之上，通过调度系统进行无功电压控制，取得了一定的应用成果。但对于电压越限校正等实时性要求较高的场合，由于无功最优算法计算速度比较慢，无法快速响应，严重影响了最优化算法的无功电压控制系统的实用性。若此方案要广泛应用，尚需解决以下几个问题：

（1）由于方案只采用单一的全网最优算法，在 10kV 母线电压越限等紧急状态下，最优算法很难立即给出结果。该方案对电压质量的考核来说是个明显的软肋。

（2）当系统中状态数据或者实时状态运行不正常时，会造成无功电压优化控制不能进行。

（3）如果优化算法不收敛，则导致无控制方案输出。这会造成模糊而不精确的结果，对于在线实时控制是不允许的。

（4）对于设备动作次数约束，如果都以罚函数的形式加入最优化模型中，则会降低算法收敛速度；如果不加入，则会造成设备动作次数过多，于设备不利。

3. 基于 VQC 的分层分散控制

目前，国内有些供电企业实现了以 VQC 作为二级执行机构，主站计算软件作为统一协调的系统。该系统需要先将所有变电站的 VQC 接口统一起来。由于原先安装 VQC 是多个厂家生产，而且每个厂家都有自己的接口，接口不一致，有些厂家的

VQC 还不支持直接执行命令，导致整个系统复杂并且工程实施困难，也会引起供电企业较多的重复投资。

4. 基于 SCADA 主站系统的无功电压控制

无功电压控制系统与 SCADA 接驳，在允许时间间隔内接收 SCADA 系统实时数据，不再单纯基于全网潮流计算的优化算法，而是通过专家经验，建立符合全网网损最小、电压质量合格的优化及控制判断规则。

在实时控制上完全满足实际运行要求，而又不失全网优化集中控制，形成有载调压分接头调节和电容器投切的指令。通过 SCADA 的遥控遥调接口，将动作方案通过下行命令通道执行。该方案已成为地区电网无功电压控制方式的主流形式。这种方案充分利用了 SCADA 的现有数据和所有功能，避免了设备的重复投资，节省了开支。

这种控制方式在单个调度中心和单个监控中心模式下的县域得到了大量的成功应用；对于大型地调的全网无功电压控制和与省网无功电压控制的结合，此方案遇到了困难。在一些大型城市，电网结构复杂，调度室与其监控中心（集控站）分开，而监控中心不止一处。监控中心（集控站）是按地域划分，而不是按电网结构的耦合程度划分的。各监控中心与所控变电站之间有可能紧密结合，但在电网结构上无法按照行政区域划分来解耦，甚至同一个变电站的两台主变压器分属不同监控中心控制。因此，只有全网集中控制，才能解决调度权与多个监控权之间的组织、优先级、责任归属的问题。

对于大中型地调来说，通过集中控制所有无功补偿和调节电压设备，使得该系统的控制设备成为供电企业控制设备最多的一个系统，这就要求保证电压控制的可靠性，原有的控制系统已无法满足大型地调对电压控制可靠性的要求。

从无功电压控制的发展来看，无功电压控制将经历手动控制走向自动控制、由分散控制走向集中式的分级控制，由经验调节走向智能分析专家调节，由单机单一应用模式走向网络分布式应用模式。

从全局角度考虑，协调控制已经成为电压／无功控制的发展方向。从单个变电站的智能控制，到多个变电站的联合集中控制。其具体实现方法分为集中式自动控制和分布式自动控制。

二、无功电压控制模式介绍

1. 电网电压／无功功率的二级控制模式

德国 RWE 电力公司就是二级电压控制的典型代表。在其公司的电网电压控制中，没有电网分区控制，最优潮流的优化计算结果直接发到各电厂进行控制。在电网调度中心，最优潮流由实时状态计算给出，实时运行在电能管理的最高层次上，直接以实现网损最小为目标的无功优化控制。

二级电压控制的核心任务是通过对无功控制设备的调整保证母线电压等于设定值。我国早期的省级电网的 AVC 控制，部分采用了此种控制模式。此种模式，由于对 EMS 的可靠性要求高，对 OPF 也有较高的依赖，尤其是在重负荷时无功均衡度不好处理，加上反应时间慢，国内外只有极少数电力公司采用此种模式。

2. 电网电压／无功功率的三级控制模式

此种模式将整个电网分为若干个相互影响较小的控制区域。在此基础上，整个控制系统分为：一级电压控制（Primary Voltage Control，PVC）、二级电压控制（Secondary Voltage Control，PVC）、三级电压控制（Tertiary Voltage Control，PVC）。在实际运行中：

（1）一级电压控制可视作本地控制（Local Control），只用到本地信息。控制本地自动励磁调节器（AVR）、无功补偿装置和变压器分接头（OLTC）。控制的实际时间常数为秒级。

（2）二级电压控制可视作区域控制（Region Control），只用到本区域的信息。保证中枢母线电压等于设定值。时间常数为分钟级。

（3）三级电压控制为全网级控制（Network Control）。三级电压控制是最高层，它以规定的系统经济运行为优化目标，参考电压指标，最后给出中枢母线的电压参考值，供二级电压使用。时间常数为数十分钟到小时。

第四节 基于随器补偿的县域配电网 AVC 建设

从现有的 VQC 实际运行来看，VQC 是有一定局限性的。一方面，电压与无功相互交织，使得运行控制困难；另一方面，VQC 只考虑了变电站自身的电压无功，并未把变电站所带线路及配电变压器作为整体配网来考虑。即使考虑整体的 VQC，也由于 VQC 生产厂家众多，接口和协议等方面存在不可逾越的难题而终止。

电网经过近几年的发展，以县供电公司为单位的调度 SCADA 系统及电网的监控系统已经成熟，且大量运行应用；电力通信也有了进一步的发展，为县供电公司的 AVC 建设奠定了良好的技术基础；加上近年来，各类补偿控制通信技术的发展，以县域 110kV（或 35kV）变电站，包括所带 10kV 线路及配电变压器为整体单元的电压无功智能控制，已经成为县域 AVC 切实可行的方法。

如果县域之间的电网无功联系十分微弱，可以建立一个相对独立的县域 AVC，其 AVC 智能无功电压控制以一级控制为主，即本地控制为主，并接受上级 AVC（省调）二级电压控制指令。

配电网智能 AVC 实用方法和建设研究是在调度和无功优先的基础上，采用无功实时就地（分层）平衡控制模式，使电压质量、线路损耗与电压稳定 3 个指标同时抵达最好状态，同时实现配电网经济运行与安全运行的目的。

县域 AVC 首先要实现一个 110kV 变电站、10kV 线路及变压器在内的无功优化和电压调整；逐步把一个县所有的 110kV 变电站都实现 AVC 智能控制。

一、县域 AVC 系统的构成

本 AVC 控制系统涉及的是 220kV 及以下电网，涉及地调、县调负责的无功电压自动控制。在此控制范围内，采用分层分散控制与集中控制相结合，先分层、分散、再集中全网的控制策略。

1. 系统的边界

县域 AVC 系统的边界包括：

（1）以 110kV 变电站为基本单元。

（2）以所有 10kV/0.4kV 变压器台区补偿层面为下界。

（3）以 110kV 主变压器一次侧进线无功控制界面为上界。

2. 系统的控制

县域 AVC 系统的控制包括：

（1）分布自动控制。各变电站的无功电压自动控制装置，按给定的优化目标定值自动调整有载调压变压器抽头和电容器投切来控制。

（2）集中式控制。与分散控制的差别在于控制的执行。此时有调度中心或集控中心完成各个变电站的电压无功闭环控制。

（3）就地控制。0.4kV 的无功补偿采用就地分散控制，0.4kV 重点补偿控制可以参与集中控制。

3. 软件系统的构成

县域 AVC 系统的构成包括：监控子系统、无功优化子系统、维护子系统、分析子系统、进程监视与网络管理、日志与权限管理，以及接口管理子系统。

二、县域 AVC 系统的无功电压控制策略

（1）集中控制与分层控制相结合。控制系统涉及的是 220kV 及以下电压层级，即由县调负责的无功电压自动控制。在本控制范围内，采用分层控制与全网控制相结合，先分层再全网，来达到无功分层就地平衡，稳定全网电压。主变压器分接开关动作次数最少，电压合格率最高。

（2）无功平衡与分接开关调节电压相结合。控制系统时刻

通过无功功率分层就地平衡来控制无功，并维持电压在合理水平。当电压达不到要求时，再辅以调节主变压器分接开关来调节电压。

如果无功就地分层平衡控制得好，则电压仅与有功及网架结构有关。

（3）潮流计算与专家系统规则判别相结合。控制系统的优化控制根据"专家系统规则，潮流计算辅助决策"，有效地防止设备投切振荡，不出现"模糊"的指令。

（4）电网安全与无功电压控制相结合。电网安全包括设备安全和系统稳定、安全。控制系统具备设备的保护，实现对设备的安全可靠闭锁；同时，支持用户自定义故障信号，如挂牌、检修等。对于主变压器过载、系统周波越限等故障情况，都有相关的闭锁；在确保设备安全方面做了充分的考虑，并已作应急处理。例如，电容器连续投切、主变压器分接开关"滑档"、PT 断线、低电压等。

三、县域 AVC 系统的无功分层平衡

1. 无功补偿层面与无功控制界面

配电网智能 AVC 以 110kV 变电站的 110kV 母线为无功控制上界面。110kV/10kV 变压器及接入 10kV 配电网的所有 10kV/0.4kV 配电变压器全部参与无功优化调节。

（1）10kV/0.4kV 无功补偿控制界面。10kV/0.4kV 配电变压器调节的目标是使高压侧无功控制界面功率因数为 1.0 或无功功率为 0。

（2）110kV/10kV 无功补偿补偿控制界面。此界面无功为 0，10kV 母线电压的实时值合格。如考虑线路 110kV 线路过剩无功，可以采用经济压差潮流进行补偿。无功在此层面解决。

2. 10kV 配电线路智能 AVC 方法

配电网智能 AVC 的控制区分为两个区，与无功控制界面重合。

图 10-2 可以看出配电网智能 AVC 控制区域分为两个区域。

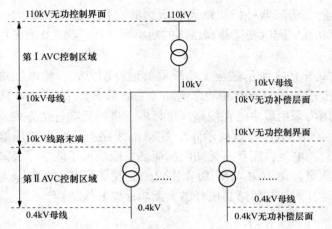

图 10-2 县域 AVC 控制分区及无功补偿、控制界面

第 1 个控制 AVC 区域：包括 110kV/10kV 降压变压器及 110kV 变电站的 10kV 母线。其主要保证 10kV 母线电压的合格。

第 2 个控制 AVC 区域：包括 10kV 线路末端及 10kV/0.4kV 降压变压器。其主要保证 0.4kV 电压的合格。

10kV 母线末端电压，取决于第一个 AVC 控制区域，也取决于第二个 AVC 控制区域，这就增大了 AVC 判断、控制的难度。

随器补偿简化了电压控制的难度，在理想的情况下，电压的控制与系统电压和有功负荷相关联。在有功负荷稳定的情况下，线路末端电压的控制将变得相对简单。

（1）10kV 无功控制界面：10kV 无功控制界面的电压控制目标是配网区域内所有 10kV 线路末端电压在合格范围内，所有控制界面上的功率因数为 1。

采用的方法是 10kV/0.4kV 配电变压器全无功随器自动补偿技术，它是 10kV 配电线路实现智能 AVC 的基本方法。

随器补偿是把电容器安装在 10kV/0.4kV 配电变压器的低压侧。全无功是指把配电变压器的无功负荷完全补偿，用户无功负荷也要在此处完全补偿，不留给上一级变电站补偿。自动补偿就是全无功随器补偿跟踪无功负荷的变化调控无功出力，使得 10kV/0.4kV 配电变压器高压侧的功率因数接近为 1.0 或无功接近为 0。

如图 10-3 所示是全无功随器就地补偿方式，输电线路上及配电变压器中只有有功功率流动（实线示 P）。如图 10-4 所示是当前国内采用最多的在线路高压杆塔上进行无功补偿方式，有异地无功补偿分量（虚线示 q），在输电线路上与配电变压器中不仅有有功电流，而且有无功电流流动，既增加了线损，又降低了电压质量。图 10-3 与图 10-4 比较，显现了配电变压器全无功随器自动补偿与在线路高压杆塔上无功补偿的优越性。

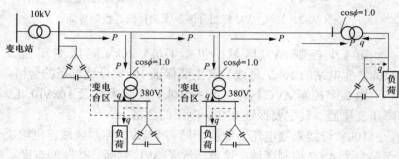

图 10-3　全无功随器就地补偿方式

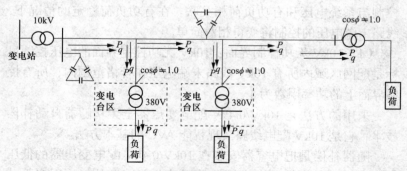

图 10-4　线路高压杆塔上无功补偿方式

（2）110kV 无功控制界面。

1）控制目标和目的是在 110kV/10kV 变压器高压侧注入电网的实时无功值为 0，保证 10kV 母线电压的实时值合格。

2）在 110kV 线路中，当充电无功大于感性无功时，可以用经济压差的方法进行无功优化。其优化方法如下：

a. 110kV 母线无功平衡方程式如下

$$Q_1 + Q_2 - Q_3 - Q_4 = 0 \qquad (10\text{-}16)$$

式中　Q_1——用户及 10kV 线路无功及 0.4kV 穿越无功，kvar；

Q_2——110kV 主变压器无功损耗实时值，kvar；

Q_3——连接主变 110kV 母线上的输电线路过剩实时无功的一半，kvar；

Q_4——10kV 母线上无功补偿装置的出力实时值，kvar。

b. 在其无功控制界面上 110kV/10kV 变压器的高压侧，实时控制目标值为

$$Q_3 = Q_1 + Q_2 - Q_4 = \frac{1}{2}\sum_{i=1}^{n}(U^2B - 3I^2X) \qquad (10\text{-}17)$$

式中　U——110kV 母线电压的实时值，V；

B——110kV 输电线路的电纳值，S；

I——110kV 输电线路的电流值，A；

X——110kV 输电线路的电抗值，Ω；

n——110kV 母线上的输电线路条数。

3. 无功补偿的响应时间

无功补偿的响应时间是指，在按电压分层的配电网中，各层都应配有快速补偿无功急剧变化的能力；各层不仅要有分层平衡无功的容量，更要有快速补偿的能力，并能应对无功快速变化引起的电压下降，使其能够在任何时候都能做到配网无功就地平衡。

这是由配电网的复杂性所决定的，一种情况是配网中设备无功的快速变化，如电焊、炼钢；另一种情况是负荷突然急剧增加

等，这些都是我们应该预防的。

例如，日本东京的大停电事故与负荷无功的急剧增加有着密切的关系。

分层补偿应配置快速反应的无功补偿，此类补偿一般应根据变电站所带负荷性质决定。

四、县域 AVC 系统的特征

1. 系统的单一电压特征

系统在做到上述以台区为单元的随器补偿之后，配网变电站110kV 关口处界面的无功为零。在这种情况下，系统控制的对象简化为单一的电压控制，而电压将取决于变电站站外的配网最低电压，从而使系统的最低电压成为配电网构架合理的基本判据。

该系统包括站内主变压器和站外的配网 10kV 线路、配电变压器，对于原来仅考虑变电站内的控制，是具有完整配网概念的。

2. AVC 系统对内无功穿越具有敏感性

县域 AVC 控制系统对于无功的穿越具有高度的敏感性。这种敏感性来自无功分层平衡的破坏，以及分层破坏后的电压和线损的增加，及电压的改变。

AVC 系统对无功的穿越具有高度的敏感性。

3. 高效节电降损

最终分层的无功平衡是不断刷新无功优化的结果。在此情形下，系统线路的损耗最小，电压最好，配网效率最高 3 项指标也为配网整体经济运行提供了良好的技术支持。

4. 紧急态势下的无功补偿

在分层补偿之后，我们清楚地看到，当电网失压崩溃时，以电容器为代表的无源器件的所有缺陷和电容器对电网支撑作用的局限性。紧急态势下的无功补偿及补偿应急方式，正是我们要解决的电压—无功问题的关键问题之一。